安全生产大家谈

国家电力监管委员会安全监管局　编
中国电力报社

中国三峡出版社
中电报（北京）音像出版社

图书在版编目（CIP）数据

安全生产大家谈/国家电力监管委员会安全监管局，中国电力报社编．—北京：中国三峡出版社，2010.6
　　ISBN 978-7-80223-621-9
　　Ⅰ.①安… Ⅱ.①国… ②中… Ⅲ.①电力工业—安全生产 Ⅳ.①TM08
　　中国版本图书馆CIP数据核字（2010）第117096号

责任编辑：袁国平　付　伟

中国三峡出版社出版发行
（北京市西城区西廊下胡同51号　100034）
电话：(010) 66112758　66118308
http://www.zgsxcbs.cn
E-mail:sanxiaz@sina.com

北京通州丽源印刷厂印刷　新华书店经销
2010年6月第1版　2010年6月第1次印刷
开本：1/16　印张：20.5
字数：300千
ISBN 978-7-80223-621-9　定价：48.00元

前　言

为继续深入开展"安全生产年"活动，进一步弘扬科学发展和安全发展的理念，2010年6月，国家电力监管委员会安全监管局举办了2010年"安全生产月"电力巡回演讲活动。此次活动遴选了部分2009年"关爱生命、安全发展"征文活动的获奖征文作者和国内知名电力安全专家、学者组成演讲团，走进全国6个区域12个省（自治区）电力生产一线，与广大电力员工共同交流安全生产先进经验，推广安全生产管理新技术，营造"安全发展、预防为主"的安全生产氛围。

为更好地提高本次活动的实效性和影响力，国家电监会安监局与中国电力报社共同编辑出版了《安全生产大家谈》一书。该书除收录了参加本次演讲活动所有演讲人员的精彩文章之外，还特别收录了2009年中国国际电力安全发展暨电力应急管理论坛部分文章和近两年在《中国电力报》上刊登的"安全生产月"征文部分优秀作品。旨在通过本书的出版，较为全面反映近几年电力行业安全管理、科技进步和文化发展最新成果，为提高电力安全管理工作水平提供参考和指导。

作为今年"安全生产月"推荐学习资料，希望《安全生产大家谈》一书在"安全生产月"宣传活动中发挥更好的作用，将"关爱生命，以人为本"的理念带到全国的每一家电力企业、每一位电力职工，让安全之花开遍全国。

目 录

第一辑 中国国际电力安全发展暨电力应急管理论坛

加强电力工业安全管理 促进安全发展 …………………… 谢振华 / 3
深入把握安全发展规律 全面做好国家电网
　　安全和应急管理工作 …………………………………… 时家林 / 7
系统防范风险 前移安全关口 ……………………………… 祁达才 / 11
强基固本 防微杜渐 深入开展电厂安全生产
　　隐患排查治理 …………………………………………… 乌若思 / 17
领导就是责任 ……………………………………………… 刘顺达 / 21
加强安全文化建设 促进电力安全发展 …………………… 任书辉 / 25
抓实抓好风电安全管理 实现新能源又好又快发展 ………… 高　嵩 / 30
提高电源侧应急能力 为电网应急提供有力支撑 ………… 田　勇 / 34
吸取教训 总结经验 进一步提高大坝防灾减灾能力 …… 周建平 / 39
纵深防御 稳健决策 ………………………………………… 郑东山 / 46
践行"五项兴安" 创建本质安全型企业 …………………… 陈国庆 / 57
东北区域风电安全监管实践 ………… 韩　水　苑　舜　张近朱 / 66
中国电力可靠性发展及现状 ………………………………… 胡小正 / 76
安全文化为电力生产保驾护航 ……………………………… 江宇峰 / 88
核电工程安全管理的实践与创新 …………………………… 夏林泉 / 93

第二辑 电力安全生产巡回演讲

管理组

由汶川地震水电站应急处置与震损调查反思
  应急管理的改进 ……………………………………… 何海源 / 107
电力可靠性管理及可靠性数据应用 …………………… 李 霞 / 119
电力生产企业人因事故的分析与控制 ………………… 郭召松 / 124
风险量化人为本 未雨绸缪防为先 …………………… 张 阳 / 137
人的不安全行为的成因与控制 ………………………… 邓邝新 / 140
在分场、班组开展安全生产立体防护 ………………… 李凤君 / 145
安全管理 以人为本 …………………………………… 经翔飞 / 149
安全生产要有小马过河意识 …………………………… 薛宏磊 / 154
防范违章 把握安全 …………………………………… 齐可兴 / 158
安全生产一线的捍卫者——班组安全员 ……………… 帅 颖 / 161
基层发电企业突发事件应急指挥与响应
  组织体系的建立 …………………………………… 宋张君 / 166

科技组

电力系统安全风险评估体系研究 ……………………… 尹相根 / 173
努力实现本质安全管理 防范一次电气误操作 ……… 曹迎春 / 193
提高重冰线路冰区划分安全技术水平 ………………… 金西平 / 198
防止全厂大停电 保障电网安全
  ——大机组快速甩负荷（FCB）技术 …………… 顾静雯 / 203
构筑应急救援的信息高速公路
  ——天地空立体应急通信在电力应急救援中的应用 ……… 邓 创 / 208
人性化管理设备 精细化控制过程
  ——葛洲坝电站设备管理的创新与实践 ………… 贾芳娴 / 212
风力发电机组中人身伤害的应急救护 ………………… 李 晖 / 220

文化组

新形势下电力安全文化建设的实践和探索 …………… 周 剑 / 223

用亲情筑起安全生产新防线	李光强 / 231
激活企业安全文化生命力	吴国齐 / 235
大爱是安全	廖柳青 / 243
安全文化需要"视问题为资源"	马　晨 / 248
找准切入点　塑造特色班组安全文化	宋丽颖 / 253
打造"七化"并举的"仁爱"安全文化	袁丽平 / 259
以"三讲一落实"为抓手　全面提升基层班组安全管理水平	宗　涛 / 265
杜邦安全文化的建设和发展	曾　安 / 270

第三辑　电力安全生产月征文

情感激励造就安全生产佳境	林文钦 / 275
建监管机制　促安全生产	冬　梅 / 277
安全生产应常抓不懈	翟永平 / 279
谨防安全生产中的"堰塞湖"	张继成 / 281
安全生产不能作秀	何卫东 / 283
安全心态教育不容忽视	蔡罗刚 / 284
"三新"举措　解决三大难题	张　涛　冯兴滨 / 286
为安全生产准备一把船桨	魏　娜 / 288
竞赛不妨换个方式	钱成刚 / 289
安全生产无小事	张雪琦 / 290
借"安全月"营造月月安全	梅晓萍 / 292
凡事莫忘"多看一眼"	方敬杰 / 293
安全来自细节和习惯	张明泽 / 294
安全需要制度、文化、素质并用	傅成华 / 296
安全警钟须长鸣	黄裒冠 / 297
疏于细节便失去安全	李立新 / 298
这个"安全套餐"搞得好	张　维 / 299
杜绝违章是对生命的最大关爱	杨凤戈 / 301

"点"到"危"止 …………………………………… 孔平生 / 303
盛夏安全用电应防四隐患 ………………………… 朱兴民 / 305
安全生产要做好"全身运动" ……………………… 江　镇 / 306
安全切莫忽视思想"病毒" ………………………… 唐建军 / 307
为"事前问责"叫好 ………………………………… 黄裕涛 / 308
安全生产需要"刻板" ……………………………… 谢蕴韬 / 310
抓安全生产要"四戒" ……………………………… 丑俊翔 / 311
安全生产就该"别人有病我吃药" ………………… 宋明刚 / 313
安全生产重在提高执行力 ………………………… 黄以华 / 314
让安全成为一种好习惯 …………………………… 唐怀升 / 316
情绪，不可忽视的安全因素 ……………………… 王国红 / 317
安全生产贵在"全" ………………………………… 仝　楠 / 318

第一辑
中国国际电力安全发展暨电力应急管理论坛

加强电力工业安全管理　促进安全发展

中国电力企业联合会　谢振华

建国60年来，尤其是改革开放30年来，中国电力工业积极主动适应国民经济和社会发展潮流，得到了持续快速健康发展，取得了举世瞩目的成就。截止到2008年，全国发电总装机容量达到7.93亿千瓦，发电量3.45万亿千瓦时，目前装机已突破8亿千瓦；电网建设也得到了快速发展，截止到2008年，全国220千伏及以上输电线路长度达到4.19万公里，220千伏及以上变电设备容量达到2.35亿千伏安。发电装机容量和发电量已连续13年位居世界第二位，我国已经形成火电、水电、核电、风电、太阳能等电源齐全；特高压、超高压等各电压等级较为协调的强大电力系统，成为世界上名符其实的电力生产和消费大国。在电力工业快速发展的同时，中国政府高度重视电力安全管理工作，电力安全作为国家安全和能源安全的重要组成部分，已成为中国国民经济全面、协调、可持续发展的重要保障条件。

一、中国电力安全管理工作取得了丰硕成果

中国电力工业始终坚定不移地贯彻"安全第一、预防为主、综合治理"的方针，各级安全生产责任制得到有效落实，科学的管理手段得到广泛采用，电力安全管理和监督体系、安全生产风险管理体系、安全应急体系逐步健全，电力安全管理工作取得了丰硕成果，主要体现在：

一是安全法规体系不断完善。中国电力工业根据安全生产管理形势的变化，对于长期以来被实践证明行之有效的方针和原则，如"安全第一、预防为主"、"统一规划、统一调度"等，坚定不移地加以坚持。同时与时俱进，在国家法规、政策的统一指导下，进一步完善电力安全法律法规保

障体系。目前已形成电力安全法规、规章和其他有关安全方面的行政规范已有4大类160多项的上千条法规规章，有效地保障了电力安全工作水平的不断提高。

二是逐步建立健全了电网企业和发电企业的协调运行机制和有效的电力系统突发事件应急机制。电力发、输、配、售几乎瞬时完成的技术特性，决定了电力安全生产的整体性和系统性。电力系统的安全，必须依靠所有电力企业来共同维护。为了建立电网企业和发电企业的安全运行机制，中国电力企业发扬团结协作的优良传统，尊重电力生产自身的内在规律，树立大局意识，统筹考虑，协调一致。电网企业在调度、制定保电措施、安排系统备用容量等方面积极主动和发电企业沟通。发电企业服从统一调度，并在制定设备检修计划、处理紧急事故等方面顾全大局，与电网企业沟通，共同确保了电力系统的安全稳定。

我国电力行业还一直十分重视对突发事件的应急处理，目前全国电力安全应急管理机制已基本建立。2005年5月，国务院印发《国家处置电网大面积停电事件应急预案》，国家电网公司、南方电网公司和全国各主要发电企业都已制定了各自应对电力系统重特大突发事件的应急预案及配套的专项预案。全国310多个地市供电公司及其各变电站等基层单位都制定了相应的应急方案。配合应急预案的出台，应急演练及相应的工作准备也纷纷展开。

三是安全性评价的运用、危险点预控的落实不断深化，取得显著成绩。安全性评价方法在系统地发现生产中的不安全因素、铲除事故隐患、大幅度减少事故率、稳定安全生产等方面正发挥越来越大的作用。电力企业正通过深入开展安全性评价，进一步掌握电网安全状况，明确整改目标，提高电力设备健康水平和安全管理水平，实现生产和安全的同步发展，使安全生产工作真正转移到以预防为主的轨道上来。

1998年开始，中国各级电力企业逐步全面实行了安全生产综合预控工作，对电力生产中的每项工作，根据作业内容、工作方法、作业环境、人员状况、设备实际等进行分析，查找可能导致事故的危险因素，在依据规程制度、制定防范措施，在生产现场实施程序化、规范化作业，在提高安全意识、纠正习惯性违章、增强自我防护能力等方面取得显著成效。

二、中国电力企业联合会在安全管理服务方面发挥了积极作用

中国电力企业联合会成立20年来,在倡导电力安全文化、推动电力安全科技进步、加强电力可靠性管理等方面做了大量卓有成效的工作,为促进中国电力工业安全发展发挥了应有作用。

一是积极开展创优、评先活动,促进电力安全文化体系的完善和安全生产长效机制的建立。通过安全文化建设促进了电力系统的安全、稳定、可靠运行,在实现企业经济价值的同时也实现了企业的社会责任。

二是积极开展技术咨询和同业对标,不断加大电力标准的制定和修订力度,有效采用国际标准和国外先进标准,逐步提高中国电力标准化水平,努力推动电力安全科技进步。

三是积极探索符合中国电力工业发展特点的可靠性管理道路,建立了电力可靠性指标统一发布制度,每年向全社会发布电力系统各环节的可靠性指标。逐步推行可靠性评价办法,对行业内可靠性指标领先的企业进行表彰和经验推广。特别是2007年以来,中国国家电力监管委员会颁布《电力可靠性监督管理办法》,进一步明确和规范了电力可靠性监督管理工作的各项要求,使行业的可靠性管理水平得到了明显提高,促进了电力安全发展。

三、对中国电力安全管理工作的几点建议

第一,进一步提高人因安全管理水平。人的不安全行为和物的不安全状态是造成事故的主要原因。随着现代化电力作业条件、技术手段的进步和改善,电力生产的装置设备更加精密,结构日益复杂,操作中任何一个微小的失误都可能导致整个生产作业系统无法运行,甚至引发事故。因此,安全生产中人的因素应受到更多重视,并采取措施来提高人因安全管理对安全水平的提升作用。

第二,进一步拓展电力安全科技水平发展空间。电力安全既是管理问题,也是技术问题。目前,中国电力工业发展已经进入大电网、大机组、高电压、高自动化阶段,大容量、超高压、交直流混合、长距离输电工程不断投入运行,电力系统的复杂性明显增加,电网安全问题更加突出。我们要加

大科技投入力度，用提高技术水平实现安全管理；要继续积极引进和消化国际上先进的技术、设备、工艺，进一步提高企业的整体装备水平；要通过科技进步和自主创新，全面提升企业安全生产的基础和整体水平。

第三，全面提升电力应急能力和水平。近年来，中国频发的自然灾害给电力系统造成了不同程度的影响，也给我们敲响了警钟。电力行业应进一步提高认识、落实责任、完善应急预案，健全电力应急管理机制。要进一步加快电力应急管理信息平台建设，加大电力应急投入，加强应急培训力度，强化电力应急宣传教育，高度重视联合演练，全面加强电力应急管理工作，提高全社会应对电力突发事件的能力和水平。

加强电力安全发展和应急管理的国际合作是电力同仁的共同愿望。历史上和现实中各国的大停电和安全管理的经验与教训都为大家提供了很好的借鉴，电力工业的安全发展就是在大家不断取长补短、共同学习中不断推进的。随着电力工业和科学技术的发展，国际上电力安全也呈现出新特点和新趋势，我们将加强国际间的交流与合作，不断了解新情况，借鉴国际先进的管理经验，提高中国电力安全管理水平。同时，我们也非常愿意同其他国家一起分享我们在电力安全管理方面的经验。

深入把握安全发展规律
全面做好国家电网安全和应急管理工作

国家电网公司　时家林

中国国家电网公司是全球最大的公用事业企业，承担着为全国88%区域和超过10亿多人口提供安全、经济、清洁、可持续电力供应的重大责任。近年来，国家电网公司按照党中央、国务院的统一部署，在国家电监会等有关部委的大力支持下，全面贯彻落实科学发展观，积极推进公司和电网发展方式转变，加快建设以特高压电网为骨干网架、各级电网协调发展的坚强智能电网，充分发挥电网大规模、大范围、高效率配置能源资源的强大功能，努力为中国能源可持续发展、服务经济社会发展全局提供更加充足可靠的电力保障。

作为关系国家能源安全与国民经济命脉的重点骨干企业，国家电网公司始终把确保电网安全稳定运行和可靠供电作为首要责任，强化安全管理，完善应急机制，安全生产取得了显著成效。一是确立了符合电网实际的科学安全观。公司坚持"安全第一、预防为主、综合治理"方针，从提高认识、转变观念出发，提出了安全生产必须"可控、能控、在控"的思想和人员、时间、精力"三个百分之百"的要求，明确了从基础、基层、基本功抓起，以"三铁"（铁的制度、铁的面孔、铁的处理）反"三违"（违章指挥、违章作业、违反劳动纪律），杜绝"三高"（领导干部高高在上、基层员工高枕无忧、规章制度束之高阁），全面、全员、全过程、全方位强化安全管理的工作思路。二是建立了适合企业特点的安全工作长效机制。结合电网企业实际，逐步建立完善科学安全机制，强化安全生产检查，定期排查和整治电网安全隐患，组织开展反事故斗争、"百问百查"、隐患排查治理等专项行动。积极探索和借鉴先进的安全管理理念和方法，组织开展安全风险管理和全面质量控制等工作，在公司系统建立安全风险管理、资产全寿命管理、标准化作业等重要安全质量管理体系。三是不断夯实电网安全的物质基础。公司成立以来，不断加快电网建设，优化电网结构，加大31个重点城市电网建设力度，大力开展技术改造，推动电网和设备技术升级，提高电网科技含量，电网结构得到明显改善，设备的健康水平和电网安全供电的能力逐年提高。特别是下一步，随着特高压骨干网架的全面建设和各级电网的协调发展，电网安全的物质基础将进一步强化。四是建立了完善的电网应急处置体系。公司认真贯彻国务院颁布的《国家处置电网大面积停电事件应急预案》，深刻吸取国外大面积停电事故教训，树立科学应急观念，加强常态应急管理，建立了一套适合行业特点和企业实际、体系完善、运转高效的应急处置体系。公司建立了自上而下的应急组织体系，制定了"横向到边、纵向到底"的应急预案体系，开展了各类针对性强的应急实战演练，加快电网应急指挥中心、电网备用调度系统、应急物资储备系统、应急电源系统、应急通信系统、直升机作业等八项应急基础重点工作，不断提升电网应急保障能力。目前，公司已经建成投运了覆盖全面、功能强大的应急指挥中心网络，应急电源容量达到40万千瓦，可直接调配的应急队伍接近8万人，有效满足了电网应急抢险和公共应急保电的需要。五是安全生产保持了良好局面。在用电负荷快速增长、电源大规模集中投产、自然灾害频发、电网建设任务繁重的情况下，确保了电网安全稳定运行，为经济社会发展提供了可靠优质的电力保障。2004年以来，公司电网事故和设备事故每年以超过20%的比例下降，电网可靠性指标稳步提升。六是圆满完成了抗灾救灾和奥运保电等重大保电任务。去年，面对突如其来的冰灾和震灾，公司应急机制快速启动，应急处置决策果断，应急保障科学有效，保证了国家电网稳定运行，保证了灾后恢复重建的电力供应；面对艰巨的奥运保电任务，公司精心组织、周密部署，提前做好各项应急措施，创造了奥运史上供电"零事故"的纪录。在刚刚过去的隆重庆祝新中国成立60周年一系列活动中，公司发挥奥运保电精神，以更加高昂的斗志，更加扎实的工作，更加周密的措施，高质量完成了国庆保电各项工作，供电保障做到了"电网零闪动、设备零故障、供电零差错",圆满完成了国庆60周年保电任务。

当前,中国电力工业仍处在快速发展阶段。面对电网规模不断扩大、安全可靠供电要求越来越高的形势,国家电网公司深刻认识到确保大电网安全稳定运行的极端重要性,认真总结近年来安全生产工作经验,深入分析我国电网发展特点和需求,不断深化对电网安全发展规律的认识,进一步明晰了深入做好电网安全稳定工作的对策与措施。一是遵循电网安全发展规律。大电网互联形成特大型电网是世界各国电网发展的普遍规律。公司确立的建设以特高压电网为骨干网架、各级电网协调发展的坚强电网,符合特大型电网发展的普遍规律,符合我国能源资源分布与生产力发展不平衡的基本国情,符合科学发展观的基本要求,有利于促进我国电力工业的安全发展、科学发展。二是始终坚持安全第一方针。现阶段我国电网仍处在发展阶段,电网结构依然较为薄弱,抵御事故风险能力不足,外力破坏和自然灾害影响加剧,电网安全稳定风险较大。公司坚持把安全工作放在首位,把防止大面积停电作为首要任务,加强规划、设计、建设、运行、检修等各个环节的安全工作,按照人员、时间、精力"三个百分之百"要求,加强"全面、全员、全过程、全方位"管理,抓基础、抓基层、抓基本功,健全安全生产长效机制。三是创新电网安全运行机制。随着三峡水电机组全部建成投产并满发,以及特高压同步电网逐步形成和西北、东北大送端电网建设,电网运行呈现一体化特征,对统一调度和协调控制提出了新的要求。公司适应特大型电网运行特性和管理要求,创新电网调度运行管理机制,强化电网调度组织管理,通过对电网运行方式的统一部署、发输电设备检修的统一安排、继电保护和安全自动装置的协调配置、事故处理的统一指挥,实现特大型电网协调运行和控制。四是提高电网运行技术支撑。针对特大型电网具有电压等级高、系统规模大、交直流混合联网、技术问题复杂等特点,深化安全稳定特性研究,建设实施先进的新一代调度自动化系统及在线预决策系统,提高对电网运行的监测、事故预警和安全防御能力。加强电网规划的中短期滚动优化,开展大型风电并网条件、运行控制等关键技术研究,推广采用动态无功补偿新技术,加强电网短路电流控制技术研究,促进各级电网及送端电网和受端电网的协调发展。五是完善公司应急管理机制。根据特大型电网发展和公司"四化"建设要求（集团化、集约化、精益化、标准化），开展应急理论研究，在完善安全生产常态管理机制的同时，加快建立适应公司发展的科学应急管理机制。加强公司应急组织建设，完善应急预案体系结构，开展应急管理能力评估，强化应急专项监督，加强与政府部门、电力监管机构和重要客户的应急联动，开展大面积停电和重要用户停电等联合演练，推动公司应急工作常态化、规范化、制度化开展。六是有效提升电网应急处置能力。始终把防范电网稳定破坏和大面积停电事故作为公司安全应急工作的首要任务。加强大电网稳定机理分析和安全控制研究，开展电网"黑启动"试验，提升电网预测、预警和预控能力。加强电网应急保障能力和应急装备投入，进一步完善公司应急指挥中心、电网备调系统、应急通信系统、应急电源系统等基础设施建设，统筹协调公司应急资源储备和信息共享，加快建立适应特大型电网发展，满足大范围应急救援要求的应急协作机制，为电网安全供电提供可靠、高效的应急保障。

　　面对新形势、新情况、新问题，国家电网公司将始终把安全工作放在首位，切实履行确保电网安全的重大责任，进一步强化电网安全和应急管理各项措施，确保国家电网安全稳定，为中国经济社会和谐发展、为世界电力工业持续发展作出新的更大贡献。

系统防范风险　前移安全关口

中国南方电网公司　祁达才

世界充满风险，风险无处不在。风险始终伴随着人类社会的发展历程，社会的发展过程就是人类与风险作斗争的过程。在电力生产运营中，电网运行以及日常的设备检修预试定检等工作都充满着风险。识别风险，控制风险，减少风险损失已成为安全生产管理工作的重中之重。如何提高安全生产风险掌控能力也是我们一直探索研究的重要课题。

中国南方电网公司经过近五年的努力，在借鉴国际先进管理体系思想的基础上，紧密结合电网企业安全生产实际，探索建立了一个基于风险，具有南方电网特色，涵盖电力生产各环节，实用、可操作的安全生产风险管理体系，为风险控制提出了一整套的管理内容与方法。

一、探索建立以风险为驱动的安全生产管理模式

长期以来，电力行业在安全管理方面进行了很多探讨和研究，总结了一套符合电力企业的工作经验和方法，建立了一系列的安全生产规章制度与标准，对保障电力安全生产起到了积极的作用。但这些经验和方法在系统性和前瞻性方面，与国外先进的安全管理理论和实践存在一定的差距，反思我们传统的安全管理，存在不足主要表现在：

一是缺乏系统性管理。表现在安全生产"头痛医头，脚痛医脚"的管理现象还比较普遍；安全管理不是以自身风险为驱动，而是习惯于依赖上级的部署来推动，上级布置，下级执行，没有一套针对自身风险的系统性管理。

二是缺乏风险控制"落地"的方法。表现在各级对安全生产管理要求提得多，方法提得少，没有形成一套在实际工作中控制和管理风险的

方法。

三是未真正形成安全生产管理的长效机制。表现在管理还没有脱离"运动式"、"救火式"的安全生产管理模式，出了事故来个专项整治，造成安全生产抓一抓好转，松一松变差，不停的对漏洞进行修补，周而复始，缺乏前瞻性的管理。

四是重视结果管理，忽视过程控制。根据海因里西事故冰山理论模型，我们发现，传统的安全管理大都只关注浮出水面的事故，目光往往盯在事故上，却疏忽了冰山下面导致事故的大量成因，而对这些成因缺乏有效的过程监控与管理才是最终导致事故的根本原因。

电网安全是全社会公共安全的一部分，直接影响到社会稳定和国民经济发展。电网安全风险也涉及到社会各个层面，需要全社会共同关注。就电网企业而言，既有电力系统安全稳定运行风险，又有电网生产过程人身安全和资产损失的风险。由于电网安全涉及到经济、政治和社会的安全问题，电网运行风险就成为了电网企业所面临的最大风险。

在全球经济一体化和中国加入 WTO 的背景下，国际上广为流行的各种安健环管理体系被越来越多的电力企业所运用。但由于这些体系管理内容的通用性，更多关注的是生产过程中人身安全、健康与环境的风险，而对电网企业特别关注的电力系统及设备风险却未能有效的体现，对电网企业的针对性和实用性不是很强，在实际运用中总感觉体系游离于生产管理之外，体系的思想、理念无法真实地转化为具体的方法与手段，管理的预期效果无法实现。

但它们基于风险的管理理念和系统化、前瞻性的管理方法却值得借鉴。

2003 年 5 月，南方电网公司成立课题研究小组，开始现代安全管理体系的研究。在综合研究国内外安健环管理体系基础上，结合电网企业特点，组织编制了《电力企业安健环综合风险管理体系（PCAP）》（试用版），并确定深圳、珠海、遵义供电局及广州蓄能电厂作为体系试点单位。经试点单位应用，效果较好，但同时也暴露出体系与电网企业生产实际结合仍然不够等问题，未能很好的体现电网风险特点。

2007年,在充分总结PCAP体系试点应用经验的基础上,公司组织人员对《电力企业安健环综合风险管理体系》进行了改进和完善,对电网、设备风险控制以及电网调度管理内容进行了梳理、充实和完善,充分与电网安全管理相结合,形成南方电网自主知识产权的《安全生产风险管理体系》,其管理内容覆盖了电网安全生产各个环节。体系于2007年10月经公司安委会审核通过,开始在公司系统推广应用。

二、安全生产风险管理体系及其特点

电网企业的生产活动涉及人身、财产损失与供电中断等方面的风险,具体体现在电网运行、设备管理、生产环境、人员作业等环节,如何有效地控制电网生产活动的相关风险,是体系设计的一条主线。针对电网企业风险,我们设计了体系的九大管理模块,对电网安全生产各个环节进行管理。

安全生产风险管理体系由9个管理单元、51个管理要素、159个管理节点和480条管理子标准组成。9个管理单元包括:安全管理、风险评估与控制、应急与事故管理、作业环境、生产用具、生产管理、职业健康系统、能力要求与培训、检查与审核。这9个单元指出了我们需要管理的范围,51个要素指出了我们需要具体管理的工作内容,管理节点指出了要素的管理关键点/流程节点,子标准是各个流程节点的工作要求。体系具有如下特点:

一是以风险控制为主线,提出了系统化的管理内容。体系依据电网企业涉及的风险,确定安全生产过程中管理对象,并以要素形成加以明确。解决安全生产"管什么"的问题。

二是以PDCA闭环管理的原则,提出了规范化管理要求与方法。体系各要素的管理内容实现PDCA闭环管理,提出PDCA各环节具体的管理要求与方法,解决安全生产"怎么管"的问题。

三是体现超前控制,将安全防范关口前移。体系要求实施风险分析与评估,全面识别电网、设备与作业过程风险,通过事先采取控制措施,使事故消灭在萌芽状态,达到主动、超前控制,实现安全防范关口前移。

四是结合电网实际,实现体系管理本土化和专业化。体系在充分借鉴了国际上先进管理体系内容与管理理念和方法基础上,密切结合了电网企业传统的经验和做法,突出了设备、电网运行安全风险管理,显现专业化水平,对电网企业具有较好的针对性和指导性。

三、安全生产风险管理体系建设实践

安全生产风险管理体系的推行模式是:实施风险评估与控制、建立标准、执行标准、查找并纠正偏差,实现 PDCA 闭环管理。

一是实施危害辨识与风险评估,全面识别风险。建立科学的风险评估技术标准,规范风险评估方法,量化风险等级。通过风险评估,识别作业、电网、设备运行风险及其程度,为控制风险和安全投入提供科学的判断依据,实现风险的超前控制。

二是制定措施,做好风险控制。对评估出来的不可接受的风险,制定风险控制措施,并采用相关途径使控制措施有效"落地"。属于管理措施的融入到工作标准中;属于作业过程执行的措施融入到作业指导书的作业步骤中;属于维修改造的纳入技改检修项目计划中;属于完善电网结构的纳入电网建设规划;属于检查维护的纳入日常工作计划;属于教育培训的纳入培训计划。

三是建立体系文件,实现管理与作业规范化。针对体系管理内容,按"写我所做"的要求,建立工作标准,明确各项工作职责、内容、方法与质量要求,解决管理工作"落地"问题。针对作业任务,建立作业指导书,明确流程控制、风险控制与质量控制步骤与方法,解决基层班组作业要求"落地"的问题。建立记录表单,为管理和作业的痕迹管理和统计分析提供持续改进的依据。

四是执行标准,确保工作有效。按建立的工作标准做好安全生产管理各项工作,由于标准规定了具体工作内容、时间与质量要求,严格执行标准,就保证了各项工作管理到位。对各项检修、试验、定检等各项作业任务,执行已建立的作业指导书,确保作业过程安全与设备质量要求。

五是建立信息管理系统,实现风险动态管理。通过建立安全生产信息管理系统,将风险控制与工作流程固化,实现流程管事。如将日常的电网运行和设备试验、定检等纳入信息管理系统,实现计划、执行及相关风险在流程中得到可视和掌控,实现动态管理。

六是建立审核机制,促进持续改进。我们研究建立了从策划、执行、依从、绩效四个方面进行评价管理绩效的 SECP 审核模型 [S(scheme - 策划)、E(execution - 执行)、C(consistency - 一致性)、P(performance - 绩效)],建立《安全生产风险管理体系审核管理办法》和《安全生产风险管理体系审核指南》,为体系审核提出了要求和依据。审核机制的建立,使企业定期进行自我检测、自我改进和自我完善,极大地促进了安全生产各项管理,为持续改进奠定了基础。

七是建立协调机制,发挥专业优势。推行体系过程中,需要企业各个部门,包括生产技术、调度、安监、教育培训等部门的通力合作,相互协调,发挥专业优势,以生产规范化为基础,风险控制为主线,确保所制定的标准符合生产实际和风险控制的要求。

四、安全生产风险管理体系实践成效

为确保安全生产风险管理体系的稳妥推进,2007 年 10 月,我们确定了 15 个发供电单位作为体系应用试点单位。按照安全生产风险管理体系推行模式,经过将近两年的实践,取得了如下主要成效:

一是提高了员工的风险意识,改变了行为习惯。通过风险管理培训和风险评估方法的应用,使企业清楚自身面临的风险,增强了风险意识。通过风险控制方法的应用,也使员工清楚在实际工作中如何有效地进行风险控制。培养了员工"风险识别、事先控制、回顾"的作业与管理行为模式。

二是有效推进了生产规范化管理。针对电网企业的输电、变电、配电运行和调度等各专业管理,梳理完善了设备大修、技改、运行以及应急等生产过程需要应用的管理标准、技术标准和工作标准,夯实了规范化管理基础。

三是逐步建立了安全生产长效机制。通过动态风险管理以及安全生产工作标准的建立、执行、回顾与审核、纠正等环节工作，将各项工作常态化，实现PDCA闭环管理和持续改进。

四是形成了统一模式与标准。通过试点，我们总结了一套推行体系的模式与方法，形成了一套可以在公司系统内推广风险评估技术方法、工作标准与作业标准，为全面推行风险管理体系打下良好基础。

五、下一步打算

按照南方电网公司安全生产风险管理体系建设三年工作目标，开展以下工作。

（一）在南方电网所有发供电单位，全面启动安全生产风险管理体系建设与实施工作。

（二）开展省级调度机构安全生产风险管理体系试点工作。

（三）开展安全生产风险管理体系信息化试点工作。

六、结束语

风险管理是当今世界在基础行业进行安全生产管理的趋势和潮流。南方电网公司经过多年的研究和探索，确立了"以风险为主线，体系化、规范化、指标化和信息化"的安全生产管理思路。实践证明，安全生产风险管理体系建设与实施是能够系统夯实安全生产管理基础，提高员工的安全风险意识，有效解决传统安全管理存在的问题，建立安全生产长效机制。

安全生产风险管理体系的建立和应用是南方电网在安全生产管理方面的探索，还需要在实践中不断完善和改进。我们深信，没有最好，只有更好。相信在国家有关部委的领导和支持下，通过南方电网公司全体员工的共同努力，我们一定会不断提高安全生产管理水平，全面提升驾驭现代化大电网的能力。

强基固本　防微杜渐
深入开展电厂安全生产隐患排查治理

中国华能集团公司　乌若思

中国有句成语，叫做"千里之堤，溃于蚁穴"，用来形容隐患和安全的关系是非常贴切的。生产领域各类安全隐患正如这小小的蝼蚁，蚕食着安全生产基础，不断引发生产安全事故，造成人员伤亡和财产损失。因此，开展隐患排查治理，消除生产过程中潜在的各种不安全因素，已经成为电力企业强化安全生产管理，提升本质安全水平的重要手段。

正是出于这种认识，中国华能集团公司始终坚持"隐患险于明火"的理念，高度重视安全生产隐患排查治理工作。近两年，更是深入贯彻落实国家和有关部门关于开展隐患排查治理行动的部署和要求，认真总结多年来隐患排查治理工作经验，完善管理机制，积极探索隐患排查治理工作的新方法和新思路，进一步巩固了安全生产基础。2007年至今年6月底，华能电力企业共查出各类安全生产隐患46745条，年度平均整改率达到96.9%，有效控制了人身伤亡事故的发生，发电设备故障率呈下降趋势，确保了安全生产，为集团公司健康、可持续发展打下了坚实基础。

一、加强组织领导，保障隐患排查治理深入开展

华能集团公司成立以总经理为组长的领导小组，全面部署安全生产隐患排查治理工作。各电力区域、产业公司和基层发电企业均成立了以行政正职为首的安全生产隐患排查治理工作领导小组和相应的办公机构，确定牵头部门，明确职责分工，从源头管理、过程控制、应急救援等环节入手，有重点、有针对性的制定了隐患排查治理规划和实施方案，加强"基层、基础、基本功"建设，全面排查电厂的安全生产基本条件、生产工艺

系统、技术装备、安全设施、作业环境以及安全管理组织体系建设、责任制落实、工作作风、现场管理、事故追究等方面存在的问题和薄弱环节，建立健全了隐患排查治理绩效考评机制，做到责任、措施、资金、时间、预案的五落实，保证了隐患排查治理工作的深入开展。

二、结合华能电厂安全生产管理体系建设，探索隐患排查治理的新思路

2007年，华能集团公司在认真总结二十多年安全生产管理实践，借鉴国内外安全管理的先进经验的基础上，启动了"华能电厂安全生产管理体系"的建设工作。该体系遵循风险控制、全员参与以及系统性、持续改进的原则，重新梳理、整合、完善现行的相关管理、技术和工作标准，按照PDCA的指导思想，涵盖安全、健康与环保、生产运营、应急管理四个方面，建立自我完善、持续改进的动态机制，实现安全生产工作的规范化、标准化、制度化。在体系的规划建设和试点过程中，华能集团公司各单位以全面消除影响安全生产的设备缺陷、人员违章、管理漏洞等安全隐患为目的，将隐患排查工作与安全管理体系运行中的危险辨识与环境因素评价工作有机地结合，消除或控制各种不安全因素，切实夯实安全生产工作基础，并促进安全生产绩效持续改进。华能上海石洞口二厂结合安全生产管理体系建设，主动地将PDCA循环原理融入隐患排查治理工作中，分析、寻找现存和潜在的不安全因素，制定并落实纠正和预防措施，提高安全管理水平。

三、突出重点，脚踏实地开展隐患排查治理

根据近年来我国煤炭市场大幅度波动及重特大自然灾害多发的严峻形势，发电企业机组调停多、低负荷运行时间长、配煤掺烧频繁，以及在建、技改工程项目多，施工承建队伍管理水平、人员素质参差不齐等实际状况，公司要求各电厂把隐患排查治理与加强设备检修管理，提高发电设备可靠性，防止机组非计划停运、设备设施损坏紧密结合；与加强对违章指挥、违章作业、违反劳动纪律及装置性违章现象的管理，防止基建、技

改等外包工程人身伤害事故紧密结合；与加强班组建设，深入开展"争创优秀班组，争做优秀职工"活动密切结合，进一步明确安全生产隐患排查的具体范围、内容及重点要求，并将落实到车间、班组，提高基层生产一线人员的工作积极性和综合素质。将隐患排查治理工作与全面开展危险有害因素的辨识、等级评价及登记造册等工作有机结合起来，认真查找在电力生产过程中存在的各种不安全状态、不安全行为等引发事故的起因物，制定详实、适用的管理方案，有计划、分类进行整改，做到"横向到边，纵向到底，不留死角"。

四、强化教育和培训，提高职工隐患排查治理能力

为提高职工安全意识，杜绝违章，增强发现隐患、处理缺陷、解决问题的技能水平和事故应急处理能力，从源头上预防事故发生，华能集团公司各单位按照"符合实际、具体实用、取得实效"原则，各部门齐抓共管，紧密配合安全生产中心任务，层层发动，形成合力，通过开展事故案例图片展、专题技术讲课、知识竞赛、技能比武、应急演练等多种形式的安全教育和技术练兵活动，提高了职工对隐患排查治理重要性的认识、辨识隐患的敏感度和治理隐患的能力、参与隐患排查治理工作的积极性和自觉性，为企业安全生产注入了生机和活力。

五、加大督查力度，提高隐患排查治理工作质量

华能集团电厂分布广、运转机组多、基建规模大、管理水平差异大，集团公司多次组织专项督查组，对发电企业隐患排查治理工作进行督导，掌握安全生产状况，了解电厂安全生产隐患排查活动的开展情况，查找安全管理中存在的重大问题，并及时将发现的事故隐患和安全管理方面的问题反馈给企业，督促企业认真梳理、举一反三，制定重大隐患防范措施及应急预案，保障安全生产隐患整改工作落实到位。另外，我们还用组织召开现场会、下发安全生产监督通知书等多种手段，持续推动隐患排查治理专项行动的不断深化，促进各单位进一步提高认识，加强领导，对可能发生事故的各个环节进行重点排查，及时消除隐患。

安全生产大家谈

　　隐患排查治理是一项只有起点没有终点的工作，华能集团公司将以科学发展观为统领，以本届论坛为契机，坚持"安全第一，预防为主，综合治理"的方针，广泛动员，集中力量，有序组织推广"以安全为基础，设备为保障，管理为纽带，采用风险管理理念，以过程控制为基础，风险因素为控制对象，提高整体业绩"的华能电厂安全生产管理体系，以"强基固本，防微杜渐"为目的，深化安全生产隐患排查治理，切实履行企业安全生产主体责任，进一步提高发电企业本质安全水平，促进华能集团公司在更高水平上可持续发展，为创建和谐社会做出新的更大的贡献。

领导就是责任

中国大唐集团公司　刘顺达

胡锦涛总书记在中纪委十七届三次全会上指出，要着力强化责任意识，切实履行党和人民赋予的职责，领导就是责任，责任重于泰山。总书记的指示对于指引我们落实安全生产责任、做好安全生产工作具有同样的指导意义。

一、为什么说领导就是责任

说到领导，人们往往想到权力，好像权力是领导的唯一属性。其实权力和责任从来相伴而生，而且权力越大，责任越重。美国哈佛商学院终身教授约翰·科特认为，企业不论大小都应该既有管理又有领导，成功的关键是75%~80%靠领导，其余20%~25%靠管理，而不能倒过来。

古人云："在其位，谋其政；行其权，尽其责。"切实履行好安全职责，做好安全生产工作是企业经营发展的基础，是建设和谐社会的重要内容，也是对领导的基本要求。领导就是责任，这是安全生产法律法规的规定，也是安全生产责、权、利统一的具体体现，更是社会及公众潜在的心理期望。

一个企业出了事故必然对社会产生不良影响，社会及民众必然关注企业对事故的态度、企业的领导及相关责任人是否被责任追究，其中最关注的是企业的领导是否被处罚。这充分表明，在社会和公众的潜在心理中，企业的领导对于企业的安全事故应该承担责任。安全科学理论也支持这种观点，因为不安全事件发生，根本上还是在管理上存在漏洞，管理漏洞当然是领导的责任。

为什么说领导就是责任。我认为有以下原因。

1. 领导是"三项建设"的实践者

企业的体制、法制和机制建设，企业的安全生产保证能力的建设，以及安全监督体系的建设，都是需要领导去设计、策划、组织、部署、实施。而"三项建设"正是我们做好安全生产工作的基础，从这个角度说领导必须对安全生产负责。

2. 领导具有示范效应

领导若遵章守纪，其示范效应就是员工令行禁止；领导若违章指挥，其示范效应就是员工违章作业。领导行为的示范效应看起来是无形的，但其正面与反面的效应都是显著的，对于企业做好安全生产工作有着举足轻重的影响。

3. 领导决定企业安全文化的基本导向

现代安全科学理论公认，安全管理的终极发展方向是用优秀的文化引领员工自我管理。而文化研究者成果也揭示，企业的文化取决于企业的领导。一个企业的领导经常表扬、奖励、提拔说实话、干实事的人，这个企业就会形成求真务实的文化。所以，领导对于一个企业安全生产的最重要影响，在于他为这个企业树立了什么样的风气，培育了什么样的文化。

二、落实领导责任关键就是做老实人

张德江副总理指出，做好安全生产工作，必须落实四个责任，即领导责任、技术责任、监督责任和现场管理责任。我认为落实领导责任是关键。领导不能把自己等同于一般的管理者，因为管理更多强调确定性问题的处理，领导更多面临不确定性事件的处置；管理强调遵章守纪，把要求的工作做到位；领导需要锐意进取、开拓创新，处理突发的事件，效果上做到出奇制胜，化危为机。

落实领导责任，首先要求领导不要做愚蠢的人，因为愚蠢的人容易麻木不仁，缺乏紧迫感和危机意识，不可能做好生产工作；其次要求领导不要做自作聪明的人，因为自作聪明的人缺乏真实的紧迫感，不是谨慎从事，而是草率冲动，心存侥幸，试图投机取巧，钻客观规律的空子。

落实领导责任，关键领导要做老实人，老实人的两大敌人就是自满和虚假。老实人"不自欺"，"不欺人"，"不被人欺"；不伤害自己，不伤害别人，不被别人伤害。按照科学发展观的要求，"按系统，分层次，责任制，程序化"地开展工作，始终保持诚实、谦逊的态度，因为毛主席说过，知识的问题是一个科学的问题，来不得半点虚伪和骄傲，决定的倒是其反面——诚实和谦逊的态度。

做老实人的标准就是到位做实。所谓到位就是该你干的你必须要干。所谓做实就是该做的做到位。到位做实需要一种精神，一种肯于付出、勇于进取的精神。马克思说："在科学的道路上，没有平坦的大道可走，只有在那崎岖的小路上努力攀登的人，才有可能到达光辉的顶点。"就是对这种精神的充分肯定。

中国大唐集团公司在每年的安全生产一号文中，多次强调必须以到位做实作为责任制，尤其是领导安全生产责任是否落实的标准，我认为，称职的领导必须做到以下几个方面工作。

1. 切实提升领导力。安全生产取得成绩，是领导的业绩。同样，安全生产存在问题，也是领导的问题。问题可能有领导力的问题，也有执行力的问题，归根到底还是领导力的问题，因为执行力本质上是领导力在执行者身上的间接体现。毛主席说，没有落后的群众，只有落后的领导。正是如此。要想提高领导力，必须加强思想力的建设。执行力是基础，领导力是关键，而思想力是根本，因此领导必须善于用科学发展观等理论来武装自己。

2. 切实提高发现问题、解决问题的能力。作为领导，必须要把握大局，做管理的监督者，及时纠正管理者出现的偏差，解决存在的问题，使管理在正确的轨道上有效地进行。中国大唐在系统内积极推进"两库两制"（即问题库、专家库和督办制、结案制），就是给领导提供平台，更好地发现问题、解决问题，不断治理隐患，夯实基础。

3. 切实注重体制、机制的创新，注重科技进步和技术支撑。作为领导，要最大化发挥企业人、财、物等资源的作用，必须创建有效的安全生产体制和机制，充分调动各生产要素积极性，实现资源效能最大化，并积极倡导、实践科技兴安。中国大唐集团公司这些年坚定不移地在设备管理上实行点检定修；在运行管理上实行大集控、全能值班；在新建发电企业推行新厂新制；在生产战线全员开展星级考评，就是对安全生产管理新体制、新机制的积极探索。

4. 切实做到统筹兼顾。作为领导，做好安全生产工作必须要学会统筹兼顾，这也是党中央、国务院教导我们落实科学发展观的根本方法。因为生产安全取决于生产现场的每一个人，涉及社会的很多层面，须要调动企业各个积极因素。中国大唐集团公司一直强调安全生产齐抓共管，强调对新厂新制企业实施一体化管理，强调履行社会责任，正是努力做到统筹兼顾的表现。

5. 切实树立本质安全的目标。作为领导，首要的任务是为企业制定科学的安全生产目标，对标一流。作为企业，一流安全目标只有一个，就是本质安全，即系统无缺陷、设备无障碍、管理无漏洞、人员无违章，实现人、机、环的统一。树立目标，才能从目标出发，从问题出发，建立良好的体制和机制，引领企业的管理。中国大唐向来以本质安全为目标，以"五确认一兑现"为手段开展生产管理，以"三讲一落实"为抓手，加强班组建设，积极推进企业的安全文化建设。在全公司系统的共同努力下，多年来始终保持平稳的安全生产局面。

总而言之，我总结我的观点，因为落实领导责任是落实安全生产责任制的关键，所以我们说领导就是责任。要想切实落实领导责任，到位做实是唯一的标准，领导就必须做实在人。

加强安全文化建设　促进电力安全发展

中国华电集团公司　任书辉

电力工业是关系到国计民生的重要基础产业。电力工业的发展水平和安全水平，直接影响到国民经济和社会的发展水平，也直接关系到我国的社会稳定、经济安全乃至国家的安全。2008年初，我国南方地区罕见的雨雪冰冻极端天气对电网造成的损害，以及电网瓦解对社会生活所带来的重大影响，我们记忆犹新。事实再一次提醒我们：电力安全发展与电力应急管理，是我们必须面对、也必须慎重解决好的一个重大课题。

当前，我国电力企业的安全水平有了很大提高，安全生产局面有了明显改善，但也毋需讳言，我们还有很多电力企业的安全管理，仍然处在就事论事的安全生产管控水平上。随着电力事业的快速发展，我们必须站在更高的层次上筹划安全管理，应该把目光更多投向安全文化建设。

第一，安全文化建设的目标是"长治久安"

安全文化概念的正式提出是在20世纪80年代中后期，最先由国际原子能机构在前苏联切尔诺贝利核电站泄漏事故的分析报告中作为核安全对策提出来的。如今，这个概念早已经超出核工业界，在全世界范围被广泛接受和使用，并由此发展到了由安全观念文化、安全行为文化、安全物质文化组成的全球安全文化的新时代。

现代安全经济学上的"三角形理论"认为，经济为两条边，安全是一条底边，没有底边的支撑，这个三角形是不成立的。经济发展再快，没有安全就构不成稳定的三角形。而构成这三角形的"内核"就是安全文化。同时，事故致因理论也告诉我们，事故是否发生取决于构成事故的"人员—机物—环境"这三因素之间的关系。而在这三个因素中，"机物"、"环境"相对来说比较稳定的，唯有"人"是最活跃的因素，他又是操作"机物"、改变"环境"的主体,因而,紧紧抓住"人"这个活的因素,是做好安全工作的关键。而人的思想和行为方式是受文化支配的。

我理解的安全文化,是人类安全活动所创造的安全生产和安全生活的观念、行为、物态的总和。在企业中就是企业在安全生产实践中,经过长期积淀,不断总结、提炼形成的由决策层倡导,并为全体员工所认同的本企业的安全价值观和行为准则,是企业人的安全意识、安全信仰、安全习惯、安全道德,以及企业的安全传统、安全规范、安全技术的综合反映。建构实现生产的价值与实现人的价值相统一的安全文化,是企业建设现代安全管理机制的基础。

安全文化之所以重要,是因为它对行为、态度和价值观有着重要影响,而这些都是实现良好的安全绩效的重要因素。安全文化建设的意义在于,它根植于组织中每个层次的所有个人的思想和行动中,作为一种有效"手段"能够引起所有生产链上的单位和个人对安全的密切关注,并以一种超越遵守法规要求的自我约束的方法来不断提升企业的安全水平。

实践已经证明,技术的措施只能实现低层次的基本安全,管理和法制的措施能实现较高层次的安全,要实现企业本质上的安全,最终的出路还在于建设安全文化。安全文化建设的意义在于提倡从文化的层面上研究安全规律,加强安全管理,营造浓厚的安全氛围,强化人们的安全价值观,达到预防、避免、控制和消除意外事故和灾害,建立起安全、可靠、和谐、协调的生产运行的安全体系。

事实上,我们只有超越传统安全监督管理的局限,用安全文化去塑造每一位员工,从更深的文化层面来激发员工"关注安全、关爱生命"的本能意识,才能确立电力安全生产的长效机制,实现电力安全发展的"长治久安"。

第二,安全文化建设的核心是"以人为本"

党和国家历来重视安全生产,关心从业人员的生命安全。在法律上,先后颁布实施了《安全生产法》、《职业病防治法》等法律法规,从法律上保障从业人员的身体健康和生命财产安全,赋予从业人员在安全生产中的权利和义务。党和国家领导人胡锦涛曾强调指出："人的生命是最宝贵的，我国是社会主义国家，我们的发展不能以牺牲精神文明为代价，不能以牺牲生态环境为代价，更不能以牺牲人的生命为代价"。三个"不能"，充分体现了"以人为本"的科学发展观，更体现了对人生命的关爱。

而现实状况是，据国际劳工组织的统计，全球每年因工死亡人数高达110万。而我国每年也至少有10万人在意外事故中丧生，特别是高新技术应用的风险、工业生产与开发的风险、人民追求高质量的生活及生存面临的风险，对人类的安全与健康又构成了新的潜在威胁。这就说明，在人类追寻自由、发展、幸福的征程中，人们迫切需要安全文化的指引和抚慰。从本质上讲，安全文化就是保护人的健康，珍惜人的生命，实现人的价值的文化。其最重要的特征就在于它体现着强烈的人文价值关怀，强调用"以人为本"的思维来审视世界，科学而客观地把握人生，珍惜生命，创造人类安全、健康、舒适、长寿、社会稳定发展的美好未来。

安全文化是企业文化的重要组成部分，体现的是人的生命和健康不受威胁的安全价值观，其核心在于"以人为本"，其先进性也体现在"以人为本"。安全文化是价值观、道德准则和行为规范的融合，是企业员工在长期的生产和生活中创造出来的精神成果，它能使企业领导与员工都纳入集体安全情绪的环境氛围之中，产生有约束力的安全控制机制，使企业由相互利用组成的松散群体转化为有共同价值观、有共同追求、有凝聚力的集体。加强安全文化建设既是现代社会及企业的发展与管理的需要，更是现代社会进步、企业文明的重要标志。

第三，安全文化建设的关键是"共同关注"

当前，我国的安全生产管理机制已由原来计划经济管理时代的"国家监察、行政管理、群众监督"这"三位一体"体制转变为"企业负责、行业管理、国家监察、群众监督、劳动者遵章守纪"的新型模式。企业是安全生产的主战场，"企业负责"就意味着企业对安全生产负有更大的责任。安全文化的重要意义，决定了我们必须把企业安全文化建设摆到更加突出的位置；而安全文化建设的特点和规律决定了我们必须坚持"齐抓共管"。

一要坚持"内化于心"。各类事故发生的背后，尽管原因是多方面的，但究其根本原因，还在于"安全第一"的思想并没有深入人心，还在于遵章守纪并没有形成一种群体的自觉行为。而要改变这种状况，根本的还是要通过安全理念的内化来实现，使"关注安全、善待生命"成为员工的内在需求。特别是，企业领导人要做到"安全第一"的思想不动摇，时刻把"人命关天"的事放在心上，把"人的生命"放在高于一切的位置，把职工群众的利益作为安全工作的根本出发点和归宿点，把"人的生命高于一切"的安全价值观根植到心灵深处。

二要坚持"固化于制"。安全理念要发挥效用，必须要以行之有效的制度融入进去，固定下来，贯穿到企业安全生产全过程，变成持之有据、可操作的长效机制。要坚持"逐级负责、分工负责、岗位负责"的原则，明确各管理层级、各个部门、各个岗位在安全管理中的责任，形成责权分明、运作有序、互相支持、互相保证的安全责任体系，从而把安全责任落实到生产过程的每一个岗位和环节。力求做到"四个必须"，即凡事必须有人负责，必须有章可循，必须有人监督，必须有据可查，形成一级抓一级，一级保证一级的安全生产责任制。

三要坚持"外化于行"。员工是安全生产的主体，是安全生产最根本、最关键、起决定作用的因素。企业良好的群体安全行为的形成，离不开企业良好的物质、生活、学习和人际环境，更离不开员工个人行为规范的养成。只有把企业的安全理念同员工个人的行为联系起来，促使人人敬业爱岗，才能唤起"人人保安全"的工作热情，形成群体保安全的能动性，使每个员工都成为安全生产的有心人，最大限度消除安全隐患和薄弱环节。同时要提高广大企业员工的安全应变水平和实际解决问题的能力，树立科学的安全素养和正确的行为习惯，使"人人保安全"成为员工的自觉行为。

四要坚持"物化于术"。人的智力、体力和精力总是有限度的。而企业的安全生产要求是一个永续的过程。面对这样的极限挑战，人类最大的智慧就是"物化于术"，也就是要积极研究、开发、应用，经过实践成功验证了的安全技术和安全产品。这是延伸人的大脑和四肢的有效途径。也是安全理念见之于物质的重要形式。

总而言之，安全是人类永恒的主题，安全生产是一切经济活动的头等大事。没有企业安全就没有企业的一切。作为全国性的特大型发电集团，中国华电集团公司将不断加强电力安全文化建设，努力实现电力安全生产和安全发展，力争为我国的经济、社会发展和人民生活改善做出更大的贡献！

安全生产大家谈

抓实抓好风电安全管理
实现新能源又好又快发展

中国国电集团公司 高 嵩

风力发电作为目前可再生能源中技术最成熟的发电形式近年来发展迅速。根据世界风能协会发布的《2008年世界风能报告》，2008年底，全球风电总装机达到12119万千瓦，其中2008年新增装机约2726万千瓦，年度装机容量创历史新高。中国风电装机容量由2004年的76.4万千瓦增加到2008年的1221万千瓦，年均增幅接近100%。2009年9月，中国国电集团公司建成风电场52个，机组3223台，机型23种，风电容量达347.8万千瓦，居全国第一。作为国内最早投身风电开发的企业之一，中国国电集团公司的风电发展经历了示范、起步和规模运营等阶段。在发展过程中，不断总结风电开发建设与生产的安全管理经验，形成一套较为完整的风电安全生产管理制度和运作机制，实施全员、全面、全过程管理，不断提高了安全生产水平。

一、风电规划设计，要针对不同环境条件强化安全措施

我国的风力资源多集中在高山、滩涂、草原、戈壁、海岛、近海等地区，这些区域自然环境较为恶劣，经常发生台风、雷电、盐雾、低温冰冻、风沙等灾害性气候，恶劣的气候环境严重影响风电场的安全运行。为保证风电机组的长期安全运行，必须在项目可研和设计阶段，充分考虑各种灾害性气候和环境影响因素，有针对性的采取措施，提高抗自然灾害能力。台风可能直接登陆的区域，风电机组宜采用S类设计，并加强基础、塔架和机舱抗极限载荷能力，防止发生倒塔事故；北方地区要强化机舱整体的保温性能和各类传感器、机械部件的抗低温性能；沿海、近海、海岛

风电场要加强防盐雾腐蚀设计；山区风电场要提高防雷设计等级，严控接地电阻，电阻率高的地区采用等电位或大型接地网设计；西北地区要采用密封性好且冷却循环系统功能强的设备等。

二、风电施工安装，要抓关键环节确保安全和质量

工程建设中，除坚决杜绝各类工程转包行为，严格控制分包外，要重点加强以下几方面工作：一是对重大设备如塔筒进行全过程监造；二是对风机基础等大型混凝土施工的所有材料和设备执行进场复检，施工中进行全过程旁站，并委托第三方进行取样鉴定，北方地区坚决杜绝冬季大型混凝土施工；三是对大型吊装设备加强机械状况和人员资质审查，定期开展设备检验、检查；四是加强叶片、机舱、塔架等大型设备运输交通安全；五是机组调试送电期间，认真执行电气安全工作规定，做好送电操作的许可监护工作。

三、风电生产运行，要强化素质细化管理提高水平

1. 建立制度，落实责任。要结合实际，建立健全安全制度，规范管理。制度分为三级：一级是安全生产工作规定，明确安全生产工作内容，各级职责和管理要求；二级是安全管理办法，包括安全生产责任制、可靠性管理以及生产准备管理办法等，明确管理程序和工作要求；三级是各类规程、工作标准和技术标准等作业性文件。制度的建设要做到层次清晰，内容全面，要求明确。要注重制度的执行，特别是安全责任的落实，工作负责人就是现场安全第一责任人，必须严格遵守各项安全制度，监督制止违章行为，做到安全作业。要通过组织开展定期和不定期的安全检查考核，强化有效执行，保障安全生产。

2. 加强培训，提高人员素质。风电涉及的专业有：电气、机械、通讯等，风电场工作人员普遍配备较少，要做好生产运行工作，要求生产人员做到"一专多能"、"一工多艺"。根据风电生产的特点，建立电气专业为主，其他相关专业为辅助的人员结构。大力加强职业技能培训，注重培养专业复合型的人才。国电集团公司率先在国内成立了以气动实验室、风机

实验室等为主要教学设施的苏州白鹭风电技术职业培训中心,与德国风电培训中心开展合作,引入国外先进的职业教育理念和优秀的师资开展职业培训。所有员工必须学习风资源理论、电气运行、风电机组发电原理、风电场安全知识、高空作业、高空救援和心肺复苏技能等课程并经考试合格后,方可进入现场。另外,定期组织举办高级管理人员培训班,邀请国内外的有关专家授课交流,确保管理人员的理论和业务水平与国际水平同步。

3. 集中优势资源,开展专业服务。由于风电技术发展快速,专业技术人才相对缺乏,特别是高层次检修技术人才。国电集团公司积极开展集约化管理,集中系统内优秀的技术人员,组织成立了专业的检修公司,开展大修、重要部件更换、叶片维修、油品检测、振动监测等专业技术服务,提高技术保障能力。

4. 加强设备维护,保障安全运行。推行点检管理,风电机组一年的运行小时达8000小时以上,长期遭受恶劣环境的影响,设备故障较多,通过开发风电设备点检管理软件,制定《风电设备的点检标准》和《风电设备故障检查处理指导书》,定期对设备进行点检工作,及时发现消除设备安全隐患和缺陷。注重备品配件的管理,专门成立了备件服务中心,所有的风电场备件按照"统一采购,统一管理,属地配置,统一调配"的原则进行管理使用,减少了故障停运时间。强化交通安全,风电场地理位置偏僻,交通条件普遍较差,特别是山区风电场,进场道路长、路况差,北方风电场存在冬季道路严重结冰和大雪封山的情况,山区风电场配备专职驾驶员,加强车辆的维护保养,确保行车安全。

5. 推进信息化建设,提高管理水平。针对风电的特点,在开发运用设备台账、生产报表、备品备件等管理系统的基础上,为提高工作效率和管理水平,自行组织研发了风电机组远程实时监控系统,监测和分析机组工作情况,判断机组状态,指导运行管理。开发了风能资源信息管理系统,包括海上潮间带测风系统、抗低温低功耗风资源测量系统,监测风电场风资源情况,评价风资源状况;开发了生产后评估系统,评价风电场发电量,为制定发电量指标提供依据。

6. 强化应急机制，提高处置突发事件的能力。风电场因自然灾害引发的突发事件较多，而其位置一般远离城镇，公共服务机构难以及时到达进行应急协助处理。所以，风电场应急机制的建设显得尤为重要，要全面制定人身、设备、火灾、公共卫生等突发事件应急预案，落实应急措施，做到有序处置，才能减少损失。特别要做好人身事故的防范和应急处置，要加强员工的救护知识培训，掌握触电、机械、坠落等伤害急救技术，配备器材和药品，定期开展演练，提高应急工作能力，建立自保和互保机制，有效应对各种自然灾害和事故，保障人身安全。北方地区的风电场还要确保电源的可靠供应，设立独立的备用电源，以满足冬季现场供暖、通讯等应急需要。

四、风电场安全管理面临的主要问题及建议

风电设备标准和认证体系有待加强。中国的风电设备制造行业发展迅速，但问题也较多，特别是风电机组质量亟待提高。建议进一步完善质量标准和认证体系，建立国家级的风力发电试验检测技术机构，保障风机设备质量。

风电相关的行业标准有待完善。随着风电的快速发展和风电技术的不断进步，部分行业标准已经不符合实际情况，亟待修订和补充。建议借鉴国外标准，建立适合我国国情的风机制造、风电建设和风电运行等标准体系。

风电场和电网的协调运行要研究解决。目前风电发展迅速，但场、网相关技术研究相对滞后，如风电场负荷预测和电网调峰、风电机组低电压穿越、无功补偿、谐波等问题，这些安全问题成为制约风电进一步发展的重要因素之一。需要国家有关部门组织研究解决，促进风电和电网和谐发展。

各位嘉宾、女士们、先生们，可以预见，在未来的几年我国的风电发展仍将保持快速发展的态势，风电装机将进一步增加，在我国能源结构将占据重要地位。中国国电集团公司将继续不懈努力，积极发展风电，强化安全管理，提高风电场运行水平，为优化电源结构，建设资源节约型和环境友好型社会作出贡献。

提高电源侧应急能力
为电网应急提供有力支撑

中国电力投资集团公司　田　勇

一、前言

电力工业是关系国计民生的基础产业，在国民经济中发挥着举足轻重的重要作用。一旦发生较大规模的电力生产事故和大面积停电事故，将给国家安全和社会稳定带来严重威胁，给人民生活和社会秩序带来灾害性影响。

近年来，国外重大电网停电事故时有发生。2003年发生的"8.14"美加大停电，损失电力负荷6180万千瓦，5000万人失去电力供应；2006年11月4日发生的欧洲大停电，损失电力负荷1672万千瓦，1000万人受到影响。受自然灾害等因素影响，国内也发生了多起影响电力系统安全的突发事件。2005年，海南电网因台风导致大面积停电；2007年，东北电网遭遇特大暴风雪袭击，大连地区电网与主网解列；2008年1~2月，南方部分地区遭遇严重低温雨雪冰冻灾害，南方、华中电网数千条线路倒塔、倒杆、断线，贵州、江西、湖南局部电网与主网解列。

随着我国电力建设的高速发展，电力系统的复杂性不断增加，不确定因素增多，电网建设滞后于电源建设的矛盾有所突出，发生重特大电网停电事故的风险加大。在这种情况下，提高电力事故防范和应急处置能力，为电网安全提供可靠支撑成为发电企业需要认真加以解决的课题和义不容辞的社会责任。

二、中电投集团公司在电源测应急管理上的实践

（一）建立健全应急管理体制机制

1. 建立应急组织机构

集团公司成立了由陆启洲总经理任主任的安全生产应急管理委员会，行使突发事件的应急管理、指挥权力，下设办公室和应急响应中心。办公室负责集团公司应急管理的日常工作；应急响应中心负责应急信息收集、整理，履行突发事件应急响应职责。建立了集团公司的应急指挥中心，根据集团公司综合应急预案和相关专项预案的规定，行使应急救援指挥权。

2. 落实应急管理责任

根据集团公司产业多元化结构特点，确定了归口管理、分口负责的安全生产应急管理模式，明确各个层面的应急管理职责，努力实现工作不留死角，管理无缝连接。

3. 构建应急联动机制

应急管理离不开国家和地方政府的统一领导，中电投集团公司重视与各级政府和电力监管机构沟通、联系，及时、准确地报告电力突发事件和有关情况，落实应急管理方面的要求。同时，加强与电网公司、兄弟发电企业及应急救援专业机构的协调、配合，共同应对电力突发事件，确保应急联动机制的协调运转。

4. 完善应急预案体系

集团公司加强对应急预案的评估和动态管理，根据有关法律、法规、标准的变动情况和应急预案演练情况，对事故综合应急预案及重大人身事故应急预案、重特大设备事故应急预案、地震灾害应急预案、水电站垮坝事故应急预案、防汛防台应急预案等5个专项应急预案进行了修编，完善应急预警、预案启动处置程序，提高了预案的针对性和可操作性。所属企业也结合自身实际，不断完善各级各类应急预案，制定预案1400余项，基本涵盖了安全生产的各个方面。

（二）应用先进的应急技术，提高应急能力

1. 应用快速启动功能，提高机组快速响应能力

集团公司制定了新（扩）建机组的技术路线，力求在发电厂设计中就考虑应用先进的技术手段提高应急能力。提出在 30 万千瓦及以上机组应具备 APS（机组级顺序控制系统）功能，以确保机组能够按照预订的程序自动完成锅炉上水、点火、升温升压、汽机冲转、机组并网及带满负荷的全过程，提高机组快速启动、快速并网、快速带负荷的能力，为提高应急响应速度提供技术保证。

同时，积极探讨 60 万千瓦以上具备条件的发电机组设计并投入 FCB 功能，在电网侧故障造成机组与电网解列时，不联跳汽机和锅炉，汽机保持额定转速，锅炉快速减少燃料量，高、低压旁路快速开启，实现机组仅带厂用电的孤岛运行，对电网特殊事故处理和没有水电机组的区域电网实现黑启动具有十分重要的意义。

2. 制定技术措施，为重点机组事故状态下实现孤网运行提供保障

认真组织制定负荷中心和城市中心 12.5 万千瓦及以下等级机组带孤立电网的运行预案，完善机组孤岛运行下防锅炉灭火、防汽机超速、防止锅炉汽水循环破坏的措施，提高机组带孤立电网运行的成功概率和可靠性。

在 2008 年的雨雪冰冻灾害中，所属江西分公司贵溪发电公司、景德镇发电公司、南昌发电公司在孤网运行的情况下，认真落实预案和技术措施，保证了江西省政府机关等重要用户和赣东北地区的生活生产用电。2007 年初东北地区遭遇 50 年一遇的特大暴风雪，所属东北公司大连泰山热电厂在大连电网与东北电网解列的情况下，实现孤网带厂用电运行，有力支持了当地重要用户供电和事故恢复工作，受到国家电监会和电网公司的一致好评。

3. 完善水电站黑启动方案，提供可靠的黑启动电源

与火电、核电机组相比，水轮发电机组具有自备启动电源、启动速度快的特点，是电网安全恢复首选的黑启动电源。中电投集团公司现有水电装机容量 1250 万千瓦，占装机总量的 22%，充分发挥水电在电网事故应

急恢复中的特殊作用对提升公司的应急能力至关重要。集团公司组织对所属水电企业进行了全面的验证和评价，切实掌握各级水电机组性能状况和黑启动能力，根据电厂的实际情况，分层次制定合理的黑启动预案，明确启动流程，开展实战演练，有力提高了水电站黑启动的处理能力。同时，科学制定实现黑启动的技术措施，认真研究黑启动条件下机组机械保护、电气保护的设置，压油装置储能能力，直流电源配备容量和合理使用等问题，把配备应急柴油发电机作为必备条件，确保机组能够实现快速、安全启动。

在2008年的雨雪冰冻灾害中，在电网遭受严重灾害、分片运行的极端困难情况下，集团公司在江西、湖南和贵州等省的水电机组主动承担地区调峰、调频和事故支援任务，在异常情况下成功开、停机组1359次，"黑启动"14次，成功率100%，有力支援了当地的抗灾抢险工作。

4. 加强电网事故状况下与电网公司的紧密配合，满足电网调度要求

集团公司高度重视电网事故情况下与电网调度的配合，不折不扣执行电网事故处理指令。同时，在提高发电厂自动投入率方面做了大量工作，采取多种技术措施保证发电机组一次调频、AGC、AVC功能的可靠投入、可靠动作，满足电网的调度要求。

2008年四川汶川"5·12"特大地震发生后，西北电网出现频率波动，黄河公司李家峡水电站、龙羊峡水电站坚决服从调度指挥，充分发挥调频电厂的作用，为避免大面积停电事故做出了贡献。

三、对提高电源侧应急能力的思考和建议

（一）根据电网应急要求，确定重点应急发电机组

目前，在多种形式的发电机组中，水电机组、风电机组普遍具备"黑启动"的能力，燃气—蒸汽联合循环机组也具有快速启动并网的特点，建议电网在考虑应急处理方案时，应当根据不同类型机组的不同特点，确定重点应急发电机组，将重点应急机组纳入电网应急管理体系，充分发挥重点应急机组的作用。对于重点应急发电机组为电网提供的应急服务，电网

应当在计划电量等方面给予适当的补偿。

（二）合理确定大容量发电机组并网的电压等级

目前，重要用户和重要负荷主要依赖于 220 千伏及以下等级的电网。随着电力建设的提速，60 万千瓦及以上发电机组大多采用 500 千伏及以上电压等级并网，支撑 220 千伏电网的发电机组不断减少，在电网故障造成 500 千伏及以上系统瓦解时，多数 60 万千瓦及以上大机组无法为电网提供支撑，将造成 220 千伏电网电源支撑点的弱化。建议在今后的电网规划中应适当考虑 60 万千瓦等级的机组采用 220 千伏等级并网，既可以加强大容量机组对电网的支撑能力，也有利于大容量机组的电量消纳。

四、结语

与先进国家相比，我国在安全生产应急管理和应急救援技术方面还存在较大差距，中电投集团公司将按照国家有关部门的部署和要求，进一步完善安全生产应急管理体制，继续加大国际交流、合作，加大安全生产应急管理基层基础工作力度，提高安全生产应急管理水平和防范、应对事故灾难的能力，为电网安全提供有力支撑，为国民经济发展提供不竭动力。

吸取教训　总结经验
进一步提高大坝防灾减灾能力

中国水电工程顾问集团公司　周建平

一、溃坝事件带给我们的警示

"75.8"溃坝。1975年8月，因罕见台风雨，河南省驻马店地区1万km^2的土地上，60多个水库相继发生垮坝（其中有板桥、石漫滩两座大型水库，竹沟、田岗两座中型水库），造成洪水泛滥，1000多万人受灾，超过2.6万人遇难。南北大动脉京广线被冲毁100km，中断行车16天，直接经济损失近百亿元，成为世界最惨烈的垮坝事件。

沟后水库溃坝。1993年8月，青海省共和县恰卜恰河上游的沟后水利工程，面板堆石坝（坝高71m，坝顶长265m，库容330万m^3）发生溃决，溃坝洪峰流量超过2000m^3/s，是500年一遇洪水（250m^3/s）的8倍，下游13km处的县城遭淹，数百人死亡，上千户失去家园。调查发现，工程设计存在严重疏漏，施工质量存在缺陷，施工管理和运行管理不到位，留下安全隐患，最终酿成惨剧。

国际溃坝事例。迄今为止，世界上发达国家也有一些溃坝案例和高坝破损的实例，法国的马尔帕塞溃坝（薄拱坝，高66m，库容0.51亿m^3，1959年12月），意大利瓦伊昂水库报废（薄拱坝，高262m，库容1.7亿m^3，1963年10月），美国提堂坝溃坝（心墙砂砾石坝，高126m，库容3.18亿m^3，1976年6月），奥地利柯恩布莱坝踵拉裂（薄拱坝，高200m，坝顶弧长626m，1976）。虽然这些工程溃坝或大坝破损的原因各有不同，但都付出了沉重代价，教训十分深刻。现在看来，这些溃坝事件基本都可归入"人祸"的范畴，是完全可以避免的。

自然灾害的教训，除了"人祸"，还有"天灾"。其实，天灾也是工程设计、建设和运行管理中，必须设防的。除非这种"天灾"远远超出了人们的想象，是在设防标准之外，但是，即便如此，对超标准的偶然事件和各种极端事件的不利组合，也是必须防止出现溃坝造成严重次生灾害的。

2008 年年初，南方大部分地区出现了历史罕见的低温雨雪冰冻天气，造成大面积自然灾害；同年 5 月 12 日，四川汶川发生里氏 8.0 级特大地震，受灾地区达到 45 万 km^2，房屋、交通、通讯、电力、市政基础设施等大面积损毁，地质灾害多达 12000 处，直接经济损失 8500 亿元。同年 5～6 月，南方 12 省份暴雨成灾，湖南、广西、江西等省区 48 人死亡、25 人失踪，仅在湖南，强降雨已导致多个市州近百万人受灾。

从殃及南方 16 省份的冰雪灾害，到涉及 10 个省区市的汶川强震，再到南方汛灾，这些灾害中，除了因为超出设防标准而损坏的建筑物之外，更多的是一些"豆腐渣"工程的损毁造成了的次生灾害。面对接踵而至的灾害，我们不能不认识到，这是一个高风险的年代。从水电工程防灾减灾的角度总结经验，只有建立健全规范有效的水电工程建设管理体制，设计建设更加稳固的大坝及其他基础设施，建立切实有效的应急预案和应急管理机制，才能避免"人祸"，最大限度地减少"天灾"带来的损失，安然于这个高速发展的年代。

二、溃坝的主要原因及其风险

到目前，我国有各类水库大坝 85400 余座，库容 6345 亿 m^3，其中 30m 高度以上的大坝 4870 座，100m 以上的高坝仅 130 余座，95% 的水库大坝均为土石坝。据不完全统计，截至 2006 年，已溃坝 3460 多座，其溃坝率约为 4.1%。溃坝造成的生命和财产损失极大。

水电工程溃坝事件时有发生，但绝大多数都是没有经过正规设计或正常施工的小型水利水电工程低坝。大中型水电工程大坝溃坝或发生严重事故的工程国内外虽然都有实例，但总体很少，屈指可数。

根据新的溃坝统计资料分析，溃坝的主要原因可概括为洪水漫顶、坝体及坝基质量缺陷、维护管理不当及其他。因为遭遇超标准洪水和枢纽工程泄洪能力不足导致大坝漫顶溃坝事故的占50%，因为坝体坝基质量缺陷导致溃坝事故的占35%，因为管理不到位或应急处置不当导致溃坝事件的约占8%，其他原因导致溃坝事件的约占7%，平均年溃坝率为8‰。

与国际上其他国家水电工程比较，上世纪60年代、70年代，我国溃坝概率高于国外当时的年平均溃坝率（5.0×10^{-4}），上世纪80年代及以后，我国溃坝概率大幅下降，基本接近世界年平均溃坝水平，达到基本可接受的程度（1.0×10^{-4}）。

根据上述溃坝事故的分析，可归纳出如下主要原因：

1. 汛期条件下的溃坝原因，有洪水漫顶；渗流破坏；管涌流土，滑坡（含倾覆）；溢洪道冲溃等。

2. 非汛期条件下的溃坝原因，有渗流破坏；结构破坏（裂缝、滑动）等。

3. 地震引起的溃坝原因，有渗流破坏；坝基液化；洪水漫顶；结构震损（开裂、滑移）等。

实际上，大坝破损和溃决的原因远不止这些。大坝设计者应该认识到，各种可能的极端事件，及其不利的组合都有可能出现，例如洪水和地震的组合，地质灾害和洪水的组合，设备设施的故障与洪水、地震的组合等等，水电工程枢纽及大坝的设计中还应该考虑使其具有一定的容错功能。英国前首相撒切尔曾经说过："意想不到的情况总会发生，你最好做好准备"，因此，我们所要做的，就是做好准备，"防患于未然"。

水电开发在满足国民经济社会发展对能源需求的同时，具有防洪、水资源配置、改善航运、发展旅游、保护生态环境、促进地方经济发展等综合效益，水电开发的作用是"无可替代"的。然而，在水能资源丰富的西南地区，由于地质环境复杂，山洪、地质灾害、强地震多发频发，自然灾害的影响又"难以避免"，水电工程设计建设的大坝，尤其是大库高坝，一旦发生溃坝将导致严重的次生灾害，这种次生灾害绝不亚于核电站的核泄露、也不亚于汶川地震所造成损失和影响，对此必须给予高度重视，进一步研究提高大坝防洪抗震、防灾减灾能力具有十分重要的意义。

三、地震灾区大坝震害调查及启示

汶川地震灾区近千余座水利水电工程受到不同程度的震损，但95%以上的为小型水利水电工程，大中型水利水电工程不足5%。地震对水电工程的影响主要集中在岷江流域上游、涪江流域中上游及白龙江流域下游，其他流域水电工程受汶川地震影响较小或基本不受影响。

我们组织对重灾区、极重灾区的大中型水电工程进行了全面系统的震后调查，详细调查了22座工程，其中包括5座百米级高坝工程，紫坪铺（混凝土面板堆石坝，高156m，库容11.1亿m^3，装机容量760MW）、沙牌（碾压混凝土拱坝，高130m，库容0.18亿m^3，装机容量36MW）、宝珠寺（混凝土重力坝，高132m库容25.5亿m^3，装机容量700MW）、水牛家（心墙堆石坝，高108m，库容1.43亿m^3，装机容量70MW）、碧口（土心墙土石混合坝，坝高101.8m，库容5.21亿m^3，装机容量300MW）。除碧口在甘肃省外，其余均在四川省境内。除紫坪铺为以灌溉和供水为主的综合性水利枢纽工程外，其余均为以发电为主的水电工程。

调查分析表明，映秀湾、渔子溪、耿达等3座水电工程震损较重~震损严重，太平驿、紫坪铺、草坡、碧口、沙牌和薛城等6座工程总体震损轻微，局部或部分建筑物震损较重~震损严重，其余13座工程震损轻微。汶川地震中，灾区各个领域：铁路公路、房屋建筑、城市基础设施、工矿企业、生态环境、文物古迹……，都发生了重大甚至致命的破坏，或产生了严重的次生灾害。水电工程相比其他领域，虽然自身损失较大，但没有一座工程震毁，更没有造成次生灾害。大部分工程震损轻微，修复后能够投入运行；部分工程震损较重或严重，需要较长时间修复，但不影响工程安全。

根据对地震灾区水电工程震损情况的调查，可以总结出以下震损规律。

1. 水电工程，可概括为"三重三轻"，即距离震中和断层破裂带近的工程震损较重，远的震损较轻；早期建设的工程震损较重，近期建设的震损较轻；工程规模小的震损较重，规模大的震损较轻。

2. 枢纽建筑物，可概括为"三轻三重"，即主要建筑物震损较轻，次要及附属建筑物震损较重；地下建筑物震损较轻，地面建筑物震损较重；人工边坡震损较轻，天然边坡震损较重。

3. 主要设施设备震损规律表现为"一轻一重"，即直接震损较轻，地震地质灾害所导致的次生灾害相对较重。

地震地质灾害是汶川地震中最主要的次生灾害，水电工程中也是如此。汶川地震所形成的地质灾害在今后相当长的一段时间内还将产生一定的影响，必须对此高度重视。

从汶川地震灾区水电工程震损调查中，我们可以得到以下 3 点基本认识：

1. 汶川地震灾区大中型水电工程没有发生溃坝，也未出现威胁下游安全的险情。说明我国水电工程大坝抗震设计标准、理论和方法是基本合适的。

2. 只要选址恰当、设计合理、质量合格和运行管理到位，水电工程大坝具有抵御设计地震破坏的能力和超乎想象的抗震潜力。强震地区可以建坝，包括修建高坝。

3. 有理由相信，在吸取汶川地震教训和总结国内外防震抗震经验的基础上，我国水电工程设计标准、方法、建设管理和运行管理制度将更加完善，工程安全将更好地得到保障。

四、加强水电工程大坝安全应急管理的建议

水电工程大坝防灾减灾的战略重点应当是防止在遭遇最大可能的地震、最大可能的洪水以及最大可能的地质灾害的情况下，发生坝体溃决、库水失控下泄、导致严重次生灾害的"溃坝"灾变，大坝安全必须万无一失，绝对可靠。

大坝防灾减灾能力建设的战略思路是严格规范勘察设计、工程建设以及运行管理行为，严格遵循基本建设管理要求，贯彻落实国家法律法规、方针政策和工程强制性标准的要求。从国家管理角度而言，完善法规制度和技术标准是当前工作的重点。

特别要强调的有两点。第一，大坝防灾减灾能力建设应包括在规划设计、工程施工以及运行管理这三个阶段的全过程之中。三个阶段的全部工作都是为了一个共同的目标，即满足工程功能与安全的要求。任何一个阶段的工作，如果没有其他两个阶段工作的支持，都无法实现工程建设的终极目标，甚至不能保证工程的安全，可能造成严重的后果，因此，认真设计、精心施工和严格管理是大坝防灾减灾能力建设的关键所在。第二，工程安全问题的本质是技术问题。一要防"天灾"，二要防"人祸"。一方面，要研究确定水电工程可能遭遇的洪水、地震以及其他自然灾害，考虑到这些自然灾害发生的不确定性，工程设计必须留有安全余地；另一方面要针对设计洪水、地震以及其他自然灾害或可能出现的问题，研究采取适当的工程技术方案、恰当的工程措施和应急管理措施，枢纽及大坝设计上要考虑留有"容错"功能。

为此，我们需要在总结勘察设计、工程建设以及运行管理工作经验教训的基础上，树立正确的工程观念，改进设计方法，通过科技攻关和技术进步，不断提高工程建设质量和运行管理水平，从而增强大坝抵御各种极端灾害的能力。水电技术虽然是成熟技术，但坝工技术进步和科技创新是永无止境的。针对不断出现的建坝新问题，水电科技工作亟需加强。

水电工程大坝安全形势总体是好的，但也存在安全隐患。一是已建大坝中，相当多的一部分中、低坝没有经过正规设计，或者施工质量差，运行管理不到位，安全状况不清楚，这些坝在正常运行工况下就属于病险坝，因而存在较大风险；二是近些年，西南强震地区，相继开工建设了一批高土石坝和高混凝土坝，坝高超过200m，甚至达到300m，这些工程缺少设计和施工经验，超出规范规定的范畴，当前的科技水平又赶不上工程建设的规模和速度，存在着一定的风险。

因此，无论是量大面广的中、低坝，或是大库高坝，我们都必须面对保障大坝安全、防止溃坝灾变引发严重次生灾害的严峻挑战，亟须切实加强大坝安全评估与风险分析的各项工作，提出并实施除险加固和补强工程措施，研究制定应急管理预案，落实应急措施。

当前水电开发形势下，加强水电工程大坝安全管理，亟需做好以下方面的工作：

1. 进一步提高水电工程大坝抵御风险的能力。工程建设单位要按照国家有关部门和行业主管部门对水电工程防洪、抗震的要求，抓紧开展已建、在建水电工程，尤其是高坝工程的安全复核工作，加强应急设施建设并健全应急管理机制。

2. 高度重视水电工程地质灾害的综合防治。汶川地震所形成的或潜在的地质灾害，在今后相当长的时期内，还将对水电工程安全构成威胁。在灾区水电工程恢复重建和运行管理中，建设单位要加强枢纽工程区地质灾害隐患排查和分析研究，开展预警预防和综合治理。

3. 要尽快开展强震区病险小水库的排查和除险加固工作。支流上已建的设防标准低、施工质量差或震损后未及时修复的小型水利水电工程，可能构成对干流水电工程的严重威胁，地方政府和有关部门要进一步加强灾区病险水库的排查和除险加固工作，确保小型水库安全。

4. 电力安全管理部门要按照防洪法和防震减灾法的要求，对水电工程大坝应急预案制度、应急设施设备以及应急预案的改进等情况作定期检查。泄水建筑物及其设施设备是防止土石坝漫顶、避免发生次生灾害的最为重要和有效的措施，应为检查评价的重点。

5. 开展水电工程防灾减灾关键技术研究。西南地区地质条件复杂，山洪、强震、地质灾害频繁发生，为促进西南地区水能资源开发，建议将"水电工程防灾减灾关键技术研究课题"列入国家重点科研计划，依托重点工程，联合国家科研单位、高等院校和勘察设计单位，开展多学科、多专业科技攻关，提出可靠可行的防灾减灾解决方案。

安全生产大家谈

纵深防御　稳健决策

中国广东核电集团公司　郑东山

由于核电行业的特殊性与敏感性，核电站的安全事故除了会生产直接的人身伤亡和经济损失外，还可能产生其难以估量的间接损失，包括对环境、社会与政治方面的影响，因此对于核电企业来讲，"安全"永远是我们的"安身之基，立命之本"，是我们生存和发展的生命线，没有安全就没有一切。中国广东核电集团有限公司（以下简称中广核集团）是我国唯一以核电为主业、由国务院国有资产监督管理委员会监管的清洁能源企业，从1985年开始建设大亚湾核电站以来，坚持"安全第一、质量第一"的基本方针，瞄准国际标杆，不断挑战自身，持续改进，在二十多年的创业、创优、创新实践过程中创建了以"纵深防御，稳健决策"为核心内涵的安全质量管理品牌。

在国家"积极推进核电建设"的政策环境下，中广核集团以安全质量管理为基础，在核电方面实现了有序、稳步、快速发展，同时在风电等清洁能源方面也有很快的发展。截至2008年12月底，中广核集团拥有大亚湾核电站和岭澳核电站一期近400万千瓦的在运行核电机组，岭澳核电站二期、辽宁红沿河核电站、福建宁德核电站、阳江核电站超过1600万千瓦核电机组正在建设，台山核电项目、广西防城港核电项目、湖北咸宁核电项目约800万千瓦核电机组正在开展前期工作。在风电方面，投产装机容量超过45万千瓦，在建70万千瓦。此外集团还有一定数量的水电项目。中国广东核电集团拥有总资产约1000亿元人民币，净资产约350亿元人民币，净资产是集团成立初期32.4亿元的10倍多。为进一步实现成为国际一流清洁能源集团的愿景，适应国家核电发展的新形势和涉足国际市场竞争的需要，中广核集团领导层今年特别提出要在二十多年发展继承的基础上进一步打造安全质量这一金字品牌,提升安全质量管理这一核心竞争力。下面就以具有中广核集团特色,以"纵深防御,稳健决策"为核心内涵、涉及安全质量管理的核心价值观、管理理念和成功实践等方面内容,与各位领导、专家和来宾进行交流。

一、"安全第一、质量第一、追求卓越"的价值观是中广核集团的核心价值观

安全第一,就是在生产活动中以保障人的健康和生命为前提,任何生产经营活动都必须在保证安全的前提下实施,其实施结果也必须是安全的。对于中广核集团来讲,无论什么产业、什么单位、什么岗位,人的健康和生命安全都是第一位的。我们认为:一是,安全是人的基本需要,人的健康和生命是无价的,企业的发展绝不能以牺牲员工的健康和安全为代价,发展必须以安全为前提,必须"以人为本",这是和谐发展的基础;二是,无论是什么产业、什么单位、什么岗位,只要在从事中广核集团的事业,员工的劳动保护权利都应得到合理充分的保护,安全管理的标准都应符合法规的要求,安全管理的绩效都要追求世界先进水平;三是,要坚持预防为主的安全管理方针,与此同时建立和维护应急响应体系,在发生生产安全事故或突发公共卫生事件时,以保护员工的健康、抢救生命为优先;四是,安全是发电的前提,发电是目的,只有在安全前提得到保障的情况下,才能做到长期稳定的发电,才能为股东和客户创造利益,才有中广核集团事业的长足发展、可持续发展。

质量第一,就是以每项活动、每个产品满足既定的性能要求为验收标准。对于核设施而言,安全是运行的前提,质量是安全的保障,没有质量就没有安全。我们将质量管理作为贯穿核电选址、设计、采购、工程建造、机组运营全过程的管理与控制的核心,建立与运作包括顾客、供方、利益相关方在内的质量保证体系和质量监督体系,坚持"在质量问题上绝不让步"的态度。质量第一的价值观经受了若干事件的考验,例如"大亚湾核电站1995年投产初期控制棒落棒时间超差事件","岭澳核电站建设期间1999年低压转子因质量原因报废事件"。

追求卓越，就是要在市场中成为优秀中的优秀，成为行业的标杆。我们坚持工程项目"一个要比一个好"的持续创新和创优的永不满足的精神，打造精品工程，我们坚持核电运营安全指标持续改进，与国际先进标杆对齐，追求国际一流。

中广核集团坚持"安全第一、质量第一、追求卓越"价值观，在历经二十多年的稳健发展过程中，取得了骄人的安全业绩：1. 2009年7月31日，中广核集团下属的大亚湾核电站1号机组实现安全运行2539天，创造国内核电站单机组安全运行最高纪录；2. 自1999年起中广核集团下属的大亚湾核电运营管理有限公司在与法国电力公司EDF国际同类运营机组安全挑战赛连续7次获得"工业安全"领域第一名，5次"辐射防护"领域第一名等；3. 中广核集团下属的岭澳核电站一期工程建设达到国际同类核电站的先进水平。2002年11月，国际原子能机构（IAEA）对岭澳核电站一期进行运行前安全评审后给予高度评价："岭澳核电站一期的大部分指标都可以与新的IAEA国际安全标准相媲美，其业绩将成为全球核工业界极有价值的参照"；4. 2008年，中广核核电工程项目的核心安全指标——工业安全事故率为0.033，按美国2007年千人以上规模建筑行业的标准数据进入了中间值水平（即0.3），并接近美国先进值水平。

二、中广核集团核心安全管理理念

管理理念即是管理的指导思想或管理的基本原则和思路。中广核集团在学习实践国内外科学管理思想的过程中，结合核电自身设计、设备监造、工程建设、生产运营的业务风险特点和管理控制要求，经过二十多年的继承发展、实践验证和经验总结，形成了以"纵深防御，稳健决策"为核心的，具有中广核集团特色的核电安全管理理念。

（一）以"纵深防御"为特征的安全管理体系

安全生产，预防为主。所谓预防，就是识别和防范各类风险。针对核电站系统的复杂性和高危性，根据保证核安全的纵深防御设计思想，中广核集团在各项业务活动和管理控制中，全面采用、贯彻与推行"纵深防御"思想，设置多道有效的安全屏障，建立了以"纵深防御"为主要特征的安全管理体系，在安全管理的组织、制度、控制、监督、反馈、应急、改进等每一个环节，建立起多重深度的安全管理机制，强调纵深、主动和保守的特性，保证核电领域的安全生产。

1. 纵深防御

所谓纵深防御，即多道屏障设置，只要多道安全屏障没有被全部突破，就能保证安全。核电站纵深防御主要包括五道防线：第一道防线，保证设计、制造、建造、运行和检修的质量，防止出现偏差；第二道防线，严格执行运行规程，遵守运行技术规范，及时检测和纠正偏差，对非正常运行加以控制，防止演变成事故；第三道防线，万一偏差未能及时纠正，发生设计基准事故时，自动启用电厂安全系统和保护系统，防止事故恶化；第四道防线，万一事故未能得到有效控制，启动事故处理规程，保证安全壳的完整性，防止放射性物质外泄；第五道防线，如果以上各道防线都失效，立即启动场外应急响应，努力减轻事故对公众和环境影响。

中广核集团除在核电站设计和建造阶段，在实体上设置了纵深防御屏障，确保其固有安全性外，在运营阶段的安全管理体系上也采用了纵深防御的指导原则，针对设备、人员和组织可能的失效，设置从预防到监测再到缓解行动的纵深防御屏障，从而维护三道实体屏障（燃料包壳、压力容器和一回路系统、安全壳）的完整性，将放射性向环境释放的几率和后果降到最低，保护个人、公众和环境。同时中广核集团在管理方面也积极运用纵深防御的方法，从个人屏障（个人失误）、制度屏障（工作过程）、组织屏障（工作环境）、管理屏障等方面制定具体措施与改进要求，保证多道屏障的完整性，避免发生事故。

2. 主动防御

所谓主动预防，是一种系统的、前瞻性的、积极主动的思考和安排，目的是将问题、缺陷、偏差识别和消除在萌芽之前或萌芽状态，只有主动预防做好了，才能实现安全、质量和成本、效益的协调和统一。它是中广核集团在贯彻纵深防御思想的核心体现，主要有以下五层意思：

第一，建立自我约束、持续改进的安全管理体系，不仅符合法规和监管机构的要求，而且通过对正常、瞬态和应急状态下的安全相关活动的计划、控制、实施、监督、评估和反馈，不断提升组织的安全绩效，与此同时，建立和强化良好的安全态度和行为，使个人及团队安全地完成工作任务；

第二，坚持将质量管理 PDCA 循环作为管理制度改进的基本方法，周而复始地找问题、找原因、找要因、订措施，执行、检查并反馈，将成功的解决方案标准化，把没有解决或新出现的问题转入下一个 PDCA 循环中去解决，坚持不懈、循序渐进地推进管理制度的持续改进；

第三，第一次就把正确的事情做正确，防止人因失误，消除导致事件和事故发生的成因和导火索，缺陷和偏差预防的关键在于明确要求，通过有效的沟通识别与确定要求，并不折不扣地做到符合要求，也就是说，一次就把事情做好；

第四，人人都是一道屏障，充分发挥员工的责任意识和聪明才智，探测、发现和消除潜在的安全和质量隐患，主动、积极地维护纵深防御屏障的完整性；

第五，事件无论大小，原因往往是相同或相似的，因此，及时探测、报告、分析和反馈小事件和小偏差，通过有效的纠正行动，消除较大事件或事故发生的原因，修补管理制度的缺陷和漏洞，维护纵深防御屏障的完整性，就可以控制并减少事件和事故发生的后果和大小。

3. 保守决策

保守是指面对不确定性时审慎的、稳健的态度。保守决策基于的思维方式是"除非证明是安全的，否则我们就认为是不安全的。"保守决策要求当安全标准受到威胁时，将机组、系统或设备置于相对安全的状态，即使是在面临生产或工期压力的时候。审慎地对待与安全相关的事项，始终保持质疑的态度，不确定或不安全时先停下来，寻求支持和帮助，从不同渠道收集信息或建议，识别和分析所有潜在的风险，假设可能发生的最坏情况，努力寻求最佳解决方案，消除不确定性或将不确定性降到可以接受的水平，确保安全限制不被突破、风险可知可控。

中广核集团一直坚守保守决策的原则，决策的前提与条件必须是安全质量得到保证。如大亚湾核电站 1995 年投产初期，控制棒落棒试验的落棒时间超标（60 组控制棒中 7 组超 2.15 秒，3 组最长超 2.62 秒），中广核集团管理层坚决停机开盖处理、多次更换、调整、试验直至全部符合规范要求，停机时间达半年之久；1999 年岭澳一期核电站处于接产期间，在制造过程中二号机汽轮机低压缸转子出现加工失误，中广核集团管理层坚决进行报废处理，重新加工。这一系列事件的处理都是在巨大的生产或工期压力下坚持安全和质量标准、保守决策的典范。

（二）领导者示范和"透明度"安全文化

文化现象的实质是人类群体所共有的价值取向和行为方式。安全文化本质是一种行动的文化，它对个人的行为有十分细致的要求。中广核集团安全文化就是所有参与中广核事业的人员对安全的价值认同和行为方式，它是中广核集团事业向前发展，安全得到保障的根基。中广核集团安全文化主要体现领导者的垂范作用、管理者的思维习惯和职业化的行为规范和透明度文化等方面。

1. 领导者的垂范

安全文化首先是对领导人的要求，因为领导人既是组织中的个体，又是组织决策中的重要环节，一定程度上代表了组织。领导者的率先垂范，尤其是其在处理各类事务中对待安全的态度和行为，不仅仅引导着企业安全管理的方向，更重要的是引导企业安全文化培育的方向。所以有时我们会说：企业的安全文化，就是企业领导人的文化；企业安全文化水平的高低，就是企业领导人觉悟的高低。中广核集团要求领导者的垂范作用体现在如下方面：

（1）建立并维持开放式的交流沟通环境，尤其是领导者本人能够倾听不同意见，坦然面对质疑；

（2）随着技术的进步及对安全规律认识的不断深入，不断完善企业管理制度，保证高效务实；

（3）从组织构架和责任分工上，建立纵深防御，并鼓励团队精神；

（4）建立风险防范机制、培育全员风险意识，凡事预防为主；

（5）不断发现、研究、解决组织和管理上的问题，消除所有可能产生失效的组织缺陷；

（6）通过率先垂范，引导、推行良好的工作行为和习惯。

2. 管理者的思维习惯

中广核集团的安全文化要求管理者要建立以下正确的思维习惯：

（1）保守决策思维：除非证明是安全的，否则我们就认为是不安全的。

（2）平衡的思维：过程与结果并重，不走"捷径"；技能与程序并重，不能"不择手段"；团队合作，不提倡个人"英雄主义"；系统思考，不能单向思维，不要"小聪明"；预防为主，适度惩戒，不搞"秋后算账"，也不能姑息迁就。

（3）谨慎思维：细节决定成败。千里之堤，溃于蚁穴，安全管理要注重细节，要特别注意"没有后果的"小偏差。凡事切不可侥幸取胜。安全无小事，决不可骄傲自满，决不可掉以轻心。

3. 职业化的行为规范

训练有素的行为是职业化行为规范的体现，职业化的行为规范是组织内人员的行为标准与要求，也可以称为职业纪律，其实质体现为"技术"+"纪律"，已被各行业实践证明是成功的关键。中广核集团对各种不同的专业岗位都建立了职业化的行为规范，避免行为出错或发生偏差，尤其是关键岗位，如工程设计人员、主控室操纵员、工作负责人、安全工程师、质量工程师、监理人员、培训教员、采购人员、计划人员、财务人员、保安员、清洁工、服务员，等等。

4. 主动"挑毛病"，透明文化

中广核集团强调透明文化，确定"后果不严重不等于不重要"的基准观点，对任何事件不隐瞒，任何人发现异常、缺陷、事件及事故及时主动报告，并建立了机制与测量指标予以保障。要求员工主动地去暴露、查找问题，及时发现和纠正偏差，预防重大失误，保证企业长期健康的运行；同时强调透明更需要严于律己，对人宽容。严于律己就是能够认真倾听批评意见，哪怕是"过火"的批评，凡事先看自己的问题，主动报告自己的失误，主动请别人挑自己的毛病；对人宽容就是允许别人说错话，对于主动报告自己失误的人要免于责罚，对于非玩忽职守的人因失效，给予当事人更多的提升其职业素养的关怀。

三、成功的实践和方法

在中广核集团的实践中，主要形成了以下成功的实践和方法。

1. 高层领导的行为示范

安全法规要求企业法人和最高经营管理者为第一责任人。质量管理的八大原则之一是领导的重视和参与。组织对于安全和质量的重视，首先源于创业者和高层领导的正面示范。再完美的安全质量体系，可以因最高领导对隐患缺陷的"放行"，或高层领导将"进度"或"成本"摆在首位而溃决。当年大亚湾和岭澳工程安全质量管理，都是从最高决策层董事会到最高执行层总经理，不容忍任何影响安全质量的缺陷和隐患开始的。

2. 培训、授权和个人素养提升

培训授权上岗制度，是一道重要的纵深防御屏障。中广核集团每一个工作岗位都有培训和复训要求，只有接受培训或复训后才能获得授权而后上岗。运行持照人员的培训、考核与授权，是发展最早和最完善的制度，其在岗培训和模拟机培训体系持续得到改进。目前，该系统化培训方法已逐步推广到维修和技术人员的培训，依托在岗培训安排和技能培训中心开设的课程。同时在总结经验的基础上编制了标准化教材，设置了标准化课程，建立了"师傅带徒弟"的传帮带机制。

3. 风险分析与控制

风险分析与控制作为预防事故的重要手段，在中广核集团的运营领域和工程领域得到全面执行，作为制度固化下来，保障安全。一是在运营领域，对所有生产活动的安全风险实行百分之百的风险分析，对核安全相关活动及其对机组状态的影响实施在线概率安全评价（PRA）监测和分析；根据风险的性质和大小，对日常生产活动进行分级、分类、分层次管理，以风险分析单纲挈领，召开工前会，明确控制措施，制定应急预案；对于大型专项、高风险活动，采取项目组运作方式，提前制定检查措施以消除或减少风险产生的条件和可能性，落实预案以预防事故，减缓或限制风险产生的后果。二是在工程领域，建立了延伸到全部施工活动的危险源识别和评价机制、动态的风险点统计方法和风险控制机制、高风险作业安全专项控制方案的编制方法和落实机制、涉及施工组织、作业条件、班组建设、应急响应等八个方面的标准化控制机制。

4. 关键敏感设备管理

关键敏感设备的可靠性直接影响核电站安全生产的业绩。中广核集团在大亚湾商运前期防停机停堆实践和岭澳接产零自动停堆的经验基础上，吸取国际核电界设备可靠性管理的理念和方法，进一步深化并形成了核电站关键敏感设备可靠性管理和风险防范体系，将追求一个循环连续安全运行的共识从日常生产风险控制扩展到了机组大修维修质量控制过程，并进一步深入到维修策略和设备老化管理层面，更加符合实际的预防性维修大纲，更加准确的预测性维修手段，以及适时的工程改造方案，这是质量管理零缺陷理念在设备管理领域的具体实践。

5. 减少人因失效的工具及应用

人因失效问题已成为事故（事件）的主因，成为提升安全与质量业绩的瓶颈，中广核集团重视人因失效问题的解决，在减少人因失误的本地实践与国际经验相结合，形成了具有共性特征的行为规范，并以广泛参与的开发方式集中不同部门和专业人员的见解和智慧，将明确清晰的行为要求和失效症状浓缩人因工具卡中，目前已形成了六张卡（工前会、使用程序、明星自检、监护操作、三段式沟通、质疑的态度），不仅领导带头全员推进，而且建立并启动了人因行为训练中心，促进并推动现场人员的行为和习惯转变，效果正在日益显现。

6. 事件报告和经验反馈

中广核集团重视事件报告和经验反馈工作，将其作为管理制度固化，要求强制性执行，尽可能地减少事故的重发，保证经验反馈工作的有效性。建立了基于"小事件"的报告准则和各类偏差的报告和处置过程，包括24小时事件通告制度、内部事件报告制度、运行事件报告制度。报告的透明度是大亚湾核电站自投产以来形成的传统，在岭澳接产期间进一步发扬光大，对事件报告的鼓励更是进入到操作层面。数据证明，小事件的报告、分析和纠正，确实有助于减少大事件发生。与此同时，还建立了基于根本原因分析和纠正行动的经验反馈机制，包括对外部实践或良好实践的经验反馈。

7. 安全文化培育活动

中广核集团坚持不懈地广泛开展安全文化培育活动。采用丰富多样的推进形式，除已固化的总经理部成员授课与震撼教育、安全文化班组建设等内容外，每年还结合安全生产形势精心策划和举办富有创意的大规模群众性安全文化推进活动：2006年"纪念切尔诺贝利核事故20周年"的现场谈话节目、深入探讨安全热点问题的安全文化辩论赛；2007年以"三段式沟通"为主题的DV大赛；2009年即将举行的以"减少人因失误工具卡"现场应用为核心的安全文化小品大赛，通过一系列寓教于乐、群众喜闻乐见的活动，提升员工对安全文化的认知广度、理解深度和自觉实践的意识。

8. 国际对标和交流

中广核集团坚持组织开放、心态开放，积极参与国际交流，虚心学习，积极贡献。大亚湾核电站自建设和接产以来，就保持开放的态度，重视国际交流与合作，既"走出去"，又"请进来"，投产后主动与WANO指标对标，寻找差距，还主动与不同文化与背景的核电同行交流，追求机组安全运行的卓越水平，每隔三到四年，自愿申请IAEA组织的Pre – OSART、OSART检查或WANO组织的同行评审，借助外部视角拓展内省反思的深度。同时在工程领域深入开展了国外AE公司的调研，与国际知名企业进行广泛交流，邀请EDF专家组来检查、指导，等等。

四、结束语

安全是核电的生命线，安全没有最好、只有更好。在国家积极发展核电的政策指导下，为了适应我国当前核电事业又好又快的发展需要，中广核集团作为国家以核电为主的清洁能源集团，将坚定不移地坚持"安全第一、质量第一、追求卓越"的价值观，并在二十多年的安全质量管理实践经验的基础上,结合各电力兄弟单位的先进安全管理经验,通过坚持不懈的实践与创新,不断健全安全生产长效机制,加强安全核心能力建设,打造核电安全管理的金字品牌,提升安全质量管理这一核心竞争力,不断开创核电安全生产工作的新局面,为社会提供安全、环保、经济的电力,为国家核电发展目标做出更大贡献。

践行"五项兴安"
创建本质安全型企业

中国长江电力股份有限公司　陈国庆

中国长江电力股份有限公司作为国内最大的水电上市公司,管理着世界上最大水电站——三峡电站。公司自成立伊始,就以创建国际一流水电厂和一流上市公司为目标;安全生产管理追求规范与科学,安全生产始终处于较好水平。

近几年来,公司面临三峡电站新机组提前全面投产、三峡水库试验性蓄水、葛洲坝电站设备老化升级改造关键阶段以及冰雪灾害、汶川地震地质灾害等不可抗力影响,面对复杂局面,公司上下齐心协力,电力生产和安全形势仍取得了可喜成绩。分析总结几年来的安全管理工作,主要归功于公司倡导的"五项兴安"、创建本质安全的管理理念。

"五项兴安"主要包括以人兴安、依法兴安、科技兴安、预防兴安、文化兴安等内容。"五项兴安"的提出,是公司审时度势,综合分析电力生产形势和深刻总结既有经验的成果,涵盖了参与电力安全生产的人、法、科技、环境及文化等各个因素。五项兴安齐头并进、相互促进,实现企业本质安全。

一、以人兴安,奠定安全生产基石

人是安全生产的参与者、组织者和实施者,安全生产活动归根到底就是人的活动,有效地协调组织好人在安全生产中的职能和作用,并尽力满足人自我实现和不断提高的需要,就奠定了稳固的安全生产基石。

1. 以人兴安，贯彻以人为本的管理理念

实施以人为本的管理，明确员工是安全生产的核心，从切实保障员工的安全出发，保护和约束并举，约束中体现"安全感"，严厉中透着"人情味"，使大家在和谐的工作氛围中自觉遵守安全规定、履行安全职责、抵制违章行为。

公司秉承"为员工提供最大的发展空间，人企共进"的原则，使员工在安全生产上实现价值、赢得尊重、取得发展；在使员工由"本职安全型"向"本质安全型"转变的同时，也极大的提升了公司的"本质安全"水平。

2. 以人兴安，提升员工的安全技能

"工欲善其事，必先利其器。"我们认为，员工的技术理论水平、职业技能与实际操作、检修维护脱节，是造成不安全事件和设备缺陷的主要原因；加强员工的技能培训，是从源头抑制安全事件发生的有效途径。

大力开展岗位练兵活动，实施员工岗位技能提高工程，开展岗位轮训、导师带徒、技能量化及考核等工作，"以岗带学"；组织青工技能节、技术比武活动，"以赛促学"；组织危险源辨识、生产事件的案例分析、反习惯性违章的培训，全方位灌输安全技能，"以安强学"。

加强员工特种作业技能培训和取证工作，电焊、起重等直接参与地方安监部门培训、取证；根据电力行业对电工作业人员的特殊要求，与地方安监部门合办电工取证培训班，通过培训、取证，切实提升技能水平；加强安全管理人员取证工作，公司、单位负责人及专职安监人员均取得安全管理资格证书，同时积极推进注册安全工程师培养，使公司注册安全工程师数量逐年增长，加强了安全管理力量。

3. 以人兴安，强化员工的责任意识

员工的责任心集中体现在职业化程度上，公司从加强员工职业化教育入手，提高员工的职业理想、职业道德、职业技能和职业纪律水平，广泛深入地开展安全教育和培训。

为鼓励、引导员工岗位成才、技术成才，公司在专业技术方面设立

"一级专家"、"二级专家"，在管理方面设立"首席师"；通过人尽其才、才尽其用的举措，在员工中逐步形成了"爱岗敬业"、"争当能手、专家"的良好氛围。

4. 以人兴安，发挥员工主观能动性

在安全生产过程中明确人是最活跃、最核心的因素，将安全生产的要求转化为员工主动履行的义务，"安全合理化建议"、"我为安全荐一言"等活动的开展，充分发挥了员工在安全生产方面的主观能动性；实现员工由"要我安全"向"我要安全"、"我会安全"的转变。

二、依法兴安，"规矩"成就安全生产的"方圆"

依法兴安，就是要做到凡事有章可循、有法可依，加强安全生产制度建设，规范管理。并逐步引入前瞻性、创新性的管理理念，提升公司安全管理水平。

1. 依法兴安，学习掌握相关法律法规制度

国家安全生产的法律法规和行业生产标准，在保证电力生产和企业规范运作方面起到至关重要的作用。公司组织人员全面系统的学习了电力安全生产、职业健康与劳动防护、劳动合同法等规范安全生产行为、保障员工权益的法律法规；定期更新公司法律法规文库，保证执行法规的有效性和时效性；参与行业标准的制定和修编，事事遵照标准，时时依靠标准。

2. 依法兴安，建立健全公司安全生产制度

公司建立了一整套符合客观现实、与各级接口合理、具可操作性的安全生产规章制度，对企业安全生产起着直接的推动和促进作用。目前，公司已建立了《安全生产责任制》、《安全生产管理规定》、《安全生产工作奖惩暂行办法》、《安全生产事故应急管理办法》等35个制度，覆盖了电力生产的全员和全过程，形成了集流程、考核与奖惩及接口等一体化的制度体系。作为安全生产规范制度的补充，各生产单位结合作业实际，编写了现场操作规程、作业指导书等，为规范作业提供了技术依据和制度保证。

3. 依法兴安，切实落实安全生产责任制

公司明确了各级生产、管理人员的职责规范，日常工作做到责任清晰、目标明确。每年年初，公司与各部门、各单位签订《安全生产责任书》，量化安全生产的目标、指标，各单位再逐层分解和传递；年终按照量化的目标、指标进行考核。在加强考核同时也积极发挥安全激励作用，按工作业绩、安全难度情况来分配安全生产奖励基金，分配向生产一线倾斜，有效激发了安全生产员工的责任心和自豪感。

4. 依法兴安，有力推行职业健康安全体系

建立标准化管理体系，通过持续改进，实现对电力生产安全风险的有效控制。与国际标准接轨作为实现精益生产管理的重要手段，建立质量/环境/职业健康安全管理体系，形成了以"质量、安全"为核心的标准化管理体系。科学辨识危险源、编制管理方案，逐步完善了以管理规范、设备规程、作业指导书为重点的管理标准和作业标准，并通过持续改进，实现了对电力生产和枢纽运行的风险控制。通过建立和实施标准化管理体系，强化标准执行的过程控制并完善标准执行的评价机制，明确了设备运行、维修、技术管理和物资供应等环节的过程控制标准，提高了过程控制能力，增强了风险控制与预防的能力，为"本质安全型"管理创造了良好的条件。

5. 依法兴安，持续规范企业安全生产活动

如何把安全生产法规及行业标准完美地嵌入公司生产，如何把规范的安全生产变成公司的自然属性，是成熟的本质安全生产型企业应该考虑和解决的问题。长江电力正是通过建立可复制的标准化管理模式，并把制度融入公司开展的每项工作中。公司建立了由公司总经理、分管领导到专职安监管理人员和技术专家组成的安全网，定期开展活动；确立检查与督导相结合的安全管理模式，定期开展安全检查及技术督导，及时整改不合格项；坚持安全生产分析例会制度，及时分析和解决各类问题；确立安全生产"双零"（零安全事故、零质量缺陷）管理目标，"以零违章保零安全事故，以零缺陷保零质量事故"。

三、科技兴安，事半功倍的安全生产力

科学技术是第一生产力，在技术更迭日渐加速的电力行业，合理利用成熟的技术、工艺方法，规范设备管理，推动技术进步，已成为公司安全生产的重要保障因素。

1. 并网安评——规范设备管理

公司本着"贵在真实，重在整改"的精神，认真开展"并网机组安全性评价"工作，提高电站设备的安全技术水平。2004年三峡左岸首批机组通过中国电机工程学会组织的并网安全性评价；2007～2009年根据三峡右岸机组投产的情况和电监会的要求分三次对三峡右岸机组进行了并网安全性评价。通过认真落实安评的各项标准，全面提高了设备的管理水平和安全运行水平。

2. 技术攻关——解决设备缺陷

三峡700MW水轮发电机组是我国首批投产的特大型水轮发电机组。投产初期在定子绕组水内冷系统、机组调速系统、机组辅助设备系统、机组励磁调节系统、机组导水系统、电站监控系统和电站厂用电系统等出现了诸多设计和制造缺陷，公司员工本着认真负责、讲究科学精神和一丝不苟、举一反三的严谨态度，认真分析原因，切实采取措施，使大部分的缺陷得到彻底解决；因设计、技术等原因目前暂未能彻底消除的缺陷，也都采取了有效的预控措施。

通过有效的技术攻关，大大提高了700MW水轮发电机组安全稳定水平，全电站26台机组有18台在投产运行后即一次性完成了"首稳百日"的特殊目标。

3. 信息运用——提升管理水平

公司所属三峡电站和葛洲坝电站均建立了高度自动化的计算机监控系统，所有生产活动均实现了远方监视与自动控制，全面自动化运行管理水平为安全生产奠定坚实的技术基础。

在综合分析电站安全管理特点的基础上，突破传统管理的理念，在引进国外先进管理方式、管理模型的基础上，成功开发建设了生产管理信息

系统（ePMS），该系统集设备管理、安全可靠性管理、物资、文档、计划等为一体，大大提高了电站生产管理的工作质量和效率。

4. 项目科研——促进安全生产

公司组织科研，开发完成了基于 WEB 与计算机监控系统历史数据库的设备状态趋势分析系统，开展设备诊断运行，收集状态分析系统中各设备运行的重要数据，结合运行管理经验，准确判断设备运行状态，通过分析尽早发现设备故障征兆并提前采取措施，将传统的运行工作由"巡检、汇报、隔离"向"分析、诊断、预控"转化。通过分析诊断系统的应用，发现大量的潜在设备缺陷，规避重大设备风险。

"三峡机组定子水内冷状态监视及故障诊断专家系统"、"三峡电站 PSS 模型研究、参数整定及应用"、"三峡 Alstom 机组导叶最佳关闭规律及避免关机过程中出现共振现象的研究"、"三峡电站厂房现场振动测试及分析研究"、"三峡机组在线监测系统研发与应用"等诸多科研项目的成功实施，不仅大大提高了三峡 700MW 机组的稳定运行，更为国内研究、探索 700MW 水轮发电机组的运行工况、规律、特性提供了重要的技术经验。

四、预防兴安，防患于未然的有效途径

1. 建管结合：实现源头控制

实施"建管结合，无缝交接"管理模式，从设备源头控制和降低安全风险。在工程建设阶段投入大批技术骨干力量参与工程设计、招标、设备出厂验收、机电安装监理及启动调试工作，进行全方位质量把关，做到及时发现缺陷，及时解决问题，也使技术人员从源头熟悉设备，为机组正式移交运行打下了坚实的基础；同时及时总结已接管设备的运行经验，通过设计联络会等途径反馈给设计方、制造方，实现后续设备从设计、制造到安装的本质安全。

2. 诊断运行：强化过程管理

推行"诊断运行"管理模式，逐步实现"事后处理"向"事前预控"的转变，强化设备的过程控制和管理，促进设备的安全运行。根据"事后

处理"向"事前预控"转变的理念,探索出了适合水电站管理的诊断运行管理模式,通过制定诊断技术标准,建立并完善诊断运行分析技术平台,按照"五步分析法"认真开展诊断运行分析工作,实现了设备的预控管理,减少设备故障率,促进设备本质安全。

3. 应急体系:确保万无一失

为不断提高应对各类突发事件的预防、处理和事后恢复重建能力,公司建立了较完备的应急工作管理体系、应急预案体系、应急救援保障体系和危险目标监测、预警与事故报告体系。

公司成立了由总经理任总指挥长的安全生产应急救援指挥部,指挥部下设应急救援办公室和应急救援24小时值班室;根据专业和区域,组建了7支应急救援队伍;印发了《安全生产事故综合应急预案》和25个专项应急预案,编制了67个现场处置方案。强化应急管理培训,定期组织演练,并根据演练的情况对应急体系和预案进行评审、修订。

在应对2008年冰雪灾害、水上应急救援等突发事件时,有序实施相关预案,有效控制事件发展,成功化解险情和风险。

五、文化兴安,企业长治久安的软实力

1. 文化兴安,切实定位企业安全文化

作为企业文化的有效组成部分,公司将企业安全文化建设纳入企业文化建设规划,作为长期充实完善的文化载体不断丰富和提炼。企业安全文化是公司在电力生产经营过程中逐步形成的安全生产价值观和安全行为规范。由于三峡电站在全国电网中处于西电东送、南北互联的中心、巨大的装机容量,三峡枢纽防洪、航运的社会效益,使安全生产具有较大的政治意义、社会意义和经济意义,在三峡工程的背景下,公司的企业安全生产文化中也深深体现出三峡的印记。

2. 文化兴安,有序推进安全文化建设

培育"三严"工作作风。"三严"即"严肃的态度、严明的纪律、严谨的作风",人是生产力要素中最活跃的因素,安全管理同样要以员工为核心,加强员工安全素质培养,推行精细化管理,使安全管理体系在员工

身上筑牢基础。

推行"双零"目标管理。以控制"人的不安全行为"为重点，以宣贯"质量、安全"为核心的标准化管理体系为切入点，推行"零违章作业、零质量缺陷"目标管理，优化工作流程，改进作业工艺，改善工作环境，保障人身和设备安全。

倡导"一次把工作做好"理念。强烈的工作责任心和过硬的专业技能是"一次把工作做好"的必备条件。以"创建学习型组织、争做知识型员工"活动为载体，营造"在学习中工作，在工作中学习"氛围；加强业内技术交流，持续改进设备管理手段和方法；加大员工培训力度，通过强化实践，力争每位员工"精一门、会两门、懂三门"。

按照构建和谐社会、创建和谐企业的要求，进一步提炼、丰富和完善安全文化，用文化的力量引导安全生产，提高员工的安全素质和公司安全管理水平。建立"安全第一，预防为主，综合治理"的安全精神文化；建立有章可循、有法可依的安全管理文化，落实安全生产责任制；建立标准化作业的安全行为文化，强化安全生产执行力；建立可靠实用的安全物质文化等。

3. 文化兴安，不断丰富安全文化实践

公司经过全面总结、提炼，发布了公司《安全手册》，通过组织员工学习宣贯，传递安全管理理念，积极营造"以讲安全为荣、以违章为耻"的安全文化氛围。三峡电厂以安全文化建设为重点，以"安全是生命、安全是贡献、安全是效益"为主题推进企业文化建设，初步形成具有三峡电厂特色的安全文化理念；葛洲坝电厂通过开展人员行为安全评价工作，促进了讲安全、重安全的良好局面；检修厂通过开展"主动责任，终身责任"的文化讨论，从责任的内涵、"主动责任、终身责任"的由来，以及对检修工作实际指导意义进行深入剖析，达到思想统一，目标一致，使之成为员工共同遵守的工作信念；三峡体调通信中心通过开展我为安全献一计的合理化建议，提高了员工的安全生产主观能动性，强化了安全生产责任意识。通过文化建设，公司上下形成了人人讲安全、人人为安全的良好工作氛围。

"五项兴安"的提出和践行,是对公司既有的安全生产经验进行系统、有益的总结,同时也为今后公司安全生产工作提出了更高的要求。"五项兴安"是安全生产管理的有机整体,是对传统的"人、机、料、法、环"安全管理理念的丰富和完善,是创建本质安全型企业的有效方法。随着"五项兴安"的深入开展,相信公司将逐步达到人员无失误、设备无故障、系统无缺陷、管理无漏洞的安全目标,用本质安全设备和本质安全员工铸造本质安全的企业,实现长江电力创建一流上市公司和国际一流水电站的目标。

东北区域风电安全监管实践

国家电力监管委员会东北监管局　韩水　苑舜
东北电力科学研究院有限公司　张近朱

一、前言

近年来风电在许多国家得到了高度重视,并取得了快速发展。在中国,特别是在2006年国家颁布了《可再生能源法》后,风电得到了快速的发展。在国家政策的鼓励下,东北区域各级政府和各投资机构对风电建设热情很高,各省级政府在"十一五"计划期间共规划风电建设规模588万千瓦,到2020年规划风电建设规模1187万千瓦。各地基层政府积极开展风电项目前期工作,进一步推动了风电建设规模扩大,风电产业取得了迅速的发展。风电机组的发电利用小时数也随着风能开发不断提高,这表明不但风机设备水平在提高,同时电网也在不断扩大接纳风电的能力(见表1)。

表1　东北区域风电发电量及发电设备利用小时情况表

	装机容量（万千瓦）	发电量		设备平均利用小时	
		累计 亿千瓦时	同比 %	累计 小时	同比 %
2006年	85.08	9.14	78.86	1976	31
2007年	136.68	19.92	119.40	1855	-121
2008年	298.30	49.12	146.02	2245	393
2009年9月	472.26	65.48	153.59	1590	102

由于风电发展速度很快,预计到今年年底,东北区域风电总装机容量

将达到 754 万千瓦，远超"十一五"规划目标。同时一些风能资源比较丰富的地区，多为远离负荷中心的地区，电网送出能力薄弱，因而限制了风电机组的实际运行能力，影响了风电电量全额收购。据对东北区域 26 个风电场情况的统计，2008 年以来，在风电装机容量迅速增长的同时，风电输出受限情况和损失电量也在快速增多。2008 年以前，由于风电装机容量占东北区域总发电装机容量比重较小，基本上没有受到限制；但 2008 年以后，受多种因素制约，出现风电输出受限情况；2009 年以来无论受限次数还是损失电量均较 2008 年有较大增加（见表 2）。

表 2 东北区域风电输出受限情况

	风电输出受限次数	损失电量（万千瓦时）
2008 年	283	5934.7
2009 年上半年	1198	44379.1

按照国家规定，5 万千瓦以上的风电项目由国家审批并通过风电特许权招标进行。风电特许权项目在推动大规模风电场建设和发展方面发挥了重要示范作用。装机容量 5 万千瓦以下的风电项目由省级地方政府核准。此项规定大大地提高了省市县三级政府风电建设的积极性。各大发电集团公司为了提高可再生能源发电的比例，乘势而上，加大工作和投资力度，进一步加快了风电建设的步伐。

从对东北区域已建成风电场统计中（见表 3），可以看出国家审核批准的风电项目只有 3 个 80 万千瓦，仅占总量的 17%。尽管地方政府批准的项目占多数，但风电场的规模并未降低（见表 4），风电占电网总装机容量比例迅速增长。风电的大规模并网运行，对电网的安全、可靠运行带来了新的问题，使得风电的安全监管问题逐渐突出。

表 3 东北区域风电建设项目情况

	国家审核批准（万千瓦）	占总装机容量比例（%）	地方审核批准（万千瓦）	占总装机容量比例（%）
2009 年 9 月	80	16.94	392.26	83.06

表4　东北区域风电场规模统计

	>5万千瓦风电场个数	占风电装机容量比例（%）	占总装机容量比例（%）
2009年6月	20	63.16	4.31

二、风电并网运行所产生的安全监管问题

风电输出受自然界风力的影响，具有不可控、不能连续运行、不能参与电网调峰和不确定性等特点。在执行风电电量全额收购政策的情况下，风电的这些特点对电网的安全、可靠运行带来严重影响。

（一）电网缺乏大规模接纳风电的能力

1. 预测能力

电网在准确预测风电短时发电能力方面缺少经验，也缺少相应的随机预测和调度工具；目前在线运行和正在建设的风电场都不具备进行准确预测的能力；加上缺少对风电运行特点的认识，增大了电网接纳大规模风电并网运行的困难。

2. 电网的调峰能力不适应风电的发展要求

随着风电并网运行容量大幅增加，风电对电网调峰、调频的影响逐渐显现，特别是在大规模风电集中接入的蒙东电网和电网规模相对较小、风电比例相对较大的吉林电网，这类问题尤为突出。由于电网缺乏随机调度工具，缺少必要的调峰调频能力，风电输出的随机性很大，电网必须全部接受风电电量，这些都给电网的调度带来很大压力。在东北区域，冬季供热机组运行使得电网的调峰能力进一步下降，而冬季往往又是当年风力资源最丰富的季节，风电的大发使得电网的调度能力雪上加霜。为接纳大规模风电并网运行，电网急需合理安排机组的备用容量，需要合理调整电网的调度运行方式。

3. 销纳能力

目前的风电发展规划与电网发展规划不协调。一些地区的风电发展规

划中缺乏具体的风电送出和电力销纳的方案。按照国家政策要求，电网对于东北区域每年新增的风电电量必须实行全额收购，而且可以预见全额收购的风电电量将会越来越大；但对如何销纳这些越来越大的风电电量，特别是跨省销售电量，却没有明确的规定，这给电网造成了难以承受的销纳压力。

（二）宏观决策机构缺乏对风电发展的统一规划

1. 风电建设无序

目前风电的发展缺乏科学发展目标和切实可行的战略规划，风电建设一哄而上、分散无序，建设规模难以确定；部分投资机构为抢占风电资源，其决策缺乏科学论证。有的开发商将规模大的风电场以小于5万千瓦规模分拆并分批上报核准，使得远期风电建设的规模存在不确定性。风电开发的分散性一方面不能使最好的风力资源优先开发，另一方面使得电网不能统筹风电接入的建设。

2. 电网配套能力跟不上

东北区域的风电多分布在蒙东、吉林西部、黑龙江西北部等地区。这些地区坑口、路口电站较多，但由于电网结构薄弱，供电线路长，长期以来就存在电力外送能力不足问题；而大量风电场集中建设投产，给一次电网建设造成巨大的压力。同时，电网在建设风电接入工程的同时，还需要加强地区与主网间联络建设。由于风电工程建设工期短，而电网建设审批程序比较复杂，并且建设工期较长，使得电网建设跟不上风电发展速度，进而出现需要限制风电输出来保证电网安全、可靠运行的局面。

（三）风电建设缺乏统一严格的运行标准

1. 机组选型

在东北地区，由于风电装机容量增长迅速，缺乏行之有效的风电机组技术标准，现有技术标准有效期已过，风电企业对风电机组选购的型式认证缺乏明确的要求，在线运行的风电机组绝大多数不具备低压穿越和动态无功支持能力。

2. 基本功能配置

大部分在线运行的风电机组功率曲线、电能质量、有功和无功调节性能、低压穿越能力没有经过认证，现行的风电场运行、检修、安全规程无法满足大规模并网运行的要求，风电机组和风电场的安全认证工作尚处在起步阶段。目前在线运行和正在建设的风电场都不具备准确预测短时风电输出的能力。

3. 对电能质量的影响

在大型风电场中，多台风电机组同时并网会造成电网电压骤降，因此多台风电机的并网需分组进行，且要有一定间隔时间。当风速超过切出风速或风电机组发生故障时，风电机组会自动退出并网运行状态。风电机组的脱网会导致电网电压突降，而较多的电容补偿由于抬高了脱网前风电场的运行电压，也会引起电网电压急剧下降。风速的变化和风机的塔影效应也能导致风机输出的波动，而其波动正好处在能够产生电压闪变的频率范围之内。因此，风电机组在正常运行时，会产生影响电能质量的闪变问题。

三、国外风电安全监管经验的借鉴

在一些发达国家，由于重视风电的利用工作，并采取了正确的策略，商业化运行的风电机组装机容量由 100 千瓦猛增到 3000 千瓦，甚至更大；风电由仅是电网的一种补充供电方式发展到大规模商业化并网运行的程度。为了接纳大规模的风电，美国等国相继就风电运行及与电网的影响问题进行了深入的研究。研究表明，电网必须做出相应的调整，才能接纳大规模风电的并网运行。

（一）对调度方式的要求

1. 预测技术

预测是增加调度机构对风电不确定性了解并增强调度机构对这种不确定性控制能力的关键工具之一。为提高对风电的预测能力及在恶劣天气下的调度水平，所有风电场应安装现代化的风力预测装置，以加强和改进风电场的日前、小时前和实时风电输出预测。风电预测技术已在一些国家得到广泛应用：在西班牙，48小时风电输出预测的平均相对误差从2005年近40%降到2006年约26%。在预测工作中，尤其要加强对恶劣天气预测、日前预测、小时前预测和节点注入预测，等。此外，还需努力保证有充足的监控及与风电场双向通讯的能力。

2. 调峰调频新技术

风电的高穿透性增大了调度工作的不确定性。为适应风电与电网需求曲线不吻合的特性，美国等国还积极开发包括泵蓄能、飞轮蓄能、电池蓄能、压缩空气蓄能等可用于调峰调频的新技术。作为系统资源，这些技术可以同电力系统的网络控制和响应联系起来，并对系统调度机构提供诸如控制、需求跟随（调节）、容量等方面的辅助服务；作为网络资源，它可用于平衡任何电源和需求的组合变化。

3. 智能电网技术

近年来，智能电网技术在美国受到重视，并取得了一定的进展。智能电网有整合输配电和用电技术，合理控制潮流，扩大需求侧管理等应用范围。部分地区的实践表明有效的需求侧管理可促进灵活地利用风电资源。在一些极端情况下，通过需求侧管理，能增加电网调度能力的灵活性，扩大电网接纳风电的能力，并保证电网的安全、可靠运行。

（二）对规划方式的改进

要采用一致、准确的方法来计算风电的容量值；需要建立标准、通用和稳定的风电模型和相应数据库；将风电的特点作为电力系统设计的一部分；加强适用于所有发电技术的互联程序和标准。要加快输电建设的规划，增强风电的送出能力和在更大电网区域内平滑风电输出的不确定性对电网运行所带来的影响；在资源充足性和输电规划方案中必须要考虑增加系统的灵活性；采用随机规划技术和方法，确保大容量电力系统的可靠性。

（三）对风电机组和风电场的要求

风电机组应具有动态电压支持能力，即使在风电机组不运行时，也要能通过提供连续的电压控制对电网提供有力的增强作用。此外，现有发电机组应满足低压穿越标准要求。风电场应将功率因数保持在 0.95（超前）~0.95（滞后）的范围内，功率因数值的测量点为风电机组与线路联接或风电场的汇流系统与输电网络联接的地点。为保证系统稳定性，风电场应提供能传送数据及与调度机构双向通讯的 SCADA 能力。在特定系统状况（如，负荷状况、输电系统限制、设备停电等）下，风电机组和风电场的监控装置要能通过削减风电场的输出实现有功功率、调节速率限制和频率响应的控制。综合而言，并网运行的风电机组应具有：电压/VAR 控制能力；电压穿越能力；功率削减和调节能力；一次频率控制能力；惯性响应能力。美国在 2006 年以后安装的风电机组均具有低压穿越和动态无功支持能力。

四、东北区域风电安全监管对策

面对逐渐突出的风电安全监管问题，东北电监局重视风电场与电网的相互影响，积极制定风电场并网安全性评价管理办法和风电场并网安全性评价标准，认真组织风电场安全性评价试点工作并逐步推广。在开展风电安全监管工作中，东北电监局通过实地调研，摸清风电安全监管所面临的问题，积极寻找对策，协调风电与电网的发展；认真学习发达国家所取得的成功经验，努力把这些措施应用到东北区域的风电安全监管工作中。

（一）加强调研，摸清风电在建设运行中的问题

开展调查研究，摸清风电安全监管所面临的问题，了解风电发展中的困难，力求使风电的建设规模和国民经济的发展水平相适应，与电力工业的发展相一致。在风电的发展中，要统筹规划、合理布局、分步实施、协调发展。要准确评估风电资源，加强风能资源有效性研究，防止风电机组利用小时数大幅下降。重新评估和审核已签定的风电场开发意向性协议，对规划不科学、不可行的项目进行清理，使风电开发建设做到统一、有序。

（二）加强对风电电量全额收购和结算的监管工作

针对风电发电量增长较快，全额收购困难的问题，东北电监局根据《可再生能源法》和国家电监会主席令，结合东北区域电网特点出台《电网企业全额收购可再生能源电量监管办法》实施细则和一系列规章制度。建立风电项目规划核准部门、风电企业、电网企业与电力监管部门的联系制度，便于电力监管部门加强对电网全额收购风电电量的监管。建立电网企业全额收购风电电量报告制度，确保区域内的风电能够优先、方便接入电网并得到全额收购。出台风电上网协议、结算和支付等范本和配套法规，明确权利和义务。制定风电机组受限事先请示与事后报告制度等。这些规章制度有效地避免发电企业与电网企业的购售电纠纷，保证全额收购政策的落实。

（三）并网安全性评价

面对风电机组大规模并网发电的局面，为了保证电网的安全、可靠运行，开展风电场并网安全性评价十分必要。通过安全性评价工作，推动了风电设备制造和风电场设计、建设、运行、检修及管理的相关标准和规程的制定；有利于建立健全与国际接轨的风电设备检测认证体系，培养专业技术队伍，提高国产风电设备技术水平；明晰了风电场与电网之间的相互影响并采取了相应措施。

东北电监局通过组织专家编制风电场并网安全性评价标准，组织专家制定风电场并网安全性评价管理办法，组织有资质的中介机构开展风电场并网安全性评价试点工作。在反复修订评价标准和管理办法的基础上，全面开展风电场并网安全性评价工作。现已完成47个风电场，277.6万千瓦风电机组的并网安全性评价。

（四）努力提高电网的调峰调频能力

目前，东北区域总装机容量为6676.2万千瓦，其中：火电5558.0万千瓦，占83.25%，水电628.1万千瓦，占9.41%，风电472.3万千瓦，占7.07%。火电机组中热电联产机组占56%以上。东北电网调峰能力较弱，冬季供热期尤为突出。另外，东北电网现实行联络线关口调度，风电资源丰富的蒙东、吉林电网，调峰能力更差。要大规模、全额接纳风电，必须提高电网的调峰能力。

东北区域正在加快建设调节能力强的水电站、抽水蓄能电站，改善电源结构。完成了对火电机组最小运行方式重新核定的工作，并下达执行，有效地提高火电机组的调峰能力。加大并网机组的运行考核和辅助服务力度，鼓励发电机组参与非常规调峰。积极开展对采用各种蓄能技术的新型调峰调频技术的前期研究工作。

五、风电安全监管的建议

目前，东北区域风电安全监管工作正在不断深入进行，风电场安全性评价标准已通过初步审查，风电场安全性评价工作正在逐步开展，风电对电网影响的相关技术问题正在研究。在开展具有中国特色的风电安全监管工作实践中，东北电监局认为要加强风电的安全监管工作，促进风电的更好发展，建议注重以下工作。

（一）整体规划，分步建设

摸清风电资源底数，制定统筹东北区域科学发展的目标和切实可行的战略规划。在科学评估风力资源分布情况的基础上，结合东北区域实际，制定中、长期的风电发展计划和远景规划。在风电的开发建设过程中，要坚持统筹规划，分步建设的指导思想；要坚持风电开发"三优先"原则，即：优先开发风力资源丰富地区的风力资源，优先开发负荷大和靠近负荷中心地区的风力资源，优先开发电网输送能力强、网络结构完善地区的风力资源。

（二）提高电网的接纳能力

1. 针对风电的特点，要改变电网调度运行方式，实行全网统一调度，扩大资源优化配置的范围，尽可能接纳更多风电并网运行；

2. 建立辅助服务市场，发挥价格杠杆作用，鼓励发电机组参与调峰工作；

3. 加大需求侧管理，拓展用户接纳风电的渠道；

4. 加快电网调峰能力建设，加强对风电预测、蓄能等相关技术的研究；

5. 加大电网建设力度，尤其针对风电的配套工程建设，提高电网的输电能力。

（三）出台国家标准

风电是目前国际上发展最为迅速的能源领域。为适应风电发展的需求，有关方面应积极开展与国内外科研机构的合作，加强与风电设备厂商及风电场的合作，尽快建立和完善各类风电机组的模型和相应数据库，建立健全与国际接轨的风电设备检测认证体系，抓紧制定和出台有关风电技术及风电场设计、运行的国家标准，以促进风电更好更快地发展。

安全生产大家谈

中国电力可靠性发展及现状

国家电监会电力可靠性管理中心　胡小正

改革开放以来，中国电力工业取得了长足的发展，但是随着中国电力工业步入大电网、大机组、大容量、超高压、交直流混合、远距离输电的发展阶段，电力系统的复杂性明显增加，电网的安全稳定问题日益突出，电力可靠性管理作为提升电力企业管理水平和设备健康水平的一种科学管理方法，对电力系统的安全运行和连续可靠的供电所发挥的重要作用也将日益显著。

在中国，电力可靠性管理工作已经成为电力企业生产管理的重要组成部分，电力可靠性管理通过提高设备和电网的可用率和安全性来满足社会对电力的需求，促进电力工业的可持续发展。

一、中国电力工业可靠性管理发展历程

中国最早的可靠性工程研究和应用起源于20世纪60年代的通信、电子和航空等行业，电力工业的可靠性问题研究开始于20世纪70年代末。电力可靠性管理中心成立，陆续开始在全国范围内开展发电设备、输变电设备、配电设备和系统的可靠性统计工作。目前，中国电力系统可靠性的研究和应用已经有了较大发展，开发了拥有自主版权的电源规划软件、发输电系统可靠性评估软件、配电系统可靠性评估软件、发电厂变电所电气主接线可靠性评估软件等。这些工作进展同时推动了电力规划、设计、研究和制造部门在系统规划和工程设计中开始进行可靠性评估。

中国正式推行可靠性管理到现在已二十多年，经过大量的实践验证，说明可靠性管理作为一种科学的方法，完全适用于电力工业并有效促进其

发展。通过多年的完善，到现在已基本上形成了具有中国电力工业特点的电力可靠性管理体系，在全国范围内形成了一支可靠性管理的专业队伍，并且在实际工作中取得了可喜的成绩。

二、中国电力可靠性管理体系日趋完善

二十多年来，中国通过不断推进电力可靠性管理工作，现已形成了一套自上而下的、层次分明的可靠性管理体系。国家电力监管委员会负责全国电力可靠性的监督管理；电监会电力可靠性管理中心负责全国电力可靠性监督管理的日常工作，并承担电力可靠性管理行业服务工作；电监会派出机构负责辖区内电力可靠性监督管理。

（一）可靠性中心主要职责及主要工作内容

1. 电力可靠性管理中心主要职责
（1）制定电力可靠性监督管理规章和电力可靠性技术标准；
（2）建立电力可靠性监督管理工作体系；
（3）组织建立电力可靠性信息管理系统，统计分析电力可靠性信息；
（4）组织电力可靠性管理工作检查；
（5）组织实施电力可靠性评价、评估工作；
（6）发布电力可靠性指标和电力可靠性监管报告；
（7）推动电力可靠性理论研究和技术应用；
（8）组织电力可靠性培训；
（9）开展电力可靠性国际交流与合作。

2. 主要工作
（1）建设和维护电力可靠性管理信息系统，它将使我国电力可靠性的信息化管理水平达到新的高度，为电力可靠性监管打下基础。
（2）审核、分析各类可靠性数据，起草各类年度可靠性分析报告，发布电力可靠性指标。
（3）制定电力可靠性监督与管理办法的《实施细则》，制修订电力可靠性规程、准则。

(4) 根据《电力监管条例》和《电力可靠性监督与管理办法》的要求，逐步建立电力可靠性监管体系，完成电力可靠性监管和电力监管报告中相关内容，开展电力可靠性检查。

(5) 组织开展电力可靠性技术研究应用，如电网可靠性的研究和发电企业可靠性评价等项目的研究。

(6) 推动新能源发电可靠性管理工作，着手风力发电可靠性管理试点工作。

电力可靠性管理中心自成立以来，中国电力工业的可靠性管理水平有了大幅提高。到目前为止，已建立了以发电机组、发电辅机、输变电设施和城市用户供电为对象的可靠性编码、指标体系、统计评价办法和可靠性信息管理系统。集中统计分析全国火电 100 兆瓦及以上、水电 40 兆瓦及以上容量的大、中型发电机组运行可靠性数据；容量为 200 兆瓦及以上的火电机组主要辅机的可靠性数据；全国 220 千伏及以上电压等级主要输变电设施运行可靠性数据以及全国 366 个大中城市的用户供电可靠性数据。

三、中国电力可靠性管理工作取得了丰硕成果

二十多年来，电力可靠性管理中心坚持"适应市场机制，加强自身发展，服务生产管理"的宗旨，开展了卓有成效的监管和服务工作，取得了丰硕的成果。

1. 电力可靠性管理步入法制化轨道。2007 年 5 月 10 日，由可靠性中心组织制定的《电力可靠性监督管理办法》正式签发实施，为开展电力可靠性监督管理工作提供了法规依据。

2. 电力可靠性管理加快标准化进程。多年来，可靠性中心和电力可靠性管理标准化管理委员会积极有效开展各项工作，《发电设备可靠性评价规程》、《输变电设施可靠性评价规程》、《供电系统用户供电可靠性评价规程》、《直流输电系统可靠性评价规程》、《电力可靠性基本名词术语》、《燃汽轮机发电设备可靠性评价规程（试行）》、《风力发电设备可靠性评价规程（试行）》、《输变电设施可靠性评价规程实施细则》等各类可靠性

统计与评价办法陆续颁布。这些标准的颁布和下发，极大地推进了我国电力可靠性管理工作的标准化进程。

3. 充分发挥可靠性信息优势，实现数据资源全社会共享。二十多年来，可靠性管理中心以保证数据的"准确、及时、完整"为目标，积极有效地开展了基础数据的采集、统计、分析和发布工作。自1994年起，连续15年成功举办电力可靠性指标发布会。其间还出版各类可靠性管理资料200多期，系统全面地分析、记录了中国电力系统及设备每年的运行状况和存在问题，及时公布和反馈了各类可靠性信息和技术动态，使多年积累的大量可靠性数据资源实现了全社会共享，为电力企业安全生产、提高管理水平和竞争力，提供了有效服务，起到了积极的推进作用。

四、中国电力工业运行可靠性水平稳步提高

可靠性管理工作开展二十年多来，通过强化可靠性管理，我国的发电设备、输变电设施、用户供电的可靠性水平均有大幅度提高。1988年到2008年的二十多年间，中国100兆瓦容量等级以上火电机组的平均等效可用系数从80.70%提高到92.05%，增加约11.35个百分点，每台机组年均非计划停运次数从8.24次下降到0.93次。1991年到2008年的十八年间，我国城市用户供电可靠率（RS-1）由98.898%上升到99.863%，相当于用户年均停电时间由96.548小时下降到12.071小时。同期电网中的各类输变电设施的可靠性水平也有大幅提高。这一切，不仅为中国电力企业创造了巨大的经济效益，而且为保证电网安全运行和提高供电质量发挥了重要作用，实现了社会效益和经济效益双丰收。

（一）发电设备可靠性

火电 100 兆瓦及以上容量机组运行可靠性指标

年份	统计台数（台）	等效可用系数（%）	等效强迫停运率（%）	非计划停运次数（次/台年）	利用小时（小时）
1988	245	80.70	6.82	8.24	6256.01
1989	274	80.47	7.20	8.06	5975.12
1990	309	81.02	7.31	7.84	5826.30
1991	344	81.85	6.38	7.08	5850.50
1992	381	81.79	7.16	7.03	5793.88
1993	415	82.66	6.43	6.91	5795.29
1994	450	83.78	5.21	6.14	5817.19
1995	481	86.24	4.29	4.72	5863.69
1996	523	86.38	3.87	4.64	5725.25
1997	574	88.38	3.02	4.15	5437.08
1998	615	88.54	3.02	3.21	5105.89
1999	657	89.86	2.09	2.94	4992.08
2000	711	90.30	1.99	2.88	5085.96
2001	754	90.64	1.74	2.81	5185.75
2002	792	91.06	1.30	2.57	5529.53
2003	824	91.15	1.37	2.39	6079.72
2004	888	91.70	1.14	2.10	6350.96
2005	934	92.34	0.95	1.74	6259.24
2006	1010	92.81	0.75	1.28	6023.24
2007	1152	92.93	0.66	1.02	5664.23
2008	1197	92.05	0.73	0.93	5239.16

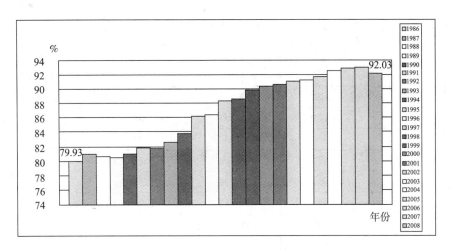

100兆瓦容量等级以上火电机组非计划停运次数变化趋势图

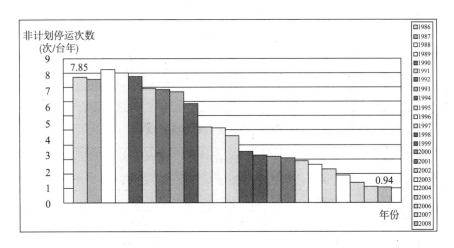

100兆瓦容量等级以上火电机组等效可用系数变化趋势图

（二）输变电设施可靠性

220 千伏变压器运行可靠性指标

年份	统计数量（百台年）	可用系数（%）	强迫停运率（次/百台年）	计划停运率（次/百台年）
1993	8.319	98.778	4.448	127.185
1994	14.683	98.447	3.882	152.217
1995	17.882	98.445	2.852	156.079
1996	20.120	98.608	3.529	137.078
1997	21.934	98.632	2.553	120.543
1998	26.499	98.715	2.868	104.419
1999	28.895	98.857	2.630	103.859
2000	30.828	98.860	2.757	101.340
2001	32.982	99.108	2.062	91.230
2002	35.481	99.173	1.776	80.268
2003	37.248	99.175	1.396	80.863
2004	39.82	99.312	1.683	65.344
2005	42.257	99.371	2.437	79.608
2006	47.697	99.489	2.159	72.059
2007	54.448	99.579	1.304	56.678
2008	60.993	99.646	1.377	40.841

330 千伏变压器运行可靠性指标

年份	统计数量（百台年）	可用系数（%）	强迫停运率（次/百台年）	计划停运率（次/百台年）
1996	0.466	97.468	4.294	139.485
1997	0.505	96.544	11.890	136.634
1998	0.799	97.602	11.266	131.414
1999	0.850	98.718	10.589	121.176
2000	0.946	96.918	4.229	116.280
2001	1.032	98.598	3.877	95.930
2002	1.139	98.557	0.000	73.749

续表

年份	统计数量 （百台年）	可用系数 （%）	强迫停运率 （次/百台年）	计划停运率 （次/百台年）
2003	1.217	99.098	1.644	80.526
2004	1.279	98.798	3.128	96.169
2005	1.308	99.138	6.883	102.446
2006	1.569	99.061	4.462	93.690
2007	1.953	99.293	5.121	61.956
2008	2.287	99.158	4.372	62.965
1995	0.456	99.129	2.194	118.421
1993	0.038	99.146	0.000	211.640
1994	0.459	96.573	8.709	176.471

550千伏变压器运行可靠性指标

年份	统计数量 （百台年）	可用系数 （%）	强迫停运率 （次/百台年）	计划停运率 （次/百台年）
1993	2.076	97.649	9.635	95.867
1994	2.267	96.309	3.529	78.077
1995	2.311	98.443	2.596	89.139
1996	2.717	98.951	2.944	55.944
1997	2.921	98.421	1.370	64.704
1998	3.654	98.442	1.916	65.134
1999	4.152	98.446	4.096	66.715
2000	4.757	98.706	3.784	65.590
2001	5.437	98.432	2.391	75.780
2002	6.374	98.816	2.824	61.971
2003	7.391	98.936	1.488	58.044
2004	9.266	98.973	1.403	59.033
2005	10.673	99.2	1.593	62.213
2006	12.403	99.444	2.096	53.858
2007	14.947	99.491	0.803	51.582
2008	18.802	99.404	1.383	46.750

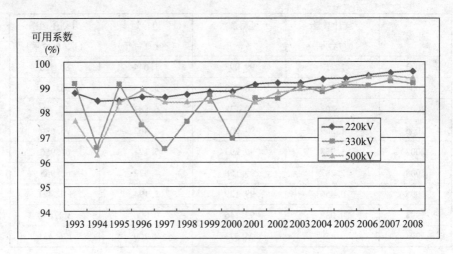

变压器可用系数趋势图

(三) 城市供电可靠性

对于中国城市供电来说，近年来，电网企业不断优化电网结构，提高供电管理水平，在全社会用电量逐年上升的情况下，实现了用户供电可靠性水平的逐年稳步提高。1991年到2008年的十八年间，中国城市用户供电可靠率（RS-1）由98.90%上升到99.863%，相当于用户年均停电时间由96.55小时下降到12.071小时。

城市10千伏用户供电可靠性指标

年份	统计单位（个）	总用户数（户）	供电可靠率（%）		平均停电时间（小时/户）	
			RS-1	RS-3	AIHC-1	AIHC-3
1991	50	152778	98.898	99.656	96.548	30.160
1992	57	182982	99.177	99.646	72.290	31.100
1993	105	249449	99.006	99.638	87.070	31.710
1994	161	303078	99.299	99.642	61.410	31.360
1995	203	384734	99.075	99.724	81.030	24.180
1996	238	446905	99.264	99.747	64.634	22.220
1997	255	499826	99.717	99.802	24.786	17.390
1998	275	506830	99.810	99.824	16.623	15.396
1999	277	528930	99.863	99.868	12.010	11.540

续表

年份	统计单位（个）	总用户数（户）	供电可靠率（%）		平均停电时间（小时/户）	
			RS-1	RS-3	AIHC-1	AIHC-3
2000	286	568960	99.889	99.893	9.767	9.417
2001	310	618668	99.897	99.898	8.999	8.944
2002	312	660366	99.907	99.916	8.171	7.375
2003	312	713512	99.866	99.929	11.724	6.241
2004	316	768389	99.820	99.927	15.806	6.388
2005	345	894364	99.766	99.845	20.491	13.539
2006	347	967354	99.849	99.853	13.191	12.877
2007	364	1057056	99.882	99.883	10.360	10.202
2008	366	1113966	99.863	99.882	12.071	10.347

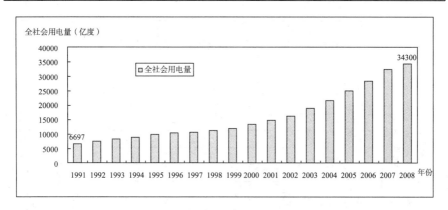

我国全社会用电量增长趋势图

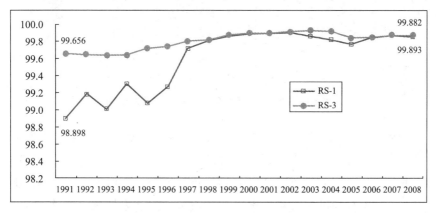

我国城市10千伏用户供电可靠率变化趋势图

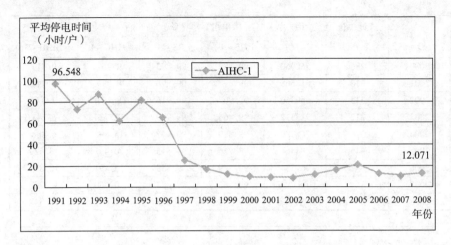

我国城市 10 千伏用户供电可靠率变化趋势图

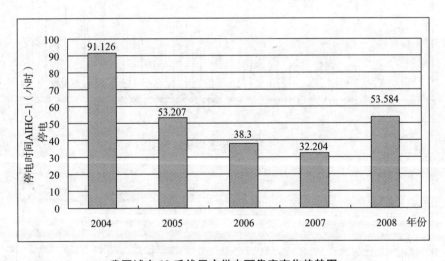

我国城市 10 千伏用户供电可靠率变化趋势图

2008年，中国平均停电时间最短的两个供电企业是嘉兴电力公司和上海电力公司，分别为1小时52分钟和1小时55分钟；50%以上城市的平均停电时间为4到13小时。从2008年367个供电企业的供电可靠率分布情况来看，中国的供电可靠率水平与各地区的经济发展水平基本相适应，基本满足了地方经济社会发展和人民生活水平提高对电力有效、持续供应的需求。

二十多年来，中国电力可靠性管理事业经历了从无到有、从小到大、从吸收到消化并屡屡创新的探索过程。实践证明，可靠性技术与可靠性管理方法是适合中国电力工业特点并行之有效的科学管理方法，运用可靠性管理方法符合电力工业发展的内在规律和必然要求。

安全生产大家谈

安全文化为电力生产保驾护航

中国电力企业联合会会员与企业工作部　江宇峰

安全生产是电力行业的永恒主题。今天我很高兴有机会在这个大背景下，和各位共同探讨电力安全文化建设的重要意义和深刻内涵，共同探讨如何更好地发挥安全文化对安全生产的助推作用，最终达成从全行业的高度进一步加强电力安全文化建设的共识，共同承担推动行业安全文化建设的责任。下面我谈三点意见供各位参考。

一、充分认识加强电力安全文化建设的重要意义

电力行业一直高度重视安全生产和安全文化建设。长期以来，电力企业始终把安全生产放在突出、重要的位置。完善的规章制度，健全的监督管理网络，先进的设备和逐年加大的安全投入，为确保电力安全稳定供应，确保员工的安全与健康奠定了坚实的基础。但是，2002年以来相继发生的美加大停电、伦敦大停电、意大利大停电事故，和2008年我国南方的冰灾停电事故警示我们：电力安全，事关国家安全和社会稳定。在安全生产的硬件和软件的安全保障水平都有了较大提高的情况下，事故隐患却依然没有杜绝；实现"除不可抗力，任何意外和事故均可避免"的目标依然任重道远；很多领导和职工一谈起安全生产，依然"如临深渊、如履薄冰"。

正是深刻认识到电力安全生产形势的严峻，今年2月，国家电监会认真贯彻落实党中央、国务院关于安全生产的重要部署，在全行业深入开展了"安全生产年"活动，要求加强电力企业安全文化建设，引导广大干部职工树立安全发展理念，增强安全生产意识，形成电力安全生产浓厚的企业氛围。今年6月，又向全行业发出进一步加强电力安全生产"三项建

设"的实施意见,要求广泛宣传电力安全生产"三项建设"的目的和意义,不断提高思想认识,进一步统一思想,调动各方面的积极性。这次通过举办电力安全发展论坛活动,也是进一步扩大电力安全生产领域的交流与合作,为电力企业安全管理人员和安全生产领域的专家、学者搭建经验交流的平台,共同构建电力工业"安全发展、和谐发展"良好局面的有力举措。

作为电力企事业单位的联合组织,中国电力企业联合会在成立21年的不同历史时期,曾经协助政府或受政府部门委托,直接参与或围绕安全生产积极开展专业工作;中电联的工作网络也从不同角度关注和服务于电力安全生产和安全文化建设。特别是近年来,中电联在全行业广泛开展了优秀企业文化、QC成果、企业管理创新成果评选活动,连续5年开展了优秀企业文化成果的评选工作,征集到近千项成果,反映出电力企业广大干部、员工对企业安全文化建设的重视,反映出电力行业优良的安全文化传统,反映出安全在电力生产、经营、管理等领域的重要地位和作用。中电联在促进电力行业安全生产和安全文化建设方面发挥了重要的推动作用。

二、准确把握电力企业安全文化建设的具体内涵

(一)深刻理解安全文化的概念

安全文化是人类安全活动所创造的安全生产和安全生活的观念、行为、物态的总和。所谓企业安全文化,是企业在安全生产实践中,经过长期积淀,不断总结、提炼形成的由决策层倡导,为全体员工所认同的本企业的安全价值观和行为准则。因此,安全文化是安全科学发展之本,是实现安全生产和安全生存的基础和灵魂。

(二)正确把握电力安全文化的内涵

安全是电力生产管理最重要的内容,安全生产状况直接反映企业管理水平,提高电力行业企业安全管理的有效性,事关职工切身利益和企业经济效益。要提高电力行业企业安全管理的有效性,必须建立一套适应电力

生产管理特点的安全生产长效机制，辅之构建以安全文化为核心的企业文化体系，在意识形态领域加强安全文化建设，形成文化的合力，才能更好地推动行业企业安全发展。

经过政府相关电力行政部门、各类电力企事业单位和电力行业协会组织等各方多年的不懈努力和探索实践，逐渐形成了一个共识，即电力安全文化是由电力安全精神文化、安全管理文化、安全行为文化、安全物质文化等四部分组成的。其具体内涵：

一是关于安全精神文化。

1. 核心理念：以人为本，关爱生命；
2. 基本方针：安全第一，预防为主，综合治理；
3. 指导思想：电力安全"可控、能控、在控"；
4. 安全观念：安全是最大的效益，视违章为事故、视安全规程为"法"，严是爱、宽是害；
5. 安全意识：安全责任重于泰山的责任意识，隐患不除、违章不禁、事故终究要发生的忧患意识，风险可以防范、失误应该避免、事故能够控制的防范意识。

二是关于安全管理文化。

安全管理包括："全面、全员、全过程、全方位保安全"的"四全"管理；"人员到位、措施到位、执行到位、监督到位"的"四到位"作业现场管理；"事故原因不清楚不放过，事故责任者和应受教育者没有受到教育不放过，没有采取防范措施不放过，事故责任者没有受到处罚不放过"的事故调查"四不放过"，"抓基层、抓基础、抓基本功"；以"铁的制度、铁的面孔、铁的处理"，反"违章指挥、违章作业、违反劳动纪律"，杜绝"领导干部高高在上、基层员工高枕无忧、规章制度束之高阁"，等等。

三是关于安全行为文化。

1. "三个百分之百"：确保安全，必须做到人员的百分之百，全员保安全；时间的百分之百，每一时、每一刻保安全；力量的百分之百，集中精神、集中力量保安全。

2. "四不伤害"：不伤害自己，不伤害他人，不被他人伤害，不看着他人受伤害。

3. "五不干"：工作无计划不干，无作业指导书不干，措施不全不干，工作人员不在状态不干，监督人员不到位不干。

四是关于安全物质文化。

包括电力设备的选型配置原则、安全生产投入、安全设施规范化、安全措施标准化、职业健康、环境保护等。

三、对进一步加强电力安全文化建设的思考

中电联在多年来服务于电力安全生产管理的实践中深刻地体会到：技术措施只能实现低层次的基本安全，管理和法制措施能实现较高层次的安全，但要实现根本的安全，最终的出路还在于安全文化。电力行业的安全生产不能像有些行业，处于"发生事故—整改—检查—再发生事故—再整改—再检查"的不良循环中。这些年来，正是许多远见卓识的电力企业领导者和安全生产工作者把目光投向了安全文化，并不断努力实践，才保证了电力行业在近二十年的跨跃式发展中保持长周期的持续稳定安全生产。我们从中不难看出，只有超越传统安全监督管理的局限，用安全文化去塑造员工，从更深的文化层面来激发员工"关注安全，关爱生命"的本能意识，建立安全生产的长效机制，才可以最终实现安全生产的长期稳定。为此，我们认为，对进一步加强电力安全文化建设工作应关注以下几个问题。

一要着力营造浓厚的安全文化氛围。不断加强安全文化理念的宣传，使员工在心理、思想和行为上形成自我安全意识和环境氛围；不断加强安全知识、规则意识和法制观念的宣传，使"严守规程"成为全体员工的基本素养，使"关注安全，关爱生命"成为企业在安全生产上的基本理念；不断通过多种形式向社会、消费者尤其是大用户宣传电力安全知识，使社会公众了解电力安全，理解电力企业，在社会层面构筑起一道保障电力安全的坚固防线。

二要着力加强职业规范培训工作。电力的技术性、系统性和风险性

特征要求我们必须有一个统一的职业规范。职业规范的形成，很大程度上依赖于安全生产技术培训。严格的培训，可以帮助员工形成一种统一的行为准则，使员工各就其位，各负其责，提高工作效率和安全监管水平。

三要着力建立健全电力安全文化评价体系。建设电力安全文化，其目的就是持续改进安全生产，确保电力安全稳定运行，确保员工的安全与健康，因此，既要有定性的要求，还要有定量的指标，要在不断的实践中建立健全分层次的安全文化评价体系，科学制定考核指标。

四要着力提高企业各级领导的安全文化素质。电力企业要从营造浓厚的安全文化氛围出发，全面贯彻"以人为本、关注安全、关爱生命"的管理思想，不断创新安全管理与教育形式，不仅注重职工的安全知识、安全技能、安全意识的教育，更要注重职工的敬业精神、法制观念、职业道德、品德修养的培养；不仅注重法律、法规、纪律、制度的制约保证和奖惩激励的应用，更要注重员工正确的安全思想作风、安全行为准则、安全价值观的培育，为员工生命健康安全提供一个良好的人文环境，使员工在潜移默化中增强安全意识，形成"安全第一，热爱生命"的安全价值观。

五要着力加强电力企业安全理论研究工作。应根据电力安全生产过程中出现的新情况和新趋势，进一步加强电力企业安全工作的研究，认真总结安全工作的有效经验，借鉴学习先进企业在安全工作中的有益做法，推广应用安全科学的最新理论成果和安全技术手段；把安全价值观纳入企业经营战略方针、经营理念之中，以科学、理性的安全价值观指导电力企业的安全生产。

下一步，中电联在电力企业的安全文化建设工作中，将继续发挥行业协会的咨询服务作用，积极宣传先进电力安全文化，搭建电力行业安全文化建设成果和经验交流平台，努力推动电力行业企业将先进的企业管理方法和理论应用于电力企业安全管理，通过现代企业管理手段加强电力企业安全文化建设，促进职工安全素质和企业安全管理水平的不断提高，最终实现生产安全的目标，为电力工业又好又快发展做出应有贡献。

核电工程安全管理的实践与创新

中广核工程有限公司 夏林泉

引言

中广核工程有限公司是中广核集团下属的一家承担核电工程总承包的专业化公司。目前公司承担七个核电项目的建设任务，施工队伍人数超过3万人。近年来该公司通过借鉴国内外的工程安全管理的理论和经验，结合核电项目从前期工程至电站试运行的全过程的特点，创造出一整套行之有效的管理方法和实践，其部分业绩指标（如二十万工时事故率）达到发达国家的先进水平。本文将介绍其在核电工程领域的部分安全管理实践和创新。

一、核电工程安全管理的特点

核电工程安全管理主要是指针对核电厂建造过程中相关业务的职业健康安全风险的管理，它包括制定、实施、实现、评审和保持职业健康安全与环境方针所做的一切努力。

从安全管理的角度分析，核电工程具有以下典型特点：

1. 核电工程受关注程度高，社会期望高；
2. 建筑结构和设备系统复杂，施工难度大，施工安全要求高；
3. 分承包商多，施工人员多，作业工种多；
4. 大型施工机械密集，大型设备多，吊装活动频繁；
5. 动火作业普遍，电缆多、电仪盘柜多、紧密设备多、涉油系统多；
6. 核电厂多建在沿海，是台风、暴雨频发的重灾区，面临自然灾害侵袭的机会多；

7. 核电厂建设工期长，土建、安装、调试、移交接产各阶段相互重叠，不同工程类别同时进行，尤其进入机组装料阶段后，必须处理好核安全责任的交叉和界限；

8. 国际、国内核电设备制造资源难以满足核电的快速发展，设备交货经常会出现延误，导致调整施工计划和施工逻辑，赶工多；

9. 核电工程项目是同一厂址上多台机组同期或分期建设，造成核安全与常规职业安全的重迭。正在施工的机组建设可能影响已投入运营的机组，同时又要服从电厂的核应急计划。

上述特点决定了核电建设工程的安全管理面临极大的挑战，一方面是社会各界的高期望，另一方面是核电工程自身具有的高风险和国内建筑行业安全管理水平偏低的大环境，有效地推行安全管理体系面临很多困难。

二、核电工程安全管理的目标和指标

（一）核电工程安全管理的目标

根据国家、社会、公众、业主的要求和期望，以及核电工程的特点、实际情况，中广核工程有限公司制定核电工程项目的总目标和追求的目标。

1. 总目标

采取一切可能的措施降低工程建设的安全风险和对环境的不利影响，向"零事故"目标努力。

2. 追求的目标

（1）可比较指标（二十万工时事故率）达到发达国际同行业优秀水平；

（2）安全管理水平达到国际同行业先进水平（对标比较）；

（3）二十万工时事故率逐年降低5%。

（二）核电工程安全指标体系构建

根据项目的目标分解成具体的指标体系，指标分两个层面：绩效指标和管理指标。绩效指标作为考核公司和项目安全绩效的依据，管理指标不作为考核安全绩效的依据，主要用来进行趋势分析和预测。

1. 控制指标

（1）不发生人身死亡事故；

（2）二十万工时事故率小于0.05%；

（3）不发生一般及以上火灾事故；

（4）不发生放射源丢失或意外照射事件；

（5）不发生受处罚的环境污染事件。

2. 管理指标

为了测量安全管理体系日常运作有效性，做出趋势评价和预测，中广核工程有限公司建立了预兆性管理指标体系。管理指标包括未遂事件率、缺陷总数、缺陷整改率、风险点数、透明度等。

三、核电工程安全管理的理念与策略

（一）安全管理理念

中广核工程有限公司作为国内第一家核电专业化工程管理公司，吸收大亚湾核电站和岭澳核电站（一期）的核电工程安全管理经验，在成长的过程中逐步树立了以下安全理念：

1. 安全具有压倒一切的优先地位。尽管面临工期的迫切压力，但是如果不能确保安全，就绝不可能做好。安全具有压倒一切的优先权，工期的压力决不能成为忽视安全的理由。

2. 以人为本。在任何情况下，人的健康与生命安全总是放在第一位的。

3. 层层有责，人人有责。每个管理者都对其管辖机构或项目的安全负责；每个工人都要对其自身的安全和周围工友的安全负责。

4. 将安全管理融入公司的整个管理实践中。在公司的各个业务模块中，都将安全管理的要求落到实处，实现安全管理的全过程控制。

5. 不容忍任何违反安全制度和规范的行为。将安全制度、规范落实在

决策者、管理者和员工的行为方式中,任何人都必须坚持公司的安全规范,遵守安全制度。

(二) 安全管理策略

在分析了核电工程安全管理的特点和存在问题,依据逐步形成的安全管理理念和制定的目标,中广核工程有限公司制定了基于施工单位基础之上的、全员参与、全过程控制的安全管理策略体系,具体包含四方面的内容。

1. 安全准入策略

安全准入策略主要包括以下 3 项内容:

(1) 施工单位的资格评审:只有通过资格评审的潜在承包商才能参加核电工程的投标活动;

(2) 施工人员的培训授权:只有参加了规定课程的培训,通过考核授权的人员才能办理进入核电工地的出入证;

(3) 设备、材料的入场验收:只有通过验收合格的设备、材料,才能进行核电工地。

2. 一体化策略

一体化策略主要包括以下 3 项内容:

(1) 将安全管理与其他经营管理功能互相整合,使安全管理成为核电工程建设各业务板块的一个有机组成部分;

(2) 安全管理目标的实现是通过各级机构及人员共同努力实现的,通过建立制约机制,使所有人员都积极参与安全管理,承担其应负之责任;

(3) 核电工程建设活动是一个有机的整体,建设活动中各个阶段之间有着内在必然的联系,对前期规划、招投标、施工准备、施工、调试等全过程进行安全管理。

3. 标准化策略

标准化策略主要包括以下 7 项内容:

(1) 以安全责任为核心的组织标准化;

(2) 现场施工作业条件标准化;

(3) 班组安全管理标准化；

(4) 施工临建生产安全标准化；

(5) 高风险活动管理标准化；

(6) 应急体系标准化；

(7) 安全监管标准化实践；

4. 综合治理策略

"综合治理"是国家安全生产的基本方针，也是科学发展观的根本方法"统筹兼顾"在安全管理领域的具体应用。中广核工程有限公司快速适应新时期核电工程安全生产形势的发展，自觉遵循安全生产的内在规律，正视安全生产工作的长期性、艰巨性和复杂性，着眼于从根本上解决安全生产工作中面临的各类问题，抓住主要矛盾和关键环节，注重经济、制度、科技、文化手段的综合运用。

四、核电工程安全管理的实践和创新

中广核工程有限公司在核电工程安全管理领域的实践和创新主要体现在吸收、借鉴国内外先进的安全管理理念和经验，综合运用制度手段、经济手段、文化手段和科技手段，将各级安全责任落到实处，将各项安全措施落到实处。本文选择性介绍中广核工程公司在以下几个方面的实践。

（一）五星安全检查与评估

中广核工程有限公司的各在建核电项目都实行"五星安全检查与评估"，根据平时的考核与检查每月对施工单位进行一次定量评定，根据评定结果确定施工单位安全管理所达到的星级。根据星级高低确定风险预留情况。每次扣留的风险预留金为当月所支付工程进度款的百分数（一般不超过6%）。

五星安全检查与评估包括7个方面的内容：检查内容管理、检查标准管理、施工区域管理、周计划制定、检查结果录入、缺陷整改管理、五星实时评估，见图1。

通过五星安全检查与评估，可以掌握每个项目、每个施工单位每周每月的安全生产状态变化,清楚各种缺陷的分布,同时与施工单位的月度风险金挂钩,是一种有效的约束手段。

(二) 项目基础风险动态控制与评价

中广核工程有限公司每个在建核电项目都开展月度基础风险点统计、分析、掌握主要风险动态变化趋势、特点。

1. 项目月度动态基础风险统计的内容

动态基础风险应统计包括以下方面的内容:人员和工种、施工设施、施工机械、危险化学品、射线装置和特殊气候。如表1为岭澳二期项目2009年7月份基础风险统计。

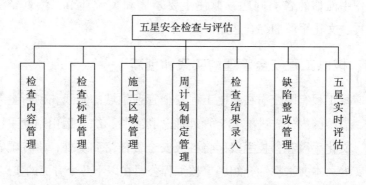

图1 五星安全检查与评估的结构

表1 岭澳二期项目2009年7月份基础风险统计

	名称	风险编码	合计点数
A	人员与工种	Ra	17715
B	现场设施	Rb	7554
C	施工机械	Rc	11038
D	危险化学品	Rd	2797
E	射线装置	Re	320
F	特殊气候	Rf	1200
	项目风险	R	40623

2. 基础风险分析

基础风险分析包括以下内容：（1）基础风险源分布—以上6个方面分别所占的比重，如图2；（2）风险责任分布—6个方面的风险点数柱形图分布（6个月的数据滚动）；（3）总基础风险点数的12个月滚动趋势图，如图3；（4）在结合以上图形分析的基础上，根据工程实际对趋势变化做出文字的描述和分析。

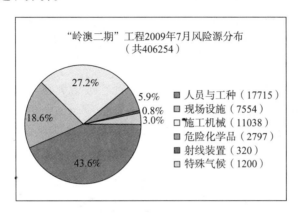

图2　岭澳二期项目2009年7月份基础风险源分布

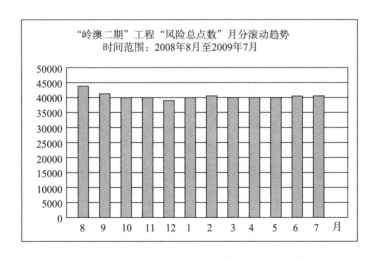

图3　岭澳二期项目基础风险点12月滚动趋势

(三) 高风险活动控制

在核电工程的安全管理中要突出重点,对高风险活动进行有效的控制,"抓大不发小",确保不发生大的事故。

核电工程高风险活动可以分为两类:第一类是临时性的、独特的;第二类是持续不断和重复进行的。对于第一类作为项目来控制,针对某一特定的高风险项目需要编制专门的安全控制方案;而对于第二类则作为高风险作业来控制,实行许可证制度,制定专门的安全措施。

1. 高风险项目的安全控制

高风险项目是指可能导致人员群伤、死亡或重大财产损失、重大环境污染事故的施工(调试)项目。主要包括依据《建设工程安全生产管理条例》第二十六条所指的危险性的七项分部分项工程和调试阶段风险较高的调试项目。

高风险项目安全控制遵循下列流程:

步骤1:高风险项目的辨识和评价——形成高风险项目清单;

步骤2:风险分析——针对某一高风险项目分析出特定的风险和制定应对措施;

步骤3:编制安全控制方案——将风险防范、应急措施和处置流程文本化;

步骤4:方案的实施和监控——在各个环节中落实方案所规定的措施,监控措施落实情况和现场出现的风险变化;

步骤5:报告和反馈——提升方案的有效性,使反馈的信息成为今后同类项目的重要输入。

2. 高风险作业的安全控制

所谓高风险作业是指对作业者本人、周围人群或周围环境具有较高危险性的作业活动。结合以往核电工程建设过程的事故、事件的统计分析,核电工程建设过程的以下12类作业活动可归类为高风险作业:
(1)动火作业;(2)进入受限空间作业;(3)破土作业;(4)带电作业;(5)高处作业;(6)高温环境作业;(7)潜水作业;(8)探伤作

业；（9）爆破作业；（10）大件运输与吊装；（11）易爆炸性场所作业；（12）危险化学品使用与储存。

中广核工程有限公司对上述12类高风险作业的每一类都制定了专门的控制要求。这些要求可以概括为以下几条：（1）要从作业工序、机械设备（工具）、材料、环境等方面对作业活动进行分析，辨识出高风险作业活动；（2）高风险作业人员必须经过健康检查和针对此类高风险作业的专门培训，取得作业资格；（3）必须实行申报审批制度，须有专人对高风险作业现场进行管理；（4）必须建立作业控制区，防止无关人员误入；（5）作业前必须检查作业的先决条件、防护措施、应急设施的落实情况；（6）作业中作业人员正确穿戴安全防护用品，必须落实各项安全措施，必须有专人对作业过程进行监护；（7）作业后必须清点现场，消除危险因素或设置防护措施。

（四）核电工程施工人员评价体系

引入核电工程施工人员评价体系的目的是促使施工单位引入符合核电工程建设需要的施工人员，建立施工人员注册制度，对不符合核电工程管理要求的施工人员建立退出机制，逐步促使承包商建设稳定的专业化核电施工人员队伍。

施工人员评价体系主要包括：入场资格审查及注册资格证书的颁发；在岗表现评价及核电工程注册资格的维持；施工人员评价数据库建立、维护和应用。

（五）安全国际对标

安全对标的目的有两个：一是通过对标，发现公司的安全管理和国际先进水平的差距；二是通过对标，促使公司的安全指标体系和国际安全指标体系（OSHA体系）靠拢。

1. 对标指标的选取

以OSHA为基础，本着简单清晰的原则，对以下四个指标展开对标：二十万工时损工事故率、二十万工时无损工事故率、十万人死亡率、损失工作日中间值。

2. 标杆的选择

由于与核电站建设项目直接相关的事故统计数据比较缺乏，主要从两个层面展开相关指标的对比。

（1）行业层面比较：与美国劳工部对美国公共供应设施（水、电、油、气）建设行业，尤其是电力和通信设施建设行业、规模在1000人以上的企业的统计数据进行比较；

（2）企业层面比较：选取国际领先的工程公司的相关安全指标进行对比，主要公司包括Bechtel、Black&Veatch、FLUOR等公司。

3. 对标结论

2008年中广核工程有限公司的指标好于美国建筑行业的前四分之一水平，达到国际标杆企业的水平。但美国电力和通信设施建设行业、规模在1000人以上的企业有75%以上的同类企业做到零事故，显示出在行业里有着优秀的、有共性的安全管理元素，值得进一步调查和学习。

（六）核安全文化推进与宣传

国际原子能机构（IAEA）国际核安全咨询组的报告INSAG-4"安全文化"（Safety Culture）给出了关于安全文化的经典定义：安全文化是存在于单位和个人中的种种特性和态度的总和，它建立一种超出一切之上的观念，即核电厂的安全问题由于它的重要性要得到应有的重视。其核心要素进一步解释为"一种根深蒂固的安全思维"，意味着"内在质疑的态度、防止骄傲自满、对卓越的承诺，以及在安全问题上个人的责任心和组织的自我约束机制。"

根据国际原子能机构安全文化的定义，结合本公司的使命，中广核工程有限公司的核安全文化的涵义如下：为保障员工、社会公众的安全，保护环境，为使顾客满意，为对国家和子孙后代负责，本公司建设以"项目为中心"的安全文化，其中包括职业健康与安全方面，以人身安全为第一位；在工程质量保证方面，以核安全的质量保障为第一位；在工程环境保护方面，以自然环境保护为第一位。

中广核工程有限公司不仅在公司内部培育和发展安全文化，同时引领所有参与中广核项目的施工单位、设备供应商，以项目为中心，精诚合作，树立和发扬大团队精神，共同培育和发展安全文化，铸就核电领域内的大安全文化理念。

五、结论与展望

中广核工程有限公司借鉴国内外的工程安全管理的理论和经验，综合运用各种安全管理的方法和手段，采取有效的措施，取得了较好的安全业绩。中广核工程有限公司的实践证明，中国的企业也能取简介得良好的安全业绩。安全管理没有什么新鲜事，关键是要采取适当的方法和手段，确保各级责任的落实，确保各项措施的落实。

中广核工程有限公司将通过坚持不懈的实践与创新，不断健全安全生产长效机制，不断开创核电工程安全生产工作的新局面，在以后的时间里会在以下两个方面做进一步的探索和实践：

1. 承担更多的社会责任，加大对核电工程建设领域"农民工"的培训投入，逐步将"农民工"培养成核电工程建设的"产业工人"。

2. 建立核电工程建设领域施工单位的安全资信度评价体系，与安全措施费用、安全风险预留金、安全专项奖励金等挂钩，形成一种安全管理有"利"可图的良好环境。

第二辑
电力安全生产巡回演讲

【管理组】

由汶川地震水电站应急处置与震损调查反思应急管理的改进

国家电力监管委员会大坝安全监察中心　何海源

摘要　汶川特大地震发生后，受国家防汛抗旱总指挥部委托，国家电力监管委员会四川抗震救灾保电工作指挥部负责组织了震中区岷江流域紫坪铺水利枢纽以上河段30余座投运水电站的险情识别与应急处置。其后，还对其中15座大中型水电站（不含紫坪铺）开展了震损情况实地调查。作者担任电监会指挥部大坝安全组组长，亲历了险情识别、应急处置和震损调查，通过总结大坝应急处置经验，结合水电站震损调查成果，反思应急管理的持续改进，从应对地震灾害举一反三到其他各类灾害，对全面完善水电站的设施安全、提高应急处置与救援的机制与能力提出了具体建议。

关键词　地震　水电站　应急管理

一、水电站震情与处置

（一）险情排查

汶川特大地震发生后，国家电监会即派出由史玉波副主席带队的应急指挥人员连夜经重庆辗转赶赴四川。5月13日凌晨抵达成都，即加入国务院抗震救灾前方指挥部基础设施组，并成立了电监会四川抗震救灾保电工作指挥部（以下简称电监会川指）开展指挥协调工作。

对于水电站，一方面，电监会大坝中心在震后即通过各种通讯方式和途径与震区的四川、陕西和甘肃各注册大坝现场运行单位或其上级主管单位了解震情，到5月13日，除太平驿、映秀湾、耿达、渔子溪4座无法联系上，其余均取得了联系，初步确定震情严重的水电站就位于震中映秀附近。另一方面，5月14日上午，电监会川指即召集在川发电企业了解情况，会上，对所有运行或在建的水电站大坝应急处置提出了应急指导意见：不管大坝本身损毁程度如何，排险的首要任务就是尽快设法开启闸门等泄水设施，放空水库或能有效控制水库库容。要求各水电站业主单位务必与现场取得联系并及时完成开闸放水工作，对已投运的大坝，有条件时，必须增加现场巡查、加密监测等。14日中午，根据国家防总办公室的联系函，史玉波副主席即赶赴紫坪铺，与正在坝上的水利部矫勇副部长等取得了联系。当时，紫坪铺水库经专家检查，结论是大坝和泄洪设施基本正常，因时值枯水期末，库容不到正常蓄水库容的一半，上游虽有近30座水电站，其库容总和也不到1亿立方米，紫坪铺水库足以安全调蓄上游水电站大坝一旦溃决带来的洪水风险，保障下游都江堰到成都平原的防洪安全。但由于都江堰往汶川的公路多处阻断，无法快速抢通，紫坪铺水库成为唯一快速救援通道。因上游铜钟大坝13日已发生漫溢险情，如上游梯级大坝发生连锁溃决，洪峰将直接危及救援的安全。国家防总希望电监会设法与上游水电站取得联系，掌握大坝安全状况，对险情及时组织处置。

该河段共有运行水电站34座（含紫坪铺），其中大型2座（福堂、紫坪铺）、中型14座，只有4座（见前述）办理了大坝安全注册手续。询问刚从上游逃生出来的灾民，得知沿途山体严重垮塌，无路可走，也无通讯，映秀镇上游还可能发生堵江，上游灾民更出不来。不久，国家发改委张平主任、四川省副省长王宁等也来到大坝察看。大家会商认为：尽快摸清公路、大坝的情况是有效组织抢险前提，要积极争取用直升机开展空中观察，掌握灾情，评估影响。

5月15日凌晨，国务院抗震救灾指挥部批准安排派直升机送领导、专家空中观察基础设施灾情。因气象条件限制，早上飞到都江堰上空就迫返航了。下午再飞，虽只飞到银杏工业区上空仍因气象条件制约而返航，但空中还是观察到了山体严重崩塌，映秀—银杏的道路大都被山石覆盖，太平驿有漫坝迹象，映秀湾库内水位较高，泄水不畅。

5月16日清晨，天气晴好，直升机载着电监会和水利部门领导、专家一行完成了茂县以下岷江河段干流的6个梯级和草坡河、渔子溪支流4个梯级水电站共10座大坝的空中巡视，拍摄了珍贵的影像资料。史玉波副主席在机上正式向中央电视台记者及时通报了大坝安全状况可偏向于乐观的初步判断。

随后，根据影像资料，通过与相关水电站的原设计单位会商，结合各水电站陆续传递出来的信息，把处于漫坝状态的铜钟、太平驿和高水位状态的映秀湾、耿达列为有重大险情，把坝高130多米、库容1800万立方米，基本满库但泄洪能力不明的沙牌大坝列为重点跟踪对象。

（二）应急处置

1. 铜钟大坝的险情处置

震后，正在松潘驻训的成都军区红军师77133部队连夜兼程强行军108公里赶到茂县抢险救援。针对漫坝险情，地方政府与部队制定了开闸、爆破、炮击三套方案。5月16日10：20，由该部队警侦连战士王浩先行泅渡到大坝，拉通了安全绳，然后把电厂技术人员和电缆送上大坝，外接柴油发电机供电成功开启了三个泄洪闸，水库很快放空，排除了险情。

2. 太平驿、映秀湾、耿达的险情处置方案

从最不利情况着眼，太平驿、映秀湾的业主分别提出了爆破除险的方案。太平驿拟爆破5号支洞检修门和5号泄洪洞闸门，映秀湾爆破拆除左岸非常溢洪道和右岸非溢流坝段。考虑到当时气候和来水情况，离进入汛期尚有一定时间，也受铜钟顺利处置的鼓舞，电监会大坝安全专家提出：应急排险必须遵循科学决策程序，贯彻"既要快速见效又要减少次生破坏"的原则，避免忙中出错、忙中添乱而增加将来生产恢复的难度。要求业主单位抓住时机与原大坝设计单位会商，提出有进有退的处置方案。

5月23日上午，由电监会大坝安全监察中心主持对太平驿、映秀湾水电站大坝除险方案进行了审查。参加会议的有：国家电力监管委员会、成都电监办，解放军理工大学工程兵工程学院，武警水电三总队，武汉科技大学，四川省电力公司、映秀湾水力发电总厂，中国华能集团、华能四川

水电有限公司、四川华能太平驿水电公司，四川福堂水电有限公司，中国兵器北方爆破公司，中国水电顾问集团成都勘测设计研究院、中国电力报社等单位的领导和专家共 40 余人。经过热烈讨论，对大坝结构、方案利弊、汛前时机等综合分析，一致同意分三个步骤实施排险：首先要力争用正常处置的方式，先通电或用人力开启闸门排险；二是即使要破拆，也尽量使用拆卸、切割等静态、可控的手段；三是万不得已再用爆破、炮轰等破坏性手段。当进行破拆时，要按照先易后难、逐步实施的原则，选择合适的时机，以减少处置作业本身的安全风险，控制瞬间洪峰量值，降低对下游的影响。

该审定方案报国家防总批准，明确由电监会组织协调实施。

3. 太平驿、映秀湾、耿达险情处置方案实施

太平驿动用了 5 架直升机（3 架运分体的发电设备，2 架运其他物资和抢险人员），于 5 月 26 日下午到达现场，因 5 号闸门在余震时震脱成为泄洪通道，降低了坝前水位，抢险人员能直接到达坝顶与新电源接通，开启了 1、3、4 号闸门，2 号闸次日排除了故障也顺利开启，完全排除了险情。

映秀湾由 2 架直升机运送武警水电部队 13 名官兵、2 名电厂技术干部及应急物资也于 26 日下午到达现场，采用手动方式提升了闸门，除 2 号闸的门叶在震前部分开启被震坏而卡住外，其余都基本打开，并拆除了非常溢洪道，综合考虑这些设施开启的泄洪能力，险情基本解除。

耿达于 5 月 31 日上午也是通过外接电源方式，正常开启了全部泄洪设施，解除了险情。

4. 沙牌大坝的险情识别与跟踪

5 月 20 日，沙牌大坝现场值班人员传出了消息，大坝上备用柴油发电机完好，地震后，即开机带 1 号泄洪闸开启了 55 厘米左右泄洪，2 号闸也能正常启闭。设计单位随后提出了处置方案，按照泄洪闸门运行要求，在保证不对下游产生重大灾害的前提下，进一步打开 1 号泄洪洞闸门，使库水位降至 1850 米左右。

此后，现场按设计提出的方案，用 2 个月时间缓慢地降低了库水位至

安全度汛高程。

（三）震损调查

为复核大坝应急处置后的防洪能力，2008年6月底，电监会大坝中心与成都监管办视现场交通恢复与安全条件，联合派员深入实地对其中10座可以到达的大中型水电站开展了震损外观调查。7月中旬，电监会督查组到达太平驿、映秀湾、渔子溪3座水电站的厂房区进行了调查。河段内大中型水电站除紫坪铺和支流上的沙牌、耿达因交通受阻未能到达外都进行了实地调查，掌握了第一手资料。

总体看，虽然震中烈度达Ⅹ～Ⅺ度，超出了大坝抗震设防烈度（Ⅶ或Ⅷ度），相比于其他建筑物的损毁程度，水电站震损要小得多，具体按严重程度依次为：

1. 导致山坡失稳，特别是支护范围之外的山坡，崩塌为主的次生地质灾害较普遍。

一是淤堵进水口、砸坏进水闸、引水渠等设施，导致电站无法引水运行；

二是砸坏泄水设施，使闸门无法启闭或被水冲走；

三是堵塞尾水通道，导致水淹厂房；

四是岸坡飞石砸毁闸墩、进水口结构及坝顶栏杆、砸损运行值班房等附属建筑物。

2. 导致闸门启闭机失电或备用电源损毁、冲走，无法及时打开闸门引起库水漫闸、漫坝，冲毁近坝附属建筑物、道路。

3. 引起基础不均匀沉陷，导致部分开关站电器设备损坏或主厂房安装间与机组段结构沉降缝错动、拉开。

4. 导致部分电站的办公用房墙体开裂。

5. 造成输电线路损坏，电力无法外送。

2009年7月初，电监会对上述水电站又开展了一次防汛与恢复重建专项巡查，震损情况与上述情况一致。

二、反思水电站应急管理的改进

(一) 险情预计是关键

本次地震对既有应急管理体制、机制是一次破坏性的检验。根据调查，在地震造成破坏的部位、方式、严重程度等方面还存在着很多令人"出乎意料"甚至"没想到"的情况。"出乎意料"属于对险情有预料但对危害程度估计不够，"没想到"则属于对险情没预计，是漏项或缺失。"凡事预则立，不预则废"（《礼记中庸》），应急管理也同理，能够有效应对灾害，首先就要预先"想到"，也就是做好充分的危险源辨识与风险预估工作，这样才能事前有所准备，遇事才能胸有成竹、从容应对，避免应激反应失当。

做好水电站的险情预计，应该从如下两方面着手：

一是对新建、改建、扩建和续建的水电站，国家安监总局已有《关于做好机械、轻工、纺织、烟草、电力和贸易等行业建设项目安全设施竣工验收的通知》（安监总管二字〔2005〕34号）明确，自2005年起实行项目总体竣工验收前必须先进行安全设施竣工验收的制度，具体配套有《水电建设工程安全设施竣工验收办法》（水电规办〔2005〕0002）和《水电建设工程安全设施竣工验收办法补充规定》（水电规办〔2006〕0011），即规范了对水电站第一类危险源，即存在的、可能发生意外释放的能量（能源或能量载体）或危险物质的辨识，为有针对性地采取充分的保护措施提供了依据和检验指南。此前已投运的水电站，更应该对照上述要求，查找可能存在的缺陷，进行补课（即进行现状安全性评价）。

二是对设施运行过程中的第二类危险源（即导致能量或危险物质的约束与限制措施破坏或失效的因素，主要是人、物、环境的不安全状态和管理不善因素）则可以按照《生产过程危险和有害因素分类与代码》（GBT13861-2009）的人、物、环境、管理四方面和《企业职工伤亡事故分类》（UDC658.382GB6441-86）中附录A3起因物（27类）、A4致害物（23类）、A5伤害方式（15类）和A6不安全状态（4大类16项）进行辨识，以便在日常管理中采取预防措施和进行检查、消缺。

前者决定危害的程度,后者决定发生的可能,两者的组合决定了风险的大小。

(二) 加强主动防护措施

提高设施的本质安全性是应对灾害的治本之策,地震后,如下方面问题比较突出而不仅限于此。

1. 从震损调查成果看,边坡地质灾害是最普遍的,应该加强对边坡的防护。部分新投运水电站(如天龙湖、竹格多、姜射坝)的高边坡由于采用近年来新引进的主动或被动防护网及其组合体系,较好地起到了保护边坡的作用,大大减弱了次生地质灾害造成的危害。因此,建议多用一些主动和被动防护网的组合进行系统性防护,既建设快、见效快,有可弥补勘测条件制约而可能存在的安全盲区。灾后恢复重建项目已普遍采用。

2. 部分水电站发生水淹厂房后,油污随水漂浮,地面覆盖上了油膜而非常湿滑,严重制约抢险、修复作业。建议:一是地面材料要侧重于防滑而不是观感,地下厂房因通风除湿条件制约更需重视。选用糙面材料(如火烧石)对材质色差要求低可抵消投资增加因素,对糙面易结垢问题可采用管理措施解决;二是应急物资中要储备吸油材料,如锯末等。

3. 国家能源局《汶川地震灾区水电站恢复重建导则》(国能局综字[2008] 23 号)第 16 条已明确"泄水建筑物金属结构设备,应设置专用应急电源。"要全面领会"专用":一是反思铜钟的教训,虽设了三条外来供电线路,地震使线路毁坏或断电后启闭机没有启动电源而导致了漫坝,冲毁了辅助设施及下游田地。"专用"就是除外接备用电源外必须要自有的,这是"底线"。一台 120 千瓦的柴油发电机也就 15 万元,何必舍近求远;二是要专设在就近,人员可迅速到达并开启的(如吉鱼就具有断电自启动备用功能);三是机房要重点保护,要吸取福堂、太平驿的教训,在选址、朝向、结构上周密考虑,做到坚不可摧。

4. 关于闸门及启闭方式在应急开启和故障排除方面的比较。总体上,水电站闸门本身在本次地震中具有良好的抗震性能,损坏的比例不高。位于震中的 10 座水电站大坝共计 44 扇闸门,在特大地震后只有 7 扇(接近

16%）发生故障，其中4扇损毁（渔子溪3扇是投产早，门叶结构设计标准低于现标准，太平驿1扇是支脚被飞石砸坏，在余震中被冲毁），1座变形被卡（映秀湾2号闸门，也是投产早，门叶结构设计标准低于现标准），2座现场更换部件修复，真正损毁的5扇，只占9%。

在震后应急处置期间，在快速开启闸门方面，液压启闭机具有较好的互换性而容易排除故障。太平驿2号闸液压系统故障就是替换了其他闸门的高压油管迅速排除的。铜钟的冲沙闸钢丝绳卷扬系统因动滑轮组在地震中恍动砸在混凝土结构上而破损卡住，更换滑轮组需要重新盘钢丝绳，受到人力、场地和时间的制约而无法快速处置。

需要考虑无电条件下的手动启闭功能。映秀湾的闸门具有手摇功能，排险主要靠手摇处置成功的。钢丝绳卷扬式应考虑有手动卷扬功能，液压启闭需考虑手动液压泵加压系统。

5. 厂房吊顶等装饰，地震时大多不堪一击，不如不用。本次地震，吉鱼、姜射坝的厂房吊顶大部分脱落，宝珠寺虽已处于震中外围，但地震还是使厂房吊顶不少面板脱落。吊顶形成的隔层空间是鸟、鼠等小动物的筑巢之处，地震时饰面板高处坠落时飘忽不定，如金属的就如飞舞的刀片，都是危害因素，吊顶只起装饰作用，不如取消。以前见过，有的厂房内采用大面积玻璃，也是危险因素，应慎用或用安全玻璃。

另外，江油电厂厂房屋架在地震剧烈晃动下失去支承而塌落，砸坏了主机设备，屋架支承方式的抗震性能需要改进。

6. 建设避灾场所。本次地震中，耿达厂房有12人在撤离厂房（窑洞式）时因逃身时机或方式不当，全部被山体崩塌掩埋失踪，事后发现如留在厂房内就地等待救援倒是安全的。其他水电站在人员撤离时也有无处可逃之感，险象环生。目前，水电水利行业针对遭遇无法抗拒的灾难（不仅仅是地震，还有火灾、水淹厂房……等），体现以人为本，优先保全人的生命安全的原则，设置避难场所等安全设施的行业标准尚处于空白，这类设施需充分考虑其结构性（抵御能力）要求、功能性（考虑生命维持所需的呼吸、食品、水和排泄等）要求、持续性（定员、时限等）要求、提供救援（照明、通讯等）条件……，可借鉴现有防空、防核袭击掩体或煤矿的相关标准,尽快制定出台行业标准并实施。

2009年6月,矿用移动式救生舱在武汉通过首次试验,6个人在全密闭状态下,依靠舱内人造氧气和储存食物、水维持了7天。

7. 完善基础设施。如:增加监视设施,提高监测、监视设施的坚固性和信号外送能力,依靠信息化系统为现场险情远程识别和外部救援提供直观依据,并增加异地信息的安全备份。

改进高处作业用爬梯等的安全性。应借鉴国外先进的安全标准,使先进的安保器材能在现场充分发挥作用。

链接1:对俄罗斯萨杨—舒申斯克水电站特大事故的思考

去年8月17日,萨杨水电站发生因紧固螺栓疲劳损坏引起约束失效水轮机顶盖和机架被掀起而水淹全厂,10台机组中除6号机组在检修而受损轻外,其他9台机组设备被连锁毁坏的特大事故。

其中与应急保护有关的缺陷至少有:

(1)导水机构1、3、4、7、8、9、10号机用ЭГР-2И-10-7电气液压调速器进行调节,2、5、6号机用2009年安装的ЭГК-РО-6-1调速器进行调节,两种调速器均不能保证失电情况下关闭导水机构,事故时只有5号机尚有电而动作,减轻了机组受损;

(2)机组蜗壳前未设快速阀,不能快速关闭来水,事故后,要人力从厂房爬上坝顶去关闭事故闸门,仅登高时间就要近半小时,严重贻误控制事故发展的时机;

(3)中控室没有控制事故闸门的开关,眼睁睁看着事故蔓延;

(4)采用发电车作为应急电源,调用过程也有问题。

链接2:对山西华晋焦煤王家岭矿特大透水事故的思考

2010年3月28日13时40分左右,山西华晋焦煤王家岭矿发生特别重大透水事故,当班261人,撤离108人,153人被困,115人获救,38人死亡。

救援采取了3套方案:一是继续用水泵将水抽上地面;二是低位置空巷道,打通150米煤岩,将水排到巷道低处;三是从地面上打了2个钻孔,两个孔还可以形成空气通道,甚至作为与被困矿工联络输送食物的途径。

反思：这类钻孔花钱不多但应急功能多，预先应该很容易想到，如果事先打好，加上掌子面现场设有避难室，人员避险、呼救和外部营救肯定会更有效、快捷。

（三）完善应急保障准备

地震后，如下方面问题比较突出而不仅限于此。

1. 丰富的基础信息（应异地备份）。如：

（1）各种大幅面的图（平、剖）、表（水位—库容—面积—泄量关系曲线）、影像资料等；

（2）详尽的参数（闸门及泄洪能力）；

（3）溃决模式；

（4）流域洪水标准；

（5）下游重要防洪工程和重要保护目标位置（距离）及抵御能力；

……

2. 充分的应急物资储备。如：

（1）搭设脚手架的钢管、扣件等（为处置太平驿险情，仅此一项就需动用1架直升机运送）；

（2）手拉葫芦、气垫、切割器等工器具，宜备手动或液压式工具，避免对电源的依赖；

（3）燃料；

（4）电缆、绳索（钢丝的要配夹头）、管路等；

（5）抽、排消防泵，吸油材料；

（6）照明；

（7）急救箱（可按《电力行业紧急救护技术规范》DL/T692-2008为主配置）；

（8）食物；

……

及友邻可救援的资源（需经常动态更新，耿达就是从正在修建公路的施工单位借铲车和柴油发电机进行应急处置的）。

3. 通讯（充分的手段与合适的方式）。如：

（1）语音（固定、移动、载波、卫星、步话机、广播）；

（2）数据网络；

（3）喇叭（电，非电）；

（4）方便可得的联系号码；

（5）等待时，宜用短信方式（准确、少占带宽、省电）；

（6）手势、敲击、信鸽也好；

……

别忘了充电设备！

4. 救援设施。如：

（1）直升机降落区（直径15米空地，直径30米空域，高速公路也可以，但不能有横向飞线）；

（2）坐标（一般都是地标，可用谷歌地球查得）；

（3）标志（喷绘的或石灰现划）；

（4）路标引导（使外援能清楚地辨识去向）；

……

5. 科学调度。如：

（1）事先制定的躲避与逃生方案（去往何处——路线、场所）；

（2）救援机械优先原则，发挥其高效率优势。如：

反铲挖掘机具有很好的爬坡、排障与自行能力，要优先调入现场；实行换人不停机方式作业；注意把顺序作业转化为平行作业等。

（3）救生物资输送方案；

……

6. 信息披露机制。

应明确专人及时、准确地向媒体披露信息，有助于媒体、公众了解真相，给予积极配合。

（四）增加公共应急救援资源的配置与合理使用并举

1. 目前，我国民用（商用）航空配置直升机很少，警用开始有零星配置，直升机主要集中在部队。和平年代，参与公共事件的应急处置是检验和锻炼部队实战能力的一种方式，动用部队直升机救援正在成为常态。虽然直升机具有快速、机动等有点，但也存在一些重大制约因素：

一是易受气候、地形、海拔等的影响；

二是现行严格的空域管理体制、机制；

三是装备少、落后，而直升机工业薄弱，尚未形成有力支撑；

四是操练时间不足，熟能生巧的少。

以上因素一需增加适用性、二需改进体制与机制、三需增加资源，同时也不能把救援都维系在依靠直升机上。

2. 分流有人直升机的压力——使用无人飞行器

用可快速安装于各类直升机的外挂影像设备（本次地震我使用620万像素级的普通数码相机进行航拍和DVD级摄像，已满足空中识别地物的要求），自动记录沿程地面形迹，供各相关部门分享，可实行"一飞多用"，避免目的不同重复的飞行。

可喜的是：汶川地震后，各方进行了总结，加强了应急资源的配置和应急手段的改进，在玉树地震后，救援的队伍、方法、效率、信息共享和效果都有明显提高。

三、结语

提高应急管理水平与能力的重要的途径之一是共享事故信息，举一反三、查漏补缺，俄罗斯萨杨水电站发生特大事故后，虽然技术上俄罗斯有"自大"、"自满"问题，但一些安全方面的细节还是值得我们借鉴的：

一是安全文化——对待事故的态度和信息是开放的；

二是注重防次生灾害；

三是知道机组振动特性有短处，采用了分期转轮和划定运行分区；

四是事故调查报告内容比较细致、慎密，一个半月就公布了。

电力可靠性管理及可靠性数据应用

国家电力监管委员会电力可靠性管理中心　李　霞

一、我国电力可靠性管理发展历程

系统性的工业可靠性研究始于20世纪40年代，主要应用于军事工业、航空航天技术等一些技术密集型行业。20世纪80年代，一些发达国家大都进行了可靠性立法，遵循国际标准化组织（ISO）和国际电工委员会（IEC）的标准，制定了较为完善的国家标准，并设有国家级和行业级的可靠性中心和数据交换网络。

20世纪80年代末，在前期通讯、电子和航空等行业陆续启动可靠性工程的基础上，我国开始可靠性立法，颁布了37个可靠性国家标准和18个可靠性竣工标准。电子、军工和航空航天等行业全面开展可靠性管理，成立可靠性组织和出台了实施规划。1981年中国水利电力部颁布了有关电力系统安全稳定运行的《电力系统安全稳定导则》。1983年成立中国电机工程学会可靠性专业委员会，同年中国电工技术学会成立电工产品可靠性研究会。

1985年水电部成立了电力可靠性管理中心，开展发、输、配电设备及系统的可靠性统计以及有关标准的研究制定工作，一些大学和科研机构陆续开展了电力系统可靠性的理论研究和教学工作。20世纪80年代末至90年代初期，中国电力系统可靠性的研究和应用有了较大发展，开发了拥有自主版权的电源规划软件、发输电系统可靠性评估软件、配电系统可靠性评估软件、发电厂变电所电气主接线可靠性评估软件等，并在中国三峡电站、三峡电力系统、东北电力系统等应用。这些工作进展同时推动了电力规划、设计、研究和制造部门在系统规划和工程设计中开始进行可靠性评估。

电力可靠性管理中心的成立以及以后的电力可靠性指标发布，标志着我国电力工业安全生产管理和可靠性管理的初步结合。目前我国的电力可靠性管理主要在于继续有效地拓展电力可靠性管理领域；研究制订适应新的电力体制和技术要求的可靠性标准；研究和推广适应新环境、新体制的可靠性理论、技术与方法；进一步推动对可靠性信息分析和应用水平的提高；继续积极探索市场经济环境中的电力可靠性监督与管理新模式，致力于推动我国电力安全可靠运行水平的提高。

电力可靠性管理方法和指标体系作为电力企业生产全过程质量管理和安全管理的一个重要的科学手段和不可缺少的内容，在电力企业逐步得到应用，标志着电力安全管理工作向现代化、科学化迈进的从定性到定量管理的飞跃。电力可靠性管理工作开展二十多年来，不仅很好地适应了我国电力工业发展过程中每一次变化和改革，在改革中不断强化和完善自身的管理体系和能力，还指导电力企业在安全生产管理中，科学地运用电力可靠性管理中的各项指标，分析、评价电力设备的制造质量、安装质量、运行质量和管理水平，指导电力制造企业研究提高发供电设备的制造质量，加深和改进对电力安全生产管理、设备运行管理规律性的认识，帮助电力企业创造了良好的业绩，保障了稳定的电力安全生产局面。

二、20多年来，我国电力可靠性管理工作取得了丰硕成果

20多年来，电力可靠性管理工作坚持"适应市场机制，加强自身发展，服务生产管理"的宗旨，在全国电力行业各级领导和有关部门的关心支持下，在全体可靠性工作者的共同努力下，开展了卓有成效的监管和服务工作，取得了丰硕的成果。

（一）电力可靠性管理步入法制化轨道。2007年5月10日，由可靠性中心组织制定的《电力可靠性监督管理办法》作为电监会24号主席令，正式签发实施，为开展电力可靠性监督管理工作提供了法规依据，标志着电力可靠性管理工作由单纯的行业自律管理迈向了行业监督管理和自律管理相结合的新阶段。

（二）电力可靠性管理加快标准化进程。多年来，可靠性中心和电力

可靠性管理标准化管理委员会积极有效开展各项工作,《发电设备可靠性评价规程》、《输变电设施可靠性评价规程》、《供电系统用户供电可靠性评价规程》、《直流输电系统可靠性评价规程》、《电力可靠性基本名词术语》、《燃汽轮机发电设备可靠性评价规程(试行)》、《风力发电设备可靠性评价规程(试行)》、《输变电设施可靠性评价规程实施细则》等各类可靠性统计与评价办法陆续颁布。这些标准的颁布和下发,极大地推进了我国电力可靠性管理工作的标准化进程。

(三)充分发挥可靠性信息优势,实现数据资源全社会共享。20多年来,可靠性管理中心以保证数据的"准确、及时、完整"为目标,积极有效地开展了基础数据的采集、统计、分析和发布工作。截至目前,已集中了全国火电100兆瓦、水电40兆瓦及以上容量发电机组的运行可靠性数据,火电200兆瓦及以上容量机组主要辅助设备的运行可靠性数据,全国220千伏及以上电压等级输变电设施的运行可靠性数据,全国城市用户的供电可靠性数据,部分县级供电企业用户的供电可靠性数据,全国直流输电系统的运行可靠性数据。自1994年起,连续17年成功举办电力可靠性指标发布会。其间还出版各类可靠性管理资料200多期,系统全面地分析、记录了我国电力系统及设备每年的运行状况和存在问题,及时公布和反馈了各类可靠性信息和技术动态,使多年积累的大量可靠性数据资源实现了全社会共享,为电力企业安全生产、提高管理水平和竞争力,提供了有效服务,起到了积极的推进作用。

(四)电力系统运行可靠性水平稳步提高。20多年来,通过强化可靠性管理,全行业共同努力,我国的发电设备、输变电设施、用户供电的可靠性水平均有大幅度提高。1988到2009年的20多年间,我国100兆瓦容量等级以上火电机组的平均等效可用系数从80.70%提高到92.90%,增加约12.20个百分点,每台机组年均非计划停运次数从8.24次下降到0.66次。

1991年到2009年的19年间,我国城市用户供电可靠率(RS1)由98.898%上升到99.896%,相当于用户年均停电时间由96.55小时下降到9.11小时。同期电网中的各类输变电设施的可靠性水平也有大幅提高。这

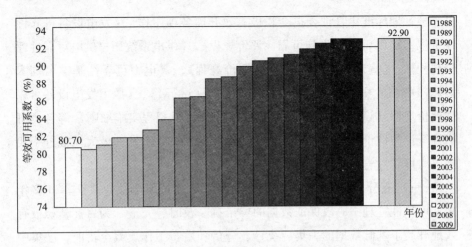

100兆瓦容量等级以上火电机组等效可用系数变化趋势图

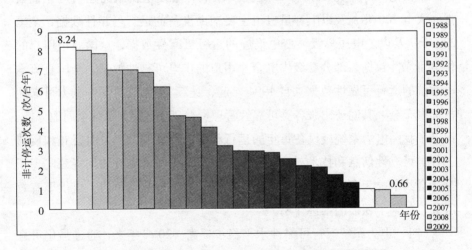

100兆瓦容量等级以上火电机组非计划停运次数变化趋势图

一切，不仅为电力企业创造了巨大的经济效益，而且为保证电网安全运行和提高供电质量发挥了重要作用，实现了社会效益和经济效益双丰收。

（五）电力可靠性评价工作有效开展。电力可靠性评价是利用可靠性科学的方法和积累的数据，对电力系统进行科学、量化的评价。为了进一步深入开展可靠性技术和可靠性数据的应用，不断提高电力安全生产水平，2006年电监会开始着手制定电力可靠性评价办法，开展电力可靠性评价工作。2007年以来，电监会已经连续4年在全国开展300兆瓦、600兆

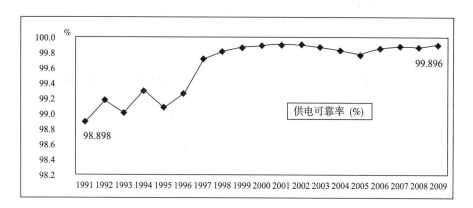

我国城市 10 千伏用户供电可靠率变化趋势图

瓦两个容量等级的火力发电机组可靠性评价活动，一共评价产生 80 台火力发电可靠性金牌机组。这些机组很好地满足了所在电网对发电机组可靠性的要求，对提升全国火电机组的运行管理水平和对电网提供更好供电保障起到了积极的示范作用。

2010 年初，按照新颁布的《供电企业可靠性评价实施办法（试行）》，电监会又组织开展了 2009 年度供电企业可靠性评价工作，评价产生 5 个供电可靠性 A 级金牌企业，15 个供电可靠性 B 级金牌企业。这些企业的供电可靠率和管理水平在全国都处于领先地位，是全国供电企业的表率。这些供电可靠性金牌企业的示范作用，必将对改善用户供电质量、提升供电服务能力、确保电力系统安全稳定运行起到积极的促进作用。

20 多年来，我国电力可靠性管理工作作为电力安全管理的重要基础性工作，作为提升电力企业管理水平和设备健康水平的科学管理方法，经历了从无到有、从小到大、从吸收到消化并屡屡创新的探索过程，为我国电力安全生产形势的持续好转奠定了坚实基础。我们期待着与各级电力企业一起，齐心协力，切实做好电力可靠性监督管理各项工作，确保我国电力系统安全稳定运行和电力的可靠供应，为经济发展和社会和谐稳定做出应有的贡献！

安全生产大家谈

电力生产企业人因事故的分析与控制

中国华电集团公司　郭召松

一、前言

安全生产事故使企业遭受损失、给家庭造成悲剧、给社会造成负担！作为一名多年工作在安全监督管理岗位上的发电集团安监处长，在现场亲眼目睹了太多的安全生产事故，每当我看到一个个惨不忍睹的事故现场的时候，每当我听到事故导致生死离别、撕心裂肺的哭喊声的时候，每当我看到年幼的孩子失去父亲、年老体弱的老人失去依靠的时候，心里难受的同时，也久久不能平静，总在思考这些事故是否可以避免！

调查结果显示多数事故都是由于人的因素造成的！因此，作为电力安全生产管理工作者探求人因事故的原因、形成机理、以及采取有效措施避免事故的发生是义不容辞的职责！

（一）安全的概念

安全，泛指没有危险、不出事故的状态。它的基本含义包括两个方面：预知危险和消除危险，二者缺一不可。

我不知道大家是怎样理解安全这个词的涵义的，但我知道安全对于一个电力生产企业工作者来说是多么的重要。安全就是生命，安全就是幸福，安全就是效益。

（二）人因事故造成的伤亡数字

国际劳工组织（ILO）最新数据：全世界每年因事故死亡人数达到200余万，是每年全球战争死亡人数的3倍。平均每7秒死1人，每分钟死8

人,每小时死 500 多人,每 1 天死 6000 多人,相当于每天一次美国"9·11"大灾难。

结论:事故是除了战争、瘟疫以外的人类大敌。

(三) 事故的经济损失

事故经济损失占企业成本的比例,各工业国家最低为 3%,最高达到 8% 以上,甚至超过很多行业的平均利润率。

英国安全卫生执行委员会(HSE)的数据:5% – 10%。

全美安全理事会(NSC)调查数据:企业在安全管理上每投入 1 美元,平均可以减少 8.5 美元的事故成本。

在我国:平均每年发生事故超过 100 万起!死亡十三万多人!伤残 70 多万人!直接经济损失超过 2500 亿元人民币!

(四) 电力生产高风险性

众所周知,电力生产企业行业特点决定了我们从事的是一个高风险企业,在工作过程的任何一个环节出现任何疏忽,都可能造成致命的伤害,甚至出现电网崩溃引发社会动荡。

(五) 人因事故的比例

据统计,在我们电力企业由于人的原因引起的事故,高达 80% 以上(具体比例因行业、工种等不同);而人因事故中由临时工、农民工引起的比例又达 90% 以上。

二、人因事故概念及发生机理

(一) 人因事故概念

1. 国际观点:国际上众多学者认为,人因事故是人们因为自身科学知识、经验的局限,在生产或生活中,为了自身的利益,做出违背客观规律的不安全行为,这种人为的失误诱发了危险物质或能量载体爆发的意外事件。

2. 我的观点：在人们生产或生活过程中，由于知识、能力的不足和局限或者心理因素等原因，为了追求某些利益，故意或非故意地致使人的行为直接或间接地违背客观规律而导致的事故。

（二）电力生产企业人员素质现状

我们在分析现在电力生产企业安全生产事故时不难发现，由于一个时期以来，我国电力工业尤其是发电行业突飞猛进发展！导致人员素质与行业的快速扩张不相适应，尤其是电力生产企业中大量采用临时工和农民工，他们的从业素质普遍较低，安全防护意识淡薄，违章作业、违反劳动纪律等"三违"现象严重，这给企业安全生产管理带来巨大压力。

在对我们某家发电企业512名员工的问卷调查（见下表）时，发现该企业员工文化、技术素质偏低，安全知识缺乏，安全意识不足，违章作业现象还很多，各种不健康心理因素普遍存在，因此导致此单位安全生产状况长时间不能稳定，事故时常发生。

调查项目	认可人数所占比例
1. 设备可靠性程度高	84.7%
2. 工作环境比较安全	74.2%
3. 有简单易懂的安全指南	72.3%
4. 对人身安全和健康担忧	69.0%
5. 每个人必须参加安全方面的会议或培训	66.5%
6. 自己觉得安全知识、技能不足，需要学习	84.9%
7. 有时没有严格遵守操作规程	66.9%
8. 最需要加强教育，提高操作人员的安全意识和制定更严格更可行的操作规程	71.4%

(三) 事故类型分析

根据某一年的统计数据，在发、供电单位死亡的 136 人中，由于不严格执行安全工作规程，违章指挥、违章操作或装置性违章引起的人身死亡有 112 人，占死亡人数的 80.4%。除违反规程制度、违章工作外，因为设备装置缺陷、工作人员安全技措欠缺或业务技能差等原因引起的人身死亡事故明显较多。

下面来列举几个主要由人为因素造成的伤亡事故：

1. 事故简述：某发电厂检修人员在处理风扇磨分离器堵塞工作时，安全意识不强，无票作业，在没有采取与系统隔断措施情况下进行工作，锅炉运行中发生正压，导致分离器煤粉爆燃，造成在分离器工作的人员烧伤致一人死亡，一人重伤事故。

事故原因：(1) 严格违反《电业安全工作规程》的要求 (2) 安全意识淡薄

2. 事故简述：X 变电站站内设备有大的电弧火花，维操人员到该站查看设备情况并测温。操作人员到现场后超越职责范围，在未分工又无人监护下，无视爬梯上的"禁止攀登、高压危险"警告禁止牌，盲目攀爬上 110kVX 线 508 断路器出线穿墙套管检修平台，靠近带电的高压设备进行红外线测温，以致被电弧严重烧伤。

事故原因：(1) 职工自我保护意识不强。自我保护意识不够。(2) 操作人员违章操作。

3. 事故简述：某发电厂燃料运行工张某在上煤工作中违反安全工作规程，在没有得到批准且无人监护、没有采取必要的安全措施情况下，私自进入原煤斗捅煤，由于原煤塌方造成窒息死亡。

事故原因：燃料运行工人张某在工作中违章作业是造成这起死亡事故的主要原因。

4. 事故简述：2006 年 7 月 4 日，某火电建设公司在某火电厂扩建工程中，在拆卸一台 60 吨龙门吊的准备阶段时，龙门吊倒塌，造成 7 人死亡、9 人受伤。

事故原因：事故的直接原因是作业人员违章作业，提前拆除了龙门吊主梁与刚性腿连接螺栓，导致龙门吊失稳，支腿偏斜而坍塌。该事故认定为责任事故。

上面的这些事故主要是由人为因素造成的，这些事故给人民生命和国家财产造成了重大的损失，同时，也反映出事故单位在安全管理、安全教育、安全技术培训和事故应急管理等方面存在的严重不足以及安全责任制没有做到层层落实，安全管理出现缺位等问题。

大量的事实数据以及理论证明，人为因素是事故发生的主要影响因素，特别是安全意识淡薄，技能素质低下的从业人员更是可以称作是一个动态的危险源。但是这些从业人员也是事故中最大的受害者，尤其是临时工和外包工，所以我们必须关爱他们！对其加强安全教育，不能放任自流，更不能以包代管，努力提高他们的安全意识和技能素质，从而可以大大的减少和杜绝事故的发生。

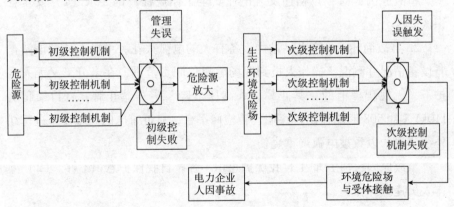

（四）电力生产企业人因事故发生的机理

我们由上图可以看出人为触发因素是电力生产系统中电力生产人员的直接或间接的不安全行为，使电力生产系统环境危险场受人为的直接或间接触发而导致人因事故的发生。

所以要预防人因事故时不但要防止初级控制机制和次级控制机制失效，更要防止人的不安全行为，因为人的不安全行为是导致人因事故爆发的最直接因素,也是距离人因事故的爆发最近、最容易受到伤害的一环。

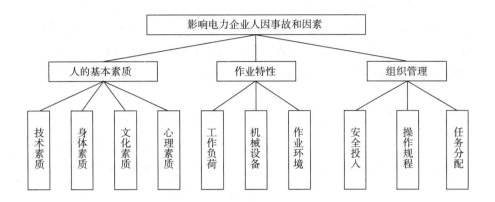

三、电力生产人因事故原因分析

由上图可以很清楚的看出影响电力生产企业人因事故发生有以下三个方面的因素:

✲ 人的基本素质

✲ 作业特性

✲ 组织管理

(一) 人的基本素质

1. 技术素质——技术素质指员工对先进电力生产安全生产知识和技术的掌握能力以及实际的操作能力。

2. 身体素质——身体素质指员工的反应速度,手脚灵敏程度以及视力、体力等能否适应工作需要,也包括工人的健康状况、疲劳状况。

3. 文化程度——有些电力生产企业员工的文化程度水平低,缺乏科学文化知识,理解能力差。他们对电力生产安全工作的认识不够,不能正确理解有关规定,无意识地违反安全规程;缺乏工作责任心和政治责任感,缺乏纪律观念,有的甚至不会判断危险而进行不安全作业,出现人为失误,导致电力事故。

4. 对事物的客观认识——有些员工由于长期单调乏味的工作而感到厌倦，容易出现侥幸、麻痹和冒险等心理，行动上违反电力企业安全操作，出现人为失误。也可能因人际关系、家庭纠纷等令人烦恼的事情焦躁不安，意志消沉，情绪低落，甚至失去控制情绪的能力，导致电力生产事故的发生。有心理障碍的人就变得急躁、烦躁或过度紧张、过度兴奋，对客观事物不能正确认识，容易出现人为失误导致事故。

（二）作业特性

1. 工作负荷——可能由于工作量过大，劳动强度大，员工的体能负荷比较大，工作时间长，时间压力大，造成人体组织中的资源耗竭，很容易疲劳，人体疲劳时，机能下降，行为可靠性一般在 0.9 以下，比较容易出现人为失误，导致电力生产事故的发生。

2. 机械设备——在机械设备方面由于设备缺陷造成的人为失误比较常见，主要有：信号显示不够完善或噪音太大，使人看错听错信号，致使输入的信号紊乱而失误；另外，控制器的设计及布局未充分考虑人机协调关系，在操作上采用了与人的习惯相反的方法而使操作者出现失误。

3. 生产环境——影响电力安全生产的环境因素主要有温度、湿度、照明和噪声等。有关实验表明，一个人只要受到突然而来的噪声的一次干扰，就会丧失 4 秒钟的思想集中。据统计，由于噪声的影响，会使人的劳动生产率下降 10% - 50%，行为失误率也明显上升。另外，工作环境对人的工作态度、生产效率和行为产生不同程度的干扰和影响。

（三）组织管理

1. 安全投入——安全投入不够，没有进行或者局于形式地对员工进行三级安全教育培训，员工缺乏必要的岗前教育和培训，没有掌握专业技能；没有配备必要的安全设施，或者安全设施没有及时维修保养功能发生异常有没有及时更换。

2. 任务分配——在任务分配上，如果将任务难度大的分给不能胜任工作的人（比如电力生产企业的某些工种类别较其他工种容易出现失误，不应安排给没有经验、未受过专业教育培训的职工，特别是临时工人）他们与合同工、正式工相比，就更加容易出现失误，从而导致电力生产事故的发生。

3. 操作规程——就是编制正确的操作规定和程序，避免操作失误导致事故的发生。如果没有编制这样的规程，操作过程中出现的失误就会明显上升；但如果虽有操作规程，而编制不完善或没有组织人员学习领会和正确使用，仍然会导致操作失误而致使事故发生！

四、电力生产企业人因事故控制

针对以上对电力生产企业人因事故的原因分析，电力生产企业应该加强自身组织管理，加大电力生产安全投入力度，做好安全教育培训工作，努力提高员工综合素质，特别是专业技能上。此外，改善员工作业环境，完善安全操作规程，提高机械设备的可靠性，合理分配任务，采取各种有效措施预防电力人因事故的发生。具体做法有以下几个方面：

❋ 群策群力对策
❋ 岗位风险预控
❋ 电力安全教育培训
❋ 行为干预技术

（一）群策群力对策

群策群力对策的理论基础是群体动力学。所谓群体动力学是研究群体对其成员行为的影响以及群体行为规律的理论，主要是对小组行为的科学分析。一个群体所拥有的"能源"比任何个体在任何方面所拥有的"能源"要多，群体中每个个体的发展都受到所属群体的影响。开发群体动力，使参与生产的每个职工都与管理者在心理上保持同等的地位，提倡群策群力。

利用体动力学技术的方法：

1. 安全会议和电力事故调查期间，对职工群体，若给予严密的指导和解说，有助形成一些安全规则和正确的工作程序。

2. 工作安全分析，通过群体的意见和讨论来进行，一旦群体确立了相应的工作程序及规则，对每人而言，同伴压力便会起很大的作用。

3. 在工作班组中的安全目标亦可用上述方法确立，在这里群体会迫使个体实现其所确立的目标。

（二）岗位风险预控

岗位安全风险预控是以生产岗位为对象，以整体预控最佳效果为目标，运用科学的方法，对岗位作业存在和潜在的风险进行全面的识别和评价，并根据评价结果提出岗位风险控制措施，学习岗位风险知识、事故案例、法律法规、专业技能等，实现岗位风险的可控、能控和在控。

（三）电力安全教育培训

安全教育的必要性：在电力企业开展有效的安全培训教育是非常有必要的，职工中存在的问题很多，如职工文化技术素质低，缺乏安全知识和熟练的职业技能，缺乏良好的安全意识和强烈的责任感，因而违章作业、违章操作和违反劳动纪律的现象还很多，同时与电力生产和技术的发展也不相适应！

基于上面分析的人员素质现状，我们必须加大电力生产安全投入，保持电力生产企业安全工作的好传统，发挥宝贵经验作用的同时，保证做好对员工的三级安全教育培训，学习新知识、新理论，掌握先进的方法、专业的技能，拥有强烈的安全保护意识，降低工作中出现失误的概率。

突破传统培训方式，采用多媒体动画形式培训，通过软件系统进行学习、考试，也可以自我练习，自我考试，大大提高学习兴趣和学习效率。

实践漫画举例：

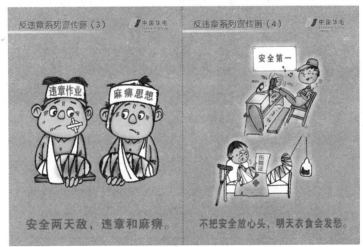

（四）行为干预技术

所谓行为干预技术是指减少或转化人的不安全行为，以达到预防事故目的的技术统称，包括技术手段干预、规章制度干预、文化干预、道德与亲情干预等。目前，在我们电力企业尚没有形成一套完整、有效、系统的行为干预技术措施。根据我国的国情及电力企业的安全生产现状，开展预防人因事故的行为干预技术研究及在电力企业的实践，势在必行。应该开展如下几方面的研究：

1. 介绍、分析国外现有的预防电力生产事故的行为干预技术原理及应用情况。

2. 结合我国经济现状、电力生产企业文化特点及职工心理状态，找到适合电力生产企业的行为干预模式。

3. 建立电力生产企业职工不安全行为数据库及开展分析评价系统的研究。

4. 开展导致电力生产事故的人的不安全行为干预原理的现场实险研究。

5. 进一步扩大实验范围，优化实验方案，得到一套完整的预防电力生产人因事故的行为干预技术方案体系。

6. 根据优化的行为干预方案体系，设计干预不安全行为的仿真培训系统。

我们电力生产企业目前实践中采取的一些有效措施举例如下：

（1）各级领导从思想上高度重视安全工作，建立健全安全生产规章制度、保证体系和监督体系。

（2）确保安全生产资金的投入，确保安全设施的完善，在设备的本质安全上要舍得投入。

（3）加强培训，提高全员安全意识、安全知识和技能。

（4）建立奖罚分明的安全生产激励机制，并严格执行。

（5）建立健全反违章制度和体系，实现全员、全过程、全方位反违章。

（6）认真开展好每项工作的危险点分析和预控工作。7、安全文化的熏陶。

这些措施的采用在一定程度起到了一定的作用，但没有系统化、规范化和制度化。

五、结语

以上我们通过对电力生产企业人因事故的分析研究，使我们对电力生产人因事故的发生机理和发生原因有了一个更加清楚和深入的认识。

　　只要我们高度重视,改变现有的不正确的安全管理观念,坚持以人为本,运用群策群力对策和岗位风险预控等措施来控制电力生产企业人因事故的发生,使我们的电力生产企业安全水平再上一个新台阶,最终提高电力企业的经济效益。

　　朋友们,每个人都"上有老,下有小,出了事故真的不得了!",生命不可逆转,安全工作千万不能掉以轻心,它不仅关系到我们个人的安危,也关系到他人的安全!我们的安全,牵挂着母亲的心,牵系着儿女的心,更是维系幸福家庭的纽带!

安全生产大家谈

　　真心期望，每一位从事电力工作的人们，在工作的时候，千万要当心，为了自己，为了家庭，为了孩子，保护好自己，杜绝一切悲剧的发生。

　　也真心希望我们的各级安全生产管理者更多地关爱在我们企业的临时工、农民工！他们也是我们的兄弟姐妹，他们的生命同样宝贵，他们也上有老下有小，同样维系和支撑着一个家庭，请关爱他们吧！

　　谢谢！

风险量化人为本　未雨绸缪防为先

吉林省电力有限公司　张　阳

尊敬的各位领导，各位同仁：

大家好！

今天我演讲的题目是：风险量化人为本，未雨绸缪防为先。

何谓"安全"？无危则安，无损则全。安，安居乐业，家中有妻儿，平安盼回家；全，全身远害，全是王道。安全对于一个人，是生命；对于一个班组，是指标；对于一个企业，是效益；对于一个国家，是发展。当我翻阅一期期安全简报时，那一组组红色的标题是如此的刺眼，那一幕幕悲剧让人触目惊心，那一次次损失让人扼腕惋惜，那些有家有爱的宁静被无情的剥夺……面对悄然陨落的生命和淋漓的鲜血，声嘶力竭的呼喊和永恒的诀别，我们不禁要问：这些是偶然？还是必然？

安全重于山，而人，是关键。

"酷烈之祸，多起于玩忽之人；盛满之功，常败于细微之事。"通过案例分析，近年来国家电网公司系统内直接由于人员违章造成的人身事故超过85%，由于人为因素，造成的电网和设备事故超过55%。这两个数字说明了什么？人的安全意识淡薄！人的习惯性违章！人的技术水平低下！人的责任落实不到位！人！人！人！还是人！

"人"的风险该如何管理？"人"的风险如何量化？"人"这个制约安全风险管理的瓶颈该如何突破？

风险量化人为本，未雨绸缪防为先！

"事故可以避免、风险可以防范"，秉承这样的指导思想，吉林省电力有限公司抓住安全风险源头，变革创新、强化责任、提升素质，推动安全风险管理由事后风险处置向事前风险防范的转变。

领导干部和安全生产管理人员安全风险评估开始了！

生产员工安全等级评定开始了！

运行人员职级评聘开始了！

评估！评定！评聘！"三评"一经提出，在公司系统掀起了巨浪，安全风险管理实现了全方位覆盖、全过程闭环。

每年一次的安规考试，每三年一次的安全行为模拟测试，每年一个周期的在岗安全表现考核，"三管齐下"辨识员工的安全风险，自觉学习、提升素质的意识更强了……

考试、测试、考核，量化的风险作为等级评定的尺度，作为实施岗位安全等级准入的核心，创造性地将员工安全素质提升与上岗准入条件相结合，使员工素质与岗位要求相符、岗位薪酬与安全风险相符，逐步建立起面向生产员工的安全风险管理新机制。

"千里之堤，溃于蚁穴"。细节之处，不能因其"小"而掉以轻心，因其"细"而疏于防范。安全工作是一项慎重、细致的工作，需要从大处着眼，小处着手，不忽视每一个细微环节，不放过每一个细小漏洞，不留下任何一个细小死角，把细节工作落实到实际行动中，安全隐患就"无处藏身"。

"三评"工作带给吉林电力人的不仅是考验，更是提高与发展。它的开展让安全管理精益化、安全考核内容标准化、安全考核项目具体化，风险管理由被动变为主动。各级人员安全责任意识在提高，安全素质在提高，企业安全管理水平在提高。现如今，在吉林省公司的各个生产作业现场，流动的"红帽子"多了，现场操作质量问题单少了；到现场进行安全监督的人多了，现场习惯性违章现象少了。

"莫道桑榆晚，微霞尚满天"。经验丰富的老师傅对安全孜孜不倦的追求与执着从未放松。

"雄关漫道真如铁，而今迈步从头越"。青年员工则在"三评"中领悟到了更多的责任与使命。

"三评"将技术、心理等因素有机结合，未雨绸缪，为"人"这一生产中最为关键的因素排除了隐患，而最终都指向了同一个目标：安全。

有了安全，我们才能以悠闲的心情漫步在斜阳西下的田野上、小河边，低声吟唱；有了安全，我们才能在攀登人生的阶梯上，放声高歌；有了安全，我们的企业才能像三春的桃李红红火火；有了安全，我们的国家才能在建设具有中国特色社会主义的大道上稳步前进。

最后，我借用一首小诗作为演讲的结束，也想以此与大家共勉：

我们怀着工作的热情来，怀着实现价值的期待

选择有时很无奈，工作岗位中，危险常常存在

忽略安全，必定挂彩，甚至会有生命被掩埋

当你走向工作岗位，肩上承担的是亲人的等待

千万要安全的回来，延续生活的精彩

生命无可替代，健康才是价值的存在

规章制度不应成为障碍，相反，恰恰是它给了你最多的关爱

事故只有对无视安全的人很青睐

所以，安全帽一定要戴，上杆更要系好安全带

领导不要把架子摆，上梁不正，下梁一定会歪

安全文化的苍天松柏，需要上下一心，共同灌溉

让我们的生活充满爱，让一线员工在工作中备受关怀

珍惜现在，共同编织美好的未来！

安全生产大家谈

人的不安全行为的成因与控制

湖南郴电国际发展股份有限公司邓家塘变电站　邓邝新

尊敬的各位领导，各位同仁：

大家好！

今天我演讲的题目是：人的不安全行为的成因与控制。

众所周知，在电力生产过程中，随时都会遇到一些不安全因素，一旦这些不安全因素失控，就必将会导致安全事故。探求事故的成因，一般可分为人的不安全行为、物的不安全状态和环境的不安全因素。但人的不安全行为是主要的，造成的事故概率也是最大的。

有数据统计表明，在工业企业发生的人员伤亡事故中，有80%的事故是与人的不安全行为有直接关系的。因此分析和探讨人的不安全行为是减少和控制事故的关键。而人的不安全行为重点体现在心理因素方面，归结起来主要有以下几种：

一是精神不集中。无论从事何种生产或者工作，精神的集中是安全生产的首要前提。曾在一次操作中，某调度员向某变电站的值班员下达"拉开318开关"的操作指令，受令的值班员复诵为"拉开328开关"，调度员竟然没听出来值班员复诵的开关编号不一致，就直接回答说"对，执行！"。而后值班员操作完后再向调度员汇报到"328开关已拉开"，调度员竟复诵成"318开关已拉开"。至此，整个误操作完成了，当事双方竟然都还没有发现对方所说的开关编号不一样。整个过程中两位操作员就像是平行的，甚至好像对方不存在，各说各的，各做各的，宛如"梦游"一般，如此的精神不集中，哪有不出事故的道理？

二是麻痹大意。长期在一个岗位上工作，或是比较容易掌握的熟练工种，会使员工熟能生巧，运作自如。这样当然对提高生产效率有好处，但同时也产生负面效应，那就是麻痹大意。比如，定期清扫二次保护屏是变电站的一项日常维护工作，运行人员因为经常从事这项工作，早已习以为常，往往不例行检查绝缘工具的完好度，就下意识拿起工具操作，结果就造成了二次回路短路故障。千篇一律的工作固然机械枯燥，但安全生产就是这样，由不得你麻痹大意。也许你曾几百次、几千次、甚至上万次的重复同一个动作，都没有造成事故，可只要有一次疏忽，就足以让你悔恨终身。

三是自我表现心理。有些人越是技术差、经验少，越要自我表现。虽然一知半解，却表现得很自信，很有把握，不懂装懂硬充好汉。曾有一次倒闸操作，操作人是位刚上岗不久的新员工，监护其操作的是一位比他工作多一年的"老员工"。在操作一个刀闸的时候，因为传动机构卡涩，拉不开，这位"老员工"就开始自我表现了。他笑着对这位新员工说："年轻人，到变电站工作光有技术还不行，还得有力气，你学着点。"说完就自己上前动手拉刀闸，结果弄了半天也没有拉开。碍于面子，这位"老员工"不但没有停止操作进行检查，反而还找来各种工具，使尽浑身解数鼓捣了一番，最终造成了刀闸三相严重错位，刀闸传动机构彻底失灵。所幸他们当时操作的刀闸并不带电，若是带电，后果将不堪想象。

四是侥幸心理。有些人在几次违章没发生事故之后，便以为永远也出不了事故了。把几次违章没出事故的偶然性和长期违章迟早要发生事故的必然性混淆。有些人就在这种侥幸思想的支配下，经常违章，直至发生事故。比如常见的进入高压和施工场所要佩戴安全帽，其目的也是为了保护在此工作人员的安全，往往工作人员就嫌麻烦，觉得戴安全帽反而会妨碍工作，不戴也没关系，只要自己注意就行。可结果往往事与愿违，因为没戴安全帽被砸伤的事故时有发生。

五是经验心理。过分相信自己经验的人，往往听不进别人的劝告，也不太容易接受新的技术和新的方法。我们常说的习惯性违章，就是经验心理的一种表现。比如不使用操作票就进行倒闸操作；不履行工作许可手续就工作；操作前不检查绝缘鞋、绝缘手套等等，因此造成的事故可谓举不胜举。要知道，不遵守安全规章制度，不按照安全操作规程进行操作，过于信赖错误的经验论，就等于拿自己的生命和幸福开玩笑！

六是逆反、好奇心理。在工作中，某些员工常常产生逆反心理："你叫我这样做，我偏那样做！"有逆反心理的人，往往气大于理，以致违章，造成事故。比如高压场所悬挂的"止步！高压危险"的标示牌，有的人就是好奇，就是要进去看一看、摸一摸，结果呢？把命送掉了。

七是人际关系。有研究资料表明，人际关系不良的车间班组，不仅生产效率低，而且更容易发生事故，而与同事关系融洽的员工，其不安全行为的发生频率较小，发生事故最少。本人在变电站工作的时候就有一个实际案例。当时在变电站值班的有老张和小黄两位员工，二人因为一些私人纠纷刚刚吵完架，双方都互不理睬。恰在这个时候有一个操作要进行，老张和小黄按照日常分工，由小黄在值班室接听调度电话，老张和另一人到高压室执行操作。操作中老张发现了一些问题，于是停止操作，上值班楼找工具。而小黄在值班室看到老张上来，因为两人互有间隙就不曾对话，老张既未告知小黄实际情况，小黄也没问，小黄见老张进了值班室，就默认为操作结束了。于是就立即向调度汇报操作结束，调度在接到错误的状态信息后，电网中执行了下一个操作，结果造成了一次电网大面积停电事故。就因为两个人的个人的矛盾直接导致了一次电网大面积停电事故，这不得不让人深思。

综合上面说的几个因素，一方面对于我们的基层工作者来说，就是要做到对号入座，及时纠正，增强责任，严于律己。另一方面对于我们的管理者来说，就是要从中寻找对策，控制和约束人的不安全行为。人的不安全行为是一种主观性的行为，它是无法完全消灭的，虽然无法完全消灭，但可以而且必须最大程度地减少它。我认为可以从以下几个方面入手。

一是学会预测。按照"安全生产，预防为主"的原则，对人的不安全行为进行全方位的预测，做到及早控制，提前预防。预测的内容可以包括其文化水平、专业技术水平、身体条件、智商等。例如，预测出某人文化水平低下，但身体很好，可是做起事来有些粗心大意，那么这种人就只能安排在一些技术相对比较简单的岗位上，尤其不能安排到控制难度大、生产工艺复杂的岗位，并且不要让他一个人单独操作。

二是懂得运用安全心理学。我们知道人的不安全行为与心理因素有很大关系，因此运用心理学来控制人的不安全行为也是种直接控制的办法。这就要求管理者要学会如何正确的运用激励机制，要学会如何与员工沟通谈心，要学会察言观色。通过掌握员工的心理活动规律，在事故发生前调节和控制操作者的心理和行为，从而将事故消灭在萌芽状态。

三是制定规范标准的制度。这一点就不多说了，关键就在于责任的落实和执行的到位与否。在制定一些规范规程的时候要尽量考虑，减少复杂多样的操作，简化程序，从而减少事故发生的可能。

四是学会引用和借鉴现代化的科学管理办法。这里我主要说一下量化管理，我们知道人的不安全行为是一种主观性的、复杂多变的行为。而量化管理的目的就是将这种主观的、多变的行为，换化成一个又一个的客观数据，形成一个数据库，制定一套运算规则，进行一系列的演算和推断，从而得出一种结论，作为控制人的不安全行为的参考数据。例如，我们可以通过采集观察某位员工，在最近一年内进行了多少次操作，其违章次数是多少，精神状态不良的日子有多少，还有员工的执行效率、技术成熟程度、与同事相处融洽程度等。最后通过综合量化分析，为此人的不安全行为的风险度提供一个参考数据，以便作出应对措施。

五是注意安全文化的引导。一个良好的安全文化氛围，不但可以逐步引导纠正人的不安全行为，还可以让员工找到归属感，能让员工把对安全工作的定位回归到人性的思考上，带着对自己、对家庭的责任感和对企业单位的使命感投入到安全生产工作中去。因此，我们在日常工作中就要注意营造一个良好的、有生机的安全文化氛围。

六是改善客观条件。主要是通过一些合理科学的设计、创造良好的作业环境、做好人为差错预防措施等手段来进行改善。比如，某些工作需要员工坐着的就尽量设计成不要让他能躺着；某些设备的安全间距，就要设计成让操作者即使想摸也摸不到。一个良好的作业环境，不但可以让员工避免出现易疲劳、精神不易集中等情况的发生，还可以有效的提高员工的工作积极性和工作效率。

总之，最大限度地减少人的不安全行为是安全管理工作中的一项长期而艰巨的任务。只有通过持之以恒的宣传教育，并在客观条件和管理方法上不断的改善和创新，才能控制和约束好人的不安全行为，从而防止事故的发生。安全生产它既是永恒的主旋律，又是平淡至极的五谷杂粮，不需要喊着口号过日子，也不需要指点江山的豪气，只要别只是把它放在耳朵里，而是放在心里，只要不是计划从明天开始做起，而是从今天做起，那就足矣！

　　谢谢各位，我的演讲完了！

在分场、班组开展安全生产立体防护

大唐长山热电厂燃运分场　李凤君

尊敬的各位领导，各位同仁：

大家好！

今天我演讲的题目是：在分场、班组开展安全生产立体防护。

早在上世纪九十年代初，电力行业就开始推行安全生产立体防护措施，但由于种种原因，该措施在实践中并没有完全得到实施，导致各类事故时有发生。我认为，在当今市场经济体制下，安全生产立体防护是对安全生产进行全方位、全过程安全管理的先进手段和做法，是企业进行安全生产行之有效的科学管理方法，特别是对预防人身事故起到至关重要的作用。它紧紧围绕安全生产这个中心，融安全生产责任制、组织措施、技术措施及各项指令、决定、规章制度为一体，把所有从事安全生产活动的群体按照安全生产立体防护体系定位划分为六个体系：指挥（保证）体系、执行体系、服务体系、监督体系、控制体系、反馈体系六个方面（分为上、下、左、右、前、后）。党、政、工、团各级人员都能在安全立体防护中找到自己的位置，各尽其责的对安全生产实施立体防护，真正实现本质安全。（口述：大唐公司今年安全目标是实现本质安全，本质安全强调人、机、环的和谐统一，达到四个效果：人员无伤害，设备无缺陷，系统无故障，管理无漏洞）。

安全生产立体防护的具体措施：

一、上：指挥（保证）体系

主要对象是领导和生产管理人员，强调指挥和决策功能，体现调节作用。各级安全第一责任者必须做到对安全工作全面负责，对安全生产中的重大问题亲自组织、亲自过问。

分场主任是分场安全第一责任者，对安全工作负全面领导责任，安全工作成果是考核分场干部业绩的主要内容。分场主任对分场干部及班组长要坚持从严要求、从严管理。要支持安全监督人员的工作，充分发挥安全网作用，经常指导、检查班组安全管理。对安全监察人员提出的威胁人身和设备安全运行的问题要及时落实解决。分场主任每周要听取安监人员一次工作汇报，研究安全生产存在的问题，并决定处理意见和措施。

分场安全立体防护措施的实施，应由分场主任、生产管理人员组成的安全保证体系负责实施。分场安全员和安全网负责监督、检查，包括党支部书记、工会主席及其他管理人员都要参与监督、检查。分场领导要正确处理好安全与效益、质量、速度及多种经营的关系。积极在分场内部各个班组中推行安全立体防护，提高职工自我防护能力。

二、下：执行体系

主要对象是指一线生产员工，强调执行和操作功能。一线员工安全立体防护尤为重要，事故都出在一线员工身边，特别是人身伤害（口述：我厂1990年7月28日由于职工违章操作，造成一名临时工人死亡。1991年1月20日，一名职工违章操作造成截肢事故。两起事故后我深受感触，体会到安全立体防护应在各级人群中实施）。一线作业人员要认真执行各项规章制度，开展以防止人身事故为中心的"四不伤害"活动。强化安全管理要达到分场无轻伤和障碍，班组无人身未随和异常，个人无差错和失误。针对分场职工的素质状况，对其进行系统的安全技术培训。新入厂的职工必须经过三级教育，培训上岗后，要做到听从指挥、虚心学习。

三、左：服务体系

主要对象是分场党、工、团及分场管理人员。强调参与和服务功能，体现全分场党、政、工、团一盘棋，齐抓共管。发挥思想政治工作优势，使党群工作的效果体现在安全生产中。评价干部的工作如何，要视其在安全工作上做了什么，效果如何。如果由于思想政治工作不力，党、政、工领导班子工作不协调，有效的各项规章制度得不到贯彻、落实，导致事故发生，党群工作的领导要主动承担其领导责任。工会要定期组织职工代表讨论、研究安全劳动保护技术设施的完备和使用落实情况，以及职业危害所造成的后果。发现问题及时向厂工会及有关领导提出整改意见。

四、右：监督体系

主要对象是分场安全员和分场安全网，强调监察和监督功能。体现专业管理和监督管理相结合，要求令行禁止、一丝不苟、严肃认真，实行标准化安全管理，健全分场安全网。（口述：作为安监人员要有一张婆婆嘴、眼尖、腿勤……，讲究激励机制，国家安监总局……）具体实施工作由分场安全员、班组安全员负责组织进行，处理重大问题经过主任同意，真正体现出监督体系和保证体系相辅相成，监督管理和生产管理相互结合。分场和班组的安监人员不仅要敢抓、敢管，实施有效的监督、检查，更要从做好安全技术培训、安全技术教育方面下功夫，做好分场安全监督工作。分场每周分析一次本周安全情况，并提出具体要求，加强安全工作的动态管理和立体防护。对全体员工人身安全进行全方位、全过程现场安全监察。特别是较大的操作和施工工作，安全员要提前到现场，与班组长共同检查安全技术措施是否有漏洞，提出一些具体危险点分析和控制措施及要求，发现问题及时改正。

五、前：控制体系

控制体系主要对象是一线作业人员，强调到位和预防功能。要求作业人员加强监护和自我防护，一线人员要做到明确工作任务和操作方法，明确安全和质量要求，明确作业危险点和控制措施，做到四不伤害：不伤害自己，不伤害他人，不被他人伤害，不让他人受伤害。（口述：为什么电力行业又加一个不让他人受伤害，就是为了工作人员相互提醒、相互监督。大唐公司提出三讲一落实，讲任务、讲风险、讲措施，落实措施——关键在于现场落实。我厂今年3月份实现安全生产8周年……）

六、后：反馈体系

主要对象也是一线员工和班组长，强调借鉴功能，起到预防完善和提高作用。要求每次完成任务后，总结经验教训，特别是执行安全规程方面，对存在的问题制定出今后工作的预防措施，对工作中存在和发现的问题及时向分场主任汇报，以便分场主任作出决策，处理解决。

实施安全立体防护，六个体系应该有机结合。指挥（保证）体系是根本，执行体系是关键，服务体系是基础，监督体系是保障，控制体系是前提，反馈体系是依据。通过这六个方面有机结合，同时协调动作，发挥安全管理整体功能。虽然现在安全立体防护在电力行业还没有全面实施，制度还没有健全，我相信不远的将来在我们电力行业各大集团公司会率先推广安全立体防护的，来为企业安全生产奠定坚实基础。

谢谢大家！

欢迎各位到吉林长山厂做客！

安全管理 以人为本

国家电网直流建设分公司 经翔飞

尊敬的各位领导，各位同仁：

大家好！

今天我演讲的题目是：安全管理，以人为本。

安全生产是一种生产状态，更是对社会、对企业、对自己的一份责任。在设备、环境和人这三个决定安全生产的因素中，人的因素至关重要。据有关资料表明，90%的电力事故是由人的不安全行为造成的，许多事故发生的原因，表面上看来是设备因素，但追究该设备的各个管理环节，一般都与人的因素有关，只是有直接原因与间接原因的区别而已。由此可见，只有活生生的人，才是扮演电力生产过程安全或事故这幕喜剧或悲剧的主要演员，因此，安全生产的定位必须要遵循以人为本的科学发展观点，帮助员工树立安全意识和保证安全生产的能力，使安全工作深入以人为本的管理轨道。

什么叫以人为本管理？首先我们先从"人性"上去分析：人需要安全，只有安全才能保证人类的基本生存权利；人需要金钱，它可以获得更高的物质生活；人需要机会，表现能力的机会，向上发展的机会；人需要求知，求得更多的知识与经验，可以向上发展；人需要鼓励，在工作有所表现的时候，能得到适当的鼓励；人需要支持，在工作不顺的时候，能够得到帮助；人需要休息，因为人不是机器；人需要朋友，工作伙伴可以坦诚相待相互交流；人需要压力，适当的压力能让人在事业上出成果；人需要健康，不仅要注重身体的健康，还要注重心理的健康；人需要信息，多样化的信息能够激发灵感，跟上时代脚步；人需要信任，合理的授权能够让员工有被信任的感觉；人需要自由，自由能使人精神愉悦，束缚让人感到压抑……当然,还有许多其他人性的需求。总之,只有员工的个人需求受到了尊重,他们才会真正感到被重视、被激励,做事情才会真正发自内心,甘心情愿为企业的兴旺赴汤蹈火。

但人是由动物进化而来的,有他的自然属性,他本能地存在着"自私"的表现,强调最大限度地满足自己的欲望,不愿意接受"不利于"自己的外来因素的干预,以满足自己无原则的自尊。

我曾参加一个安全生产的讨论会,会上我对电力生产安全管理方面谈了自己的看法和见解,强调了不安全问题的出现主要原因在人,在管理者。纵观电力生产大大小小安全事故的发生,哪一件不是与安全管理有关。比如说违章指挥;安全知识培训走过场;工作分配不合理;执行制度不严谨;享受待遇不平等;关心员工身心健康不到位等。这些看起来是小事,但日积月累就变成了安全生产重大隐患,不但挫伤了员工安全生产的积极性,也制约了安全生产的良性循环。究其原因就是企业没有根据人的需求进行以人为本管理。

我话讲完后,参加讨论会的员工纷纷发言,他们分析了安全生产现状,查找发生不安全现象的原因,希望企业能在以人为本管理上创造一片蓝天。但也有个别员工把以人为本管理当成自己违反规章制度的借口,指责领导对待员工一副铁面孔,处理问题一副铁心肠,甚至还把自己工作中出现纰漏受到领导批评说成是领导有意与自己过不去。听后我感到震惊,也让我认识到以人为本安全管理是一把双刃剑,当企业不能科学地使用这一武器时,把工作积极性和热情很好地引导到保证安全、创造效益的关键环节上,以人为本管理就很可能沦为人情管理,甚至碍于"以人为本"的幌子,不敢管理,更不能果敢地纠正管理中的问题,最终深陷泥潭,得不偿失。

的确是有这样的管理者,他们真的心肠很好,对个别员工的违章行为视而不见或尽量大事化小,小事化了。但员工未必能体会,因为每个人的立场、观点、经历和价值观不同,最后肯定是有人钻了空子,而这些管理者们片面从"以人为本"出发,不对此类行为予以惩处,最终钻空子的人越来越多,结果演变成事故,使企业蒙受更大的损失。

其实人的自然属性有善恶两面，在以人为本扬善的同时，必须通过制度化来惩恶保善，以人为本如果没有制度制约，就成了放任和放纵了。我们强调自觉，可现实中没有绝对的自觉，所有自觉都来自于对强制的习惯和升华。所以以人为本管理，并不是靠人性来管理，而是在作好管理的基础上以人性来强化，并提升管理的效果。以人为本管理必须是建立在制度的制定和执行的基础上的，如果在管理过程中，渗入过多人的主观意志，以人为本管理的实质就会受到破坏。唯有建立在制度上的管理才能实现真正的以人为本，也才能让员工合理地享受相对的自由。

怎样才能做好以人为本管理，大家可能都看过电视科教片"动物世界"，母狮对小狮子无微不至，舍身相护，但也勇于齿爪相向，甚至残酷冷漠，一切都为了让小狮子成为真正的强者。母狮育子之道体现的正是以人为本管理的实质：以实现员工在企业内的最大价值为目标，以企业和员工的利益为基础，以高质量的执行力为保障，以有效的控制为前提；以人为本管理绝不是放任管理，不是人情管理，不是口号管理，必要时是一种更严格的管理。有成长为狮子王的小狮子，也有夭折在草原上的小狮子。母狮的工作是艰辛的，企业实行以人为本管理同样充满挑战。因此，安全生产中的以人为本管理，就应该像母狮育子那样，既有关爱又有严厉；既能最大限度地实现员工的自我价值，又有严肃认真，铁面无私的管理态度。我认为做好安全生产的以人为本管理，应在以下几点上开展工作。

一、安全生产的以人为本管理，必须符合"人性"的需要

安全生产是电力企业的生命线，而安全生产工作的重点在管理，管理的重点在人，人是有属性的，在管理上必须符合"人性"的需要。我以为，以人为本管理的内涵体现在尊重员工的需求、关爱员工的健康、关心员工的生活、激励员工的热情四个方面。在实际工作中我们不妨推行安全事故积分管理制度，把员工的一般性违章、严重性违章、蓄意性违章以及造成后果的事故区别对待。对一般违章或严重违章而未造成后果者，以10~100分不同的分值予以量化记分。一年内如果个人积分累计达到50分，违章员工就得自缴安全培训费1000元，停工培训三天；个人积分累计达到

100分者，就只能按规定下岗3个月；对蓄意违章或造成后果者按有关安全生产奖惩规定严肃处理。这样既做到了严格惩处，又以人为本，体现了教育为主、处罚为辅的人本原则，从而将以人为本管理融入企业管理制度中，更好地激发员工的潜在动力。

二、安全生产的以人为本管理，必须强化制度的约束

强调安全生产中的以人为本管理，决不是说安全生产的各种规章制度可有可无、无足轻重，更不是说各种制度在建立健全和贯彻执行中可以形同虚设、敷衍了事，否则就会陷入认识上的误区。安全生产中只有通过完善的安全管理制度约束人的行为并通过人的主观能动性，采取行之有效的防范措施，才能铺就安全生产的坦途。靠法律、靠制度、靠科学技术，形成一套科学的安全生产常态运行机制，用制度启动安全管理的各个环节，使安全管理向深层次拓展，企业这部大机器才能安全有序地运转。所以，严格执行安全管理规章制度与以人为本管理完全是一致的，两者之间丝毫不存在实质上的冲突。"严格"两字，重在一个"格"字，这里的"格"，就是各种法律法规和规章制度，只要你在执行过程中不出这个"格"，那么在安全管理过程中如何"严"，对你来说所做的一切都是值得充分肯定的。过去有一句话叫做"严是爱，松是害"，对于说明安全生产过程中严格管理与以人为本管理之间的关系，是最恰当的解释。

三、安全生产中的以人为本管理，必须要靠员工队伍素质来支持

员工是安全生产工作中的具体管理者和执行者，而人的素质高低直接关系管理过程和生产过程能否顺利进行。有些企业不免有这样的员工，制定工作计划简单粗放；安排工作内容缺乏周密；到了工作现场走马观花；干起工作仅凭经验，不守章法；出现问题欺上瞒下，不接受教训，所有这些都制约了安全生产的良性发展。因此，我们必须打造一支业务技术一流，具有高度的组织纪律性和遵章守纪观念，同时还要具备良好的思想政治素质的员工队伍，才能筑起一道坚不可摧的安全防线，安全生产的以人

为本管理才能事半功倍。

而要造就一支一流的员工队伍，必须要在各项工作中下功夫。一是注重员工队伍的思想建设。通过组织员工学习党的方针、政策，教育员工热爱党、热爱国家、热爱企业，从而在工作中树立强烈的主人翁意识，激发员工的工作积极性，使员工气顺心悦。二是要教育员工树立良好的职业道德，把做好每一项工作和完成每一个生产环节当做自己的事情而尽职尽责，对工作中的不尽职行为要进行分析解剖，针对出现的问题进行教育。三是要树立员工良好的遵章守纪观念，把服从指挥按章办事当做保障自己和他人不受伤害的重要屏障，从而在思想上、行动上服从领导的正确指挥和指导。四是要提高员工队伍的业务技能，将对员工的培训工作落到实处，通过派人学习、请专家讲解和考核相结合，摒弃形式主义，使员工业务能力得到提高。五是要提高员工对各级干部的信任感和支持感，各级领导要通过自己良好的风范和指挥技能，真正成为员工的良师益友，成为员工安全健康和家庭幸福的守护神。只有这样，安全生产过程中的以人为本管理才能收到实效。

四、安全生产中的以人为本管理，必须要以安全文化为基础

营造良好的安全文化氛围，对增强员工的安全意识，养成良好的安全习惯，都是非常有益的，树立人本理念，倡导安全文化，需要持续地宣传和引导，严肃安全执法力度，保证安规执行的正确性。减少习惯性违章，提高员工安全意识，提高自觉性，认真剖析自己和他人在日常工作中反映在思想上或行为上的不安全动态，使员工做到作业中互相关心、互相提醒、互相监督，树立关注生命的安全意识，提倡良好的安全作业习惯，让每位员工在潜移默化中增强安全生产的责任感，营造"我要安全"的良好氛围。

安全生产以人为本管理，任重而道远。它是一种科学的管理思想，同时，也是一种踏实的管理方式，企业必须不断地学习和探索，正确运用以人为本管理手段，才能重现一片艳阳。

安全生产大家谈

安全生产要有小马过河意识

河北邯郸供电公司　薛宏磊

尊敬的各位领导，各位同仁：

大家好！

今天我演讲的题目是：安全生产要有小马过河意识。

今年全国安全生产月的主题是："安全发展，预防为主"。

首先请允许我讲述这样一个故事：一匹小马要把一袋面送给河对岸的外婆，刚走到河边，一只松鼠喊住了它，说过河很危险，它的一个伙伴脚刚挨着水，就再也没有上来；小马刚想转身回家，老黄牛又喊住了它，说河水很浅，刚到脚后跟。小马在犹豫不决的情况下，跑回家询问妈妈，后来在妈妈的解释和鼓励下，小马终于过了河完成了任务。

这个故事，体现了小马过河的科学性、合理性、实践性和发展性。我想，作为电力系统中的一员，要搞好安全生产工作，让"安全发展，预防为主"这一主题得以切实体现，我们可以把"小马过河"这个故事中体现的哲理应用到我们的日常工作中。

一是注重安全生产的科学性，即安全生产必须遵循生产的科学性和客观规律性

当小马听到松鼠耸人听闻的告诫后并没有消极逃避，在听到老黄牛毫不在乎的话语后，也没有冒险蛮干，而是在妈妈的教育下，进行了科学的分析后再去采取行动。

在这个故事中，老黄牛和松鼠分别代表着冒险蛮干和消极逃避，由于这两种思想都缺乏科学性，必然会为安全生产埋下隐患。前者虽可能提高工作进度，却又为事故的发生铺垫了温床；后者虽保证不出事故，却只能使工作停滞不前。

电力生产过程中，每一项细小工作都有它自身的科学性和客观规律性，安全生产是电力企业永恒的主题。

比如现在正在进行的"三个不发生"百日安全活动，要用科学的方法来理解就应该意识到：工作中任何不良行为，哪怕很微小，都可能导致恶性事故的发生。例如进入到设备区，没戴安全帽，可偏巧有重物落下，发生人身伤害或死亡事故就在所难免；在巡视设备时，如果不认真仔细，就不能及时发现缺陷。一个人如此，若干个人都如此，当缺陷发展到一定程度时，就可能造成大面积停电等事故。

记得有这样一起人身触电事故，某工作人员到一个比较熟悉的现场参加设备检修，既没有准确核对设备的双重编号，也没有认真检查工作现场的安全措施是否正确与完备。在未取得工作负责人的许可下，"情绪高涨"地爬上带电间隔（正确地说应该是盲目蛮干）……后果我们可想而知！

我想不会有人对安全工作规程、技术操作规范、企业规章制度有任何怀疑，因为这些都是用生命和鲜血换来的经验教训，是符合电力生产安全的科学结晶和规律总结。问题在于凡是追究发生事故的根源，无一例外的是由于违章违制造成的。正所谓"安全与守制同在，事故与违章同行"，试想，如果该工作人员能够准确核对设备的双重编号；如果能认真检查现场安全措施的正确与完备；如果能遵照负责人的工作许可，这种悲剧就一定不会发生！

"前车之辙，后车之鉴"，"前事不忘，后事之师"，在全国安全生产月中，让我们以科学的态度借鉴历史经验，必将对安全工作产生不可估量的积极作用。

二是注重安全生产的合理性，即安全生产必须认识和遵守规章制度的合理性

在电力系统的发展中，始终贯彻的是"安全第一、预防为主、综合治理"的方针。为确保安全生产，我们曾开展过一系列的活动，从"三个百分之百"到"百问百查"，再到现在的"三个不发生"百日安全活动等。每一项活动的目的，都是能够让电力员工收获更多的搞好安全工作的经验。在"三个不发生"百日活动中，我们要努力探索出更为合理的工作方法，来保证安全；在活动后，我们仍要将在活动中收获的经验应用到今后工作中，这才是开展这项活动的真谛。

从各媒体的事故报道中，不难看出，今年的安全形势严峻。应该说，安全生产我们天天喊、时时抓，管理不可谓不严，制度不可谓不全，措施不可谓不完善，奖罚不可谓不重。但为什么安全事故仍未杜绝，悲剧仍在发生呢？我想，除了责任心这个最重要的因素之外，不识规章制度的合理性、无视规章制度的存在而随心所欲，也是一个重要的人为因素。

各种规章制度都是依据该工作特定的客观规律，为避免发生事故而派生制定的，具有极强的合理性和针对性。因此，违章违制不仅仅是对规章制度的违背，其本质是违反了工作过程的合理性。

我印象比较深刻的是2009年某500千伏变电站的带接地刀复电事故，由于操作人员没有按规定对接地刀闸位置进行逐相检查（该接地刀某相未完全分开），结果就导致了事故的发生。假如操作人员认真检查，或监护人督促其逐相检查，这起事故完全是可以避免的。究其根源，就是步步违背了工作的合理性，从而导致了不合理事故的发生。

借全国安全生产月的东风，我认为在强化安全教育时，无论新老员工，都要注重提高其对规章制度合理性的认识，理解规章制度对保证安全的极端重要性，促使人人遵循规章制度，合理地进行工作。

三是注重安全生产的实践性，即安全生产必须在实践中提高和成熟

从一定意义上讲，小马过河的过程就是实践的过程。在每个人成长的过程中，都要经历从幼稚到成熟、从不懂到懂、从知其然到知其所以然的过程，这个过程，只能通过实践才能实现。

"实践是检验真理的唯一标准"，我们的一切真知都源自实践，现有的任何规程、制度、工序、工艺等等都是实践的产物。

电力系统的任何工作都有它的严谨性，在安全面前，任何轻微的不慎，也许不会立即滑入事故的深渊，但会为自己挖掘出通往事故深渊的通道。

此时，我联想到对新员工的培训，要让他们拥有更多实践的机会，在工作实践过程中，做得好，应该表扬；做得不好，也不要过多指责，而应该引导他们在反思中找到进步的方向，力争在下一次实践中增长经验。

在创建学习型企业中，我们对安全的认知也在不断升华。在实践中摸索、在实践中创新，坚持"做中学、学中做"，坚持"工作学习化、学习工作化"，坚持"以问题为师、以实践为师"。在电力生产实践中，结合新时期安全工作的特点，不断总结推出保证安全的新举措。诸如"标准化作业"、"精益化管理"、"危险源辨识与控制"，以及"一书两卡"、"两落实、三强化"、"现场作业四到位"等，为确保生产安全和确保电网安全可控、在控奠定坚实的基础。

四是注重安全生产的发展性，即安全工作必须适应时代的发展

社会在发展，时代在进步，电力系统也在知识更新的巨变中经历着各种考验，智能电网的发展，对电力生产安全提出了更高的要求。

小马过河的全过程，体现出新人成长的科学性、培养新人的合理性、在工作中实践的重要性、发展方向的正确性。电力员工要在发展的道路上成长为栋梁之材，也需要不断地经历磨炼和提高。

现实中，年轻人缺乏老师傅丰富的实践经验，老师傅知识结构不如年轻人，我们坚持"以人为本"，控制人的不安全行为，这就需要在发展中把工作经验和新生事物融合在一起。在个人得到完善的同时，不仅实现了员工生存和发展的最高价值，也为企业的进步增添了活力。

安全是一切工作的基础，我们要站在学习实践科学发展观的高度，深入探索安全生产的规律；我们要树立"一切事故都可以预防"的理念，以标准化作业把控安全，由精益化管理取代粗放型管理，使我们的安全意识具有前瞻性，使我们的安全工作与时俱进。

电力人肩负着为国民经济保驾护航、保障人民生命财产安全的责任。"安全生产，人人有责"，让我们恪守"隐患险于明火，防范胜于救灾，责任重于泰山"的信念，以紧迫的时代感、强烈的责任感，向党和人民交出一份百分之百满意的答卷！

安全生产大家谈

防范违章　把握安全

辽宁省电力有限公司　齐可兴

尊敬的各位领导，各位同仁：

大家好！

今天我演讲的题目是：防范违章，把握安全。

"有章必循、违章必究"，这是安全生产工作一贯遵循的原则，以"三铁"反"三违"也是老生常谈了。然而，在现实工作中违章现象时有发生甚至屡禁不止的严峻形势，再一次向我们敲响了安全警钟。老生常谈，仍需再谈；防范违章，势在必行！

我们所说的违章，是指在电力生产过程中，违反国家制定的有关法规、条例、指令，或违反企业制定的规程、规定的行为。违章行为，重则造成人身伤亡、电网事故，轻则给安全生产埋下隐患和祸根，所谓"祸患常积于忽微"，细节永远决定着成败。据有关资料显示：违章造成事故的概率为70%~80%；违章和轻伤、重伤死亡的比例关系为300∶29∶1，也就是说平均10次违章行为就会引发1次事故。可见违章是事故的土壤与温床，是威胁电力企业安全生产的首要"顽敌"。

虽然我们不愿意触及心底的伤痛，更不愿讨论夺去生命的牵强根据，但是为了让更多的电网人能够真切地感受到"四不伤害"的真谛，还是暂且把旧日失去同志的悲伤重新提起。

让时光回转到从前：1994年9月24日，抚顺供电公司某供电分公司配电运行班长龙某带领本班三名工人按计划为市电话局公用电话亭接220伏低压临时电源。在最后紧线和带电接引时，龙某一人登杆进行操作。由于位置不便，龙某在杆上解开安全带换位时，左手腕内侧触及裸露带电的220伏电源线接头，造成人身触电，从6米高处摔下，经抢救无效死亡……2009年

6月25日，朝阳供电公司送电工区带电班在带电的66千伏木瓦线安装防绕击避雷针作业中，身为工作票签发人的王某并非工作班成员而擅自登塔，结果因为没有与带电部位保持足够的安全距离，而发生感电，从高处坠落地面，经抢救无效死亡……

时光不可逆转，生命不会重来。如果当时现场监护人员能够尽职尽责、工作人员能够杜绝违章、现场人员能够相互关心及时制止违章行为、安全措施能够认真落实……哪怕只有一个"能够"变为现实，那么悲剧就不会发生，生命就不会远去。我们实在是有太多、太多的理由将他们留下，只是违章麻痹了我们的思想，在习以为常的"一贯做法"中，丧失掉了应有的警惕。没有安全，就可能失去生命，没有了生命，我们还能够拥有什么？

悲剧已经发生，逝者已经安息，那么生者将如何坚强？在血的教训面前，麻痹的思想应当觉醒，痛定思痛，反违章的理念必须牢固的树立。分析研究违章的根源，探求防范违章的对策，彻底杜绝一切违章现象，这是我们对那些逝去生命的告慰，也是不再让生命无辜逝去的承诺。国家电网公司刘振亚总经理曾经深刻地指出："违章就是事故之源，违章就是伤亡之源，见违章不管、不制止，长期解决不好违章问题，就是失职、失责"。多年来在电力企业的安全管理中，一直存在着"违章"与"反违章"的坚决斗争。辽宁省电力有限公司在2008年安全生产"一号"文件中明确提出"要把反违章作为预防人身和误操作事故的工作重点"，并以安监〔2008〕76号文件的形式下发了《辽宁省电力有限公司生产违章处罚规定》，反违章工作在辽宁电网内全面展开。特别是通过朝阳供电公司"6·25"人身感电死亡事故，再一次直面了违章的严重危害，辽宁省公司及时开展了为期50天的"强责任、反违章、抓整改"主题安全活动，把轰轰烈烈的全员反违章活动推向了高潮……这是辽宁电网人吸取事故教训后采取的重大举措，是"前事不忘，后事之师"的正确抉择。

人的行为是受思想意识、心理因素、固有习惯等因素影响和支配的，一个人的表面违章行为是在其不安全思想、缺乏自我保护意识和不良习惯的影响下，逐步形成的结果。它经过老师傅的"言传身教"和同志间的

"相互切磋"而逐渐壮大，代代相传；它在缺乏认识、意识淡薄、思想麻痹、侥幸心理的作用下，恣意横行，屡禁屡犯，致使各类事故层出不穷，前赴后继。违章的表现形式多种多样，仅在有关资料中明确列举出的就有206种之多。按照其性质和具体表现形式进行划分，大致可归纳为管理性违章、指挥性违章、作业性违章、装置性违章。

  防范和遏止违章，必须坚持超前控制的原则，从违章产生的源头抓起，以迹象和苗头入手打好提前量。正确分析，找准根源，关口前移，堵塞漏洞，方能取得实效。防范违章，安全管理要加强，监督体系是基础；防范违章，企业领导为榜样，基层班组是前沿；防范违章，规章制度要健全，执行落实是重点；防范违章，人员责任要明确，到岗到位是关键；防范违章，安全方针要坚持，预防为主是要点；防范违章，安全培训要搞好，提高素质是根本；防范违章，安全氛围要培育，安全习惯是保障。强化责任、健全制度、规范行为、提高素质、标本兼治、综合治理，全方位构筑起防范违章的坚固之堤。

  在我的家乡，有一条美丽的浑河由东向西从城市中间流过，宛如一条晶莹的玉带，镶嵌在抚顺的大地上。每当隆冬季节到来之时，它为南北两岸居住的人们提供了出行的方便。然而，每年的初冬和第二年的初春，经常有人的生命在薄薄的冰层下消亡。那些怀着侥幸心理的人们，只是贪图几步路的便利，就付出了生命的代价，这期间的利害得失，还用得着我们去深思吗？

  亲爱的朋友们，有了安全的你，才会有幸福的家。为了你所爱的人和所有爱你的人，请珍惜生命、防范违章、把握安全！使遵章守纪真正成为我们工作中的一种良好习惯。警钟长鸣、防患未然，努力实现"无违章企业、无违章班组、无违章人员、无违章现象"，以"零违章"保证"零事故"。让安全永远扎根在我们的心中，把违章始终控制在我们的手中。

  防范一次违章，减少一起事故；防范一次违章，保护一个生命；防范一次违章，振兴一个企业；防范一次违章，幸福一个家庭；防范所有的违章，让安全永远伴我们一路同行！

安全生产一线的捍卫者——班组安全员

国家电网成都电业局 帅 颖

尊敬的各位领导,各位同仁:

大家好!

今天我演讲的题目是:安全生产一线的捍卫者——班组安全员。科学发展作为一个现代化企业发展目标越来越被国家及人民所重视,而科学发展首先是要安全发展。对于电力企业强调安全发展,就是要强化安全生产管理和监督,有效遏制重特大安全事故。目前安全生产已经被提升到了企业文化高度甚至是政治高度,成为了一项举足轻重的历史任务。

随着各类行政、社会和舆论监督力度的进一步加大,社会对电网企业的安全生产、安全供电标准和要求也越来越高,对于安全生产的创新管理意识也越来越强。如何能有效地做到在生产过程中以人为本,从实际出发保障安全呢?答案就是,从班组入手。在电力企业中,班组是从事生产的基层单位,同时也是安全事故最可能发生的地方。要想抓好安全管理工作,就必须从班组入手。

班组安全员是班组安全管理工作一个重要的组成部分,其职能是生产第一线的安全监督者,是班组长安全工作上的参谋助手,也是生产的直接参与者,不仅要将上级下达的各项安全生产任务、命令及"三措"向全班职工传达,而且要在自己的工作中去认真落实,并协助组织好班组安全活动,严格贯彻《安规》"两票"及各项安全制度,纠正违章违纪行为。总的来说,班组安全员不仅履行现场安全监督职责,还承担着安全管理、服务、指导等多重职责。

回顾往昔,安全事故均发生在生产一线,班组安全员本身是生产一线的工人,对工作环境、设备运行情况及每个班组成员的特点十分了解。生产现场一旦出现事故苗头、不安全因素和违规现象，只要班组安全员严格履行职责，充分发挥自己的作用，敢说敢管，及时制止、处理、汇报，就能把安全事故的苗头消灭在萌芽中，所以班组安全员是安全生产系统中一个不可忽视的环节。

但目前由于诸多原因，导致班组安全员不能充分发挥出其应有的作用，安全发展存在隐患。如：

（1）在电力企业中，班组安全员从班组获得安全信息，然后协助班组长制定安全管理决策，并监督检查班组员工贯彻实施，安全员受班组长的管理，有职无权，同时安监部门的存在，使班组安全员的作用不能充分发挥，有时对安全问题关注欠佳，认为管与不管，做多做少一个样。

（2）一线班组普遍存在生产任务繁重、人员匮乏的问题，大多数班组安全员都是生产骨干，日常生产事务十分繁忙，尤其是生产任务紧张时更是如此，而通常此时恰是最需要安全监督的时候。如此反复，安全员的作用没有得到发挥，基层安全监督体系不能正常运作。

（3）安全员队伍自身素质不高。

（4）缺乏相应的激励机制和考核机制。

如何在保证企业安全生产的前提下，强化班组安全员职能，实现安全管理的标准化和有效性？引进先进的安全理论，提高自身行为安全和管理水平，成为电力工作者目前迫切需要解决的问题。

杜邦公司作为全世界"最安全的企业"，拥有深厚的文化积淀和出色的安全业绩，在企业安全管理理念上，有很多值得我们吸收和借鉴的先进之处。通过200多年的发展，杜邦已经形成了全员参加的安全管理文化。在以人为本、尊重科学的现代化工业安全管理中，杜邦公司实现了有效的人性化管理，创造了令人瞩目的安全业绩。

对于杜邦在工业安全方面的卓越表现，杜邦人归功于严格遵守的核心价值体系。在该体系中，安全居于首要的位置，充分体现出以人为本的安全管理理念，认为人的生命是第一位的，所有的安全事故都可以预防，同时将安全目标作为公司战略的构成部分。这与国网公司"安全第一，预防为主"的基本方针是相一致的。从电力行业发生的事故来看，很多事故都是由于职工违反安全工作规程、违章操作或违章作业造成的，如果班组安全员能够充分发挥其基层监督作用，事故是完全可以避免的。这点与杜邦核心理念"一切事故都是可以避免的"是相契合的，因此将杜邦管理模式应用在班组安全体系上及班组安全员职能规范上是一项可信、可行、必行的工作任务。

根据杜邦经验及在生产现场检查中发现的问题，我们在以下几个方面对班组安全员职能规范进行改进：

首先，杜邦安全管理组织结构是采用直线安全管理方式，从管理架构上充分体现了公司所强调的"谁主管、谁负责"的原则，我们要想做好安全生产工作，必须健全电力企业安全生产管理体制，切实抓好落实，建立安全直线组织，形成从上到下均对安全直接负责的一个结构主体。电力企业的安监部门是一个独立的专门行使安全监督的部门，要使班组安全员充分发挥其应有的作用，我们建议将安全员隶属安监部门直接领导。一方面，安监科可以对班组安全员的工作进行指导和掌握，班组安全员自身更容易得到提高；另一方面，班组安全员的身份更加特殊，行使权力时就会更加到位。

其次，要充分发挥安全员的监督和保障作用。班组安全员作为生产部门安全体系中重要环节，要在班组中做到及时检查、及时发现、及时整改，坚持"有规必依、违章必纠"，充分发挥安全监督及职能部门的作用。我在公司听说这样一件事，有个基层班组的安全员，管理认真细致，对于违章违纪现象，敢于较真，勇于深挖，引起了个别员工不满，到处说他喜欢吹毛求疵，没事找茬，引起了一些不明真相同事的误解和冷落，使得这位安全员非常苦恼。"吹毛求疵"是个贬义词，但其实，作为基层安全员，在日常工作中反而应该"吹毛求疵"，找出人们习以为常、视而不见的危险因素，将安全管理抓到细微之处，随时发现、纠正被掩盖着的不足和缺点，才能不断提高安全水平和工作质量，安全大堤才能固若金汤。与此同时班组长应该大力支持安全员开展工作，明确其安全基础管理职责，积极采纳安全员提出的合理化建议，为安全员开展工作创造良好的条件，做好坚强后盾。

再次，需要提高安全员队伍素质，规范安全员培训体系。班组安全员必须达到：会学、会查、会说、会抓这四会。安全工作必须具有扎实的专业功底作支撑；发现各种管理流程中存在的问题，进行有针对性地改进，提出合理化建议；对存在的问题要说到点子上，说到危害性上，让违反规定的职工真正有所觉悟；对整个安全过程进行监督，包括安全制度的建立，各种安全规定的执行，培养职工建立遵章习惯，创新安全管理的氛围。这就要求班组安全员除了在自觉学习的基础上，还要接受公司人事、安监部门对他们进行的系统培训。学习的内容不仅要有安全知识，还要有班组工作相关联的技能知识和安全管理方式，从而全面提高班组安全员的文化素质、技术素质和安全素养、操作技能。

再者，杜邦公司对在安全业绩方面表现突出的员工实行一定的奖励，我们也应在对在安全方面表现出色的安全员予以鼓励。行政要对班组安全员给予必要的支持，在培训机会上给予必要的倾斜，以激发他们的工作积极性和创造性。同时建议工资待遇上对安全员与一般员工进行区别对待，改善班组安全员的岗位工资及奖金分配系数，在他们中开展竞赛，分季度对他们的实绩进行考核评比，褒先鞭后，通过激励考评，激发起班组安全员做好安全管理工作的热情。

最后，要充分发挥班组安全员团体职能，打牢安全生产根基，确保安全生产的稳定局面。班组安全工作不仅仅是班组一个人的事情，必须班组所有成员齐心协力才能达到的安全目标。班组安全员要在日常工作中想办法、有创新，要注重班组安全文化建设，营造安全文化氛围，增强职工的安全意识。平时要多与班组成员进行沟通，要让班组成员从内心感觉到安全员的工作是为其生命安全和健康负责。班组成员能够更自觉地遵守规则和程序，能够更加积极地看待安全。针对班组实际遇到的安全问题，班组安全员应定期组织学习和讨论，分享安全经验，形成人人讲安全的良好氛围，使"要我安全"变为"我要安全"的口号真正落到实处。

优秀的安全管理模式在实际的运作过程中，能够发挥其巨大的能量，为企业创造良好的安全生产环境，从本质上提升我们自身的安全管理水平，同时也能提高企业的整体素质和形象。我们电力企业安全管理还处于不完全成熟阶段，还未形成较规范化的管理模式。我们需要将企业的文化积淀形成细致的管理思想，力争做到：形成富有特色的安全保障制度，保证安全的信念能变为现实；形成安全培训与检查制度，提高整体安全意识和执行规范；形成全方位的完全管理实践，具有一套成熟的生产安全管理模式作为实践航标，从实践中理解和消化安全，将安全看作企业和系统的养分注入到企业的血液中，向"零事故、零工伤、零隐患"这个安全的终极目标进军。

谢谢大家！

安全生产大家谈

基层发电企业突发事件应急指挥与响应组织体系的建立

国家电网浙江北仑第一发电有限公司　宋张君

尊敬的各位领导，各位同仁：

大家好！

今天我演讲的题目是：基层发电企业突发事件应急指挥与响应组织体系的建立。

众所周知，进行电力企业各项突发事件的应急救援，应急组织机制、运作机制、保障机制（应急三大机制）非常重要，而应急指挥组织机构、应急响应组织体系，是基层发电企业整个应急组织机制、运作机制乃至整个应急管理体系的核心所在。

在基层发电企业，好的应急指挥机构与响应组织体系，可以在突发事件发生后迅速、有序、有效响应，同时对各个应急运作起到很好的协调作用，统筹安排整个应急行动，避免因行动紊乱而造成不必要的损失。

当前，各发电集团及基层发电企业对电力系统应急管理越来越重视，都在建立和完善各类突发事件应急预案。2009年，国家安全生产监督管理总局、电监会相继发布了应急预案编制规范（导则）、应急预案演练规范（导则），对应急指挥组织机构及组织体系作了明确规定。

PP演示：

《电力企业综合应急预案编制导则》

5.3　组织机构及职责

5.3.1　应急组织体系

"明确本系统的应急组织体系构成，包括应急指挥机构……，应以机构图的形式表示"。

5.3.2 应急组织机构的职责

"……应急指挥机构可以根据应急工作需要设置相应的应急工作小组……"。

《电力企业专项应急预案编制导则》

4.5 应急指挥机构及职责

4.5.1 应急指挥机构

(1) 明确本预案所涉及突发事件应急指挥机构组成情况,设置相应的应急处置工作组。

(2) 明确各应急处置工作组的设置情况和人员构成情况。

…………

但对具体如何建立和设置应急指挥与组织体系,上述导则并没有明确,目前电力企业各有各的理解,应急指挥与组织体系五花八门。那么,基层发电企业到底该如何建立切合实际的应急指挥与组织体系呢?

大家首先来看一下发电企业突发事件的类型及特点:

PP演示:

生产事故引发的突发事件	1. 人身事故
	2. 发电厂全厂停电事故
	3. 电力设备设施事故
	4. 垮坝事故
	5. 大型起重机械事故
	6. 火灾事故
	7. 交通事故
	8. 环境污染事故
	9. 燃料供应紧缺事件
	10. 电力网络信息系统安全事故
自然灾害引发的突发事件	11. 台风、暴雨、强潮汛等事件
	12. 雨雪冰冻灾害事件
	13. 大雾灾害事件
	14. 地震灾害事件
	15. 泥石流、滑坡等地质灾害事件
公共卫生引发的突发事件	16. 传染病疫情事件
	17. 群体性不明原因疾病事件
	18. 员工食堂食物中毒事件
社会安全引发的突发事件	19. 外部群体性突发社会安全事件

根据基层发电企业生产工艺、区域地理位置、气候特点及社区情况，一般面临的突发事件有生产安全事故、自然灾害事故、公共卫生突发事件、社会群体性突发事件这四种类型 19 种事故（事件）。从以上各类突发事件来看，有些影响范围较小，有些影响范围较大，甚至还可能引发二次事故。有些只牵涉单一的部门，而有些则牵涉跨越多个部门权限和职能。比如，在人身事故中，某一检修现场发生 1 人触电事故，一般需要现场附近少数人员对其进行急救：迅速切断电源、现场进行心肺复苏、报警、然后急送医院进行急救。这个时候，时间比较紧凑，也许从发现到应急结束，现场只有几分钟或十几分钟时间。但如果发生大面积的人身事故，如发生锅炉积焦爆炸事故，整个锅炉底渣斗塌陷，整个锅炉房 0 米层都被锅炉内部积焦和未燃尽煤炭掩埋，整个锅炉房被有毒气体充满，除此之外还有火灾发生，这个时候一方面要救人、一方面要处理设备问题，涉及人员多、范围大，需要大量的救援人员。

根据这些突发事件特征，在建立应急指挥与响应组织体系时，一般要考虑满足以下几个重要应急功能：

（1）医疗救护与医治；

（2）现场生产设备异常紧急运行操作；

（3）现场生产设备紧急抢险抢修作业；

（4）消防与营救；

（5）安全与环境保障；

（6）报告、通讯和外部关系联系，包括必要的媒体信息公布；

（7）物资与后勤保障；

（8）善后处理。

同时，还必须考虑以企业原正常生产管理系统的各岗位职责来分配紧急时的任务，充分发挥和利用日常生产管理体系，以便减少紧急情况下产生的管理混乱。另外，这样的安排也更易使企业人员接受，不必进行特殊的培训就能迅速、有效地调动各级职能部门、人员和资源。

这是某企业建立的比较典型的应急指挥与响应组织机构及体系：

PP演示：

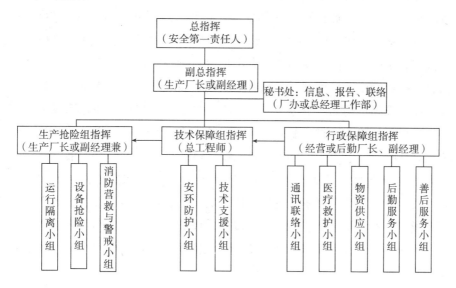

这个应急指挥与响应组织体系，是根据电监会电力突发事件应急预案编制导则进行的细化，并根据一般电力生产日常领导指挥系统进行了补充。最下面的十个功能小组是根据该厂的部门职能职责分配，以便能更好的进行运作。比如，运行隔离组主要由运行部门担任，设备抢险组主要由生技部门、检修部门担任，消防与警戒主要由消防队、保卫处担任等。需要强调的是：各个单位应当根据自己部门职能分配实际情况，具体调整设置各功能小组。

上述组织体系中，功能小组以上增加了三个专业指挥，以便更好的能发挥厂领导的作用。同时，根据日常管理惯例，把导则中要求的信息发布、报告、协调等功能集中在秘书处（设在总经理工作部）。需要说明的是，这个指挥响应组织体系是最完善的、典型的一个组织体系，在实际运作中，也不是一成不变的。当突发事件较小时，一般由总指挥直接指挥完成，而且并不需要所有的上述功能。如仅发生火灾事故时，医疗救护、物资保障、后勤善后等小组并不一定要成立。只有当突发事件较大或扩大时，再根据突发事件的类型、大小和特点及发展趋势，建立各自对应的突发事件应急指挥部和组织机构，合理调动各类应急力量和资源。

那么，这里就带来一个问题，即这些典型组织体系尚未建立前，一旦发生突发事件，该如何进行现场应急？试想，每时每刻都可能发生事故，如果只有单一的应急救援指挥组织机构，突发事件发生后，在各级应急指挥及应急小组就位前，现场往往会出现应急响应空白和混乱。尤其是在节假日或夜间发生突发事件时，只有少数的运行、检修值班人员。比如，就像前面已提到过的人身触电事故，急需的是时间和速度，而这么庞大的应急组织体系的建立总是需要时间和空间的（有时也不一定需要如此复杂的机构）。虽然，我们电力行业每个人都会触电急救技术，但如果没有一个强有力的指挥和组织体系，现场仍然可能出现混乱和低效，导致救人失败。又比如，在节假日发生电厂油库火灾事故，同时又有设备起火，需要隔离设备，发展下去可能面临油库爆炸，而此时各个应急小组人员还不能迅速到达现场。在未建立这样完整的组织体系前，具体的现场应急该如何运作和指挥呢？

这个时候，就需要再建立一个比较简洁而高效的应急指挥和响应组织体系，即：最初应急指挥与响应反应体系。一旦发生突发事件，迅速能建立、启动，以应对最初、最紧急、最需要做的事情。

PP 演示：

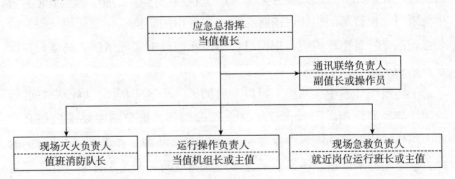

这是某电厂建立的最初始应急反应组织体系，以集控室为临时指挥中心，24 小时值守，以值长为最初应急总指挥。其目的是：在典型的应急反应组织体系未建立前，在最短的时间内、最迅速地做出应急响应，遏制和控制突发事件进一步发展。应急反应各功能基本上只能由运行值班人员及其他值班人员担任，指挥由 24 小时在岗的值长负责。

最初应急响应组织体系一般不需要宣布启动,接到报警后,便立即按规定的职责自动反应行动,其运作时间也是比较短暂的。一旦突发事件得到定级或升级,必须由后续启动建立的其他更高级别应急响应组织体系来代替。

这个时候是不是非得典型的应急指挥与响应体系来响应?不一定!比如前面提到的油库火灾事故,在进行完最初的应急处置后,可能涉及到人员的搜救、附近人员撤离、环境污染事故的处置、受伤人员的转院急救,设备的抢修等等。最初应急指挥与响应体系已不能承受此重大应急任务,而典型、全面组织体系人员到位仍需一定时间,但现场又迫切需要立即进行处置一些紧急事务,这时应建立一个相对完善的应急指挥与响应组织体系,即现场应急指挥与反应组织体系。

PP演示:

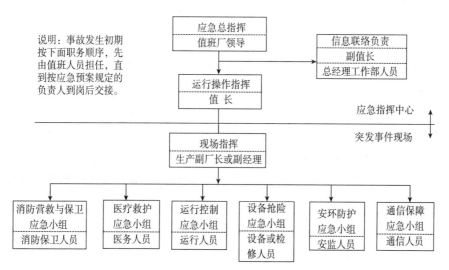

这个是某电厂以突发生产事故为例建立的现场应急指挥与响应组织体系。

现场应急指挥与响应体系不是一个固定机构组织,应急小组的召集和建立应根据具体突发事件的特性及发展状况而定,并非所有应急小组都同时建立。这时,虽然已具备一定应急功能,但各小组的指挥人员也并不一定是预案规定的职能领导人员,也可以是能初步执行此项功能的一般人员。一般要求，在全面、典型的应急响应组织体系未完全建立前，最初的应急及现场的应急负责人继续履行职责，直到预案规定的正式现场指挥和应急工作小组成员或负责人到来。例如，如果发生火灾，但没有其他人员伤亡，那么医疗救护小组可以不启动。而就应急小组功能而言，消防值班组长应临时担任消防队长或保卫主任的应急职能。

现场应急指挥与响应组织体系，实际上是过度组织，介于最初始应急反应组织体系与典型应急反应组织体系之间，根据典型组织各人员到位情况而成立或被及时替代。其建立主要是明确了到场各应急人员必须承担的临时责任，以免出现紧急情况下应急职能的空白和相互推诿。

从以上可与看出，一般规律下，突发事件发生是一个渐进过程，针对突发事件应急响应的组织体系也必须是个渐进过程，从最初应急，到现场初具规模的应急，再到全面的应急响应。

PP 演示：

突发事件发生→最初应急→现场应急→全面应急

但话又说回来，突发事件的应急响应组织体系的建立，也并非一定是从最初应急、到现场应急、再到全面应急，中间也有可能是跳跃式的。最初应急指挥与响应组织体系为稍后启动的全面、典型应急指挥与组织体系提供了可靠保障，并为之创造条件；而典型应急指挥与响应组织体系又为最初应急、现场应急指挥与响应组织体系提供指导方向。总之，只有建立了较完善的各类应急响应组织体系，才有可能应对复杂情况下的各类突发事件。

【科技组】

电力系统安全风险评估体系研究

华中科技大学　尹相根

电力系统安全作为国家能源安全的重要组成部分，在国内外受到政府、民众和电力企业的高度关注，成为电力行业工作的重心。围绕电力系统安全问题，各国电力行业都一直在不断进行研究并采取各种技术和管理措施来提高供电安全和降低电力安全风险，尤其在我国，通过自己长期形成的特有的安全机制，在保证电力系统整体安全和防止大面积停电方面位于世界的前列。

近年来，国内外接连发生了多起重大电力系统安全事故，造成大面积停电和重大社会经济损失。尽管事故原因有自然灾害的也有人为因素的，有其复杂性，却充分暴露出当前在控制电力系统安全风险水平上存在重大隐患，暴露出传统的安全措施不足和仅依靠电力企业自身安全控制难于满足社会对电力安全的需求。因此，各国政府都在积极加强领导，研究制定相关政策、采取有效措施，通过政府、电力企业、用户共同参与的电力风险安全评估建立起有效地大面积停电的防范机制和应对机制。

本项研究在总结国内外电力系统安全风险问题的基础上，借鉴学术研究与工程实践多方面的经验，从政府监管的角度出发，并以政府、电力用户和电力企业共同参与为基本思路，建立了一套具有客观性、实用性和适应性的电力系统安全风险评估和防范体系。

本项研究工作是在国家电力监管委员会、国家电监会南方监管局（广东省电网大面积停电事件应急领导小组办公室挂靠单位）领导与组织下，在广东省人民政府的大力支持下开展的。具体研究工作由南方电监局、华中科技大学有关专家组成的课题组承担；广东电力企业的有关专家组成了专家咨询组,为本项研究提供了基础数据和应用技术的支持。

在研究过程中,课题组经历了2008年初南方区域电力系统抗击冰雪灾害工作,并根据安全风险评估的要求完成了相关的分析报告,获得了宝贵的第一手经验;随后,课题组在初步建立了电力系统安全风险评估体系之后,又尝试对某省区电力系统进行了示例性评估实践工作,2009年底完成了相关安全风险评估与对策的研究报告,并已通过了专家评审,得到了高度肯定。

一、电力系统安全风险评估体系研究的目的、现状与特点

(一)电力系统安全风险评估体系研究的目的与意义

我国目前的电力系统正处在大电网、高电压、长距离、大容量阶段,网架结构日趋复杂,影响大电网安全甚至引起大面积停电的因素明显增多。同时通过对国内外大停电事故的分析可以看到,不仅系统内部因素对电网安全有较大影响,系统外部因素对电网安全的影响也越来越大。

面对如今复杂的气候、地理、公共安全等外部因素,为了全面保障电力系统的安全,预防大面积停电事件,不仅要发挥企业的技术优势,还要发挥政府部门在统筹、协调、组织社会资源方面的优势,更需要政府利用有效的方法加强对电力系统安全风险的监管。

电力系统的安全运行,是一项复杂的系统工程,需要从多方面来采取措施才能保障系统正常运行,基于现有常规的技术方法基础上寻找一个系统性的风险评估方法,揭示电力系统的薄弱环节,采取有效措施降低系统的风险是非常必要的。

(二)电力系统安全风险评估研究的现状及发展

电力系统的安全风险评估是目前世界各国一直努力开展的工作。
1. 国内外电力系统安全风险评估研究的侧重点

电力系统安全风险评估方法是由传统可靠性方法发展而来,并不断派

生出新的评估方法,如风险评估、脆弱性评估,下面着重从可靠性评估、风险评估和脆弱性评估三个方面来介绍。

(1) 可靠性评估

1) 可靠性评估的含义

电力系统的可靠性评估分为充裕度(Adequacy)和安全度(Security)的评估。充裕度是指电力系统在系统内发、输、变电设施额定容量和电压波动容许限度内,考虑元件的计划和非计划停运以及运行约束条件下连续地向用户提供电力和电能量需求的能力。安全性是指电力系统经受住突然扰动并不间断地向用户提供电力的能力,突然扰动包括突然短路和失去非计划停运的系统元件等情况。

2) 可靠性评估的发展阶段

国内外对于电力系统可靠性评估的研究经历了3个阶段,分别为确定性评估、概率评估和风险评估。确定性方法只重视最严重的事故如"N-1"事故检测,因此其确定的系统运行点显得过于保守。概率评估方法考虑了事故发生的概率,但并未考虑事故造成的经济损失,没有很好地协调安全和经济二者的关系。风险评估方法的优势在于将事故发生的概率及其产生的后果(如经济损失等)相结合,将风险与效益联系起来,定量地反映了系统的经济安全指标。

3) 国外形成的可靠性评价规则

随着近年来国内外大停电事故的影响越来越严重,电力系统风险评估的研究也越来越受学术界、工程界的重视,国际大电网协会(CIGRE)、国际电工委员会(IEC)、北美电力可靠性协会(NERC)、美国西部协调委员会(WSCC)及 IEEE 的相关委员会等一些国际和地区电力组织都先后成立了专家组对电力系统可靠性进行专题研究,制订了一系列电力系统可靠性评估方面的规范、规程如表1所示。

4) 我国制订的可靠性评价规程

在我国,对可靠性的研究起步较晚,但也紧跟发达国家的步伐,2004年国家发改委颁布了《电力可靠性基本名词术语,DL/T 861-2004》,我国现行的电力系统可靠性评价规程如表2所示。

表1 国外形成的几种主要电力系统可靠性评估规则

组织机构名称	制订的可靠性准则	发布时间
CIGRE（Working group 38）	State of the art of composite system reliability evaluation	1990
	Power system security assessment, a position paper	1997
IEC	IEC 60050-191（所有部分）国际电工术语 第191部分 可靠性和服务质量	1990
	IEC 60050-191 国际电工术语第191部分 修订版	1999,2002
IEEE	IEEE Std 1366-1998（第4部分 可靠性指标）配电系统可靠性指标试用导则	1998
NERC	2003~2012年北美电力系统可靠性评估报告	2003
WSCC	系统可靠性准则及系统最小运行可靠性准则	1997

表2 我国制订的电力系统可靠性评价规程

名称	发布时间
电力可靠性基本名词术语，DL/T 861-2004	2004
电网可靠性的统计与评价规程（初稿）	编撰中

（2）风险评估

1）风险评估的产生和定义

国际大电网协会 CIGRE 于1997年第一次明确地提出电力系统运行风险评估的概念标志着风险评估已经成为可靠性评估一个新的发展方向。J. D. McCalley 教授等人最先于20世纪90年代提出系统的风险指标定义为：事故发生的概率与事故产生的后果（即严重度）的乘积，这是现阶段电力系统风险评估领域普遍接受的一个定义。

2）风险评估的发展

目前的风险评估的发展方向主要有：

① 计及电力市场环境经济因素的风险评估。

在电力市场环境下，将市场化运营成本等作为经济性指标考虑在事故后果中，将风险分析与经济性分析相结合，寻求供电安全可靠性和经济性的平衡。

② 基于复杂网络理论的风险评估。

复杂网络理论为电力系统风险分析提供了一些新的思路。目前主要从理论上对基于复杂网络分析的大停电机理进行研究，距离工程应用尚有一定差距。

③ 电力系统风险在线评估。

电力系统风险在线评估主要关注当前电网运行方式下的安全风险，因此重点在于制定电网实时安全运行控制措施。在保证一定准确性的前提下，快速性是该评估方法要解决的主要问题。

2. 国内外电力系统安全风险评估研究现状及存在的主要问题

尽管电力系统安全风险评估在理论研究方面已经取得一些有意义的成果，但尚不成熟，还存在以下一些不足。

（1）理论上的探讨，应用尚不成熟。

尽管近年来学术界和工程界已经注意到传统稳定分析的不足，并开展了大量依靠概率性模型和风险评估方法作为传统稳定分析补充，但由于系统问题的复杂性，使得概率性模型和方法在工程实际应用中还存在很大的距离，即现有的风险评估体系尚未达到实用化的程度，特别是缺乏针对实际电力系统特点的、具有可操作性的风险评估体系和实用化评估方法的研究，难以对实际工作起指导作用。

（2）研究局限于某一方面，系统整体性考虑不足

发电、电网、用户环节的风险都是构成电力系统大面积停电的因素，这些环节的责任主体都只侧重自身的安全风险分析，发电侧重于单一电厂的安全和运营，电网侧重于利用技术进行稳定分析，用户只关注自身用电的可靠性，但这三方面对于整个电力系统的风险评估有着内在的联系。单一的风险对整个系统风险的影响度是不同的，本身的风险指数对系统的影响可能大于各环节自身的风险指数，因而要防范系统性的风险，需要对系统整体进行分析评估。

（3）侧重于技术层面，对大面积停电关注的角度不同

目前方法仅从技术层面依靠电力系统三道防线或继电保护与运行方式

改变等方面的配合,即依靠二次设备来解决一次系统存在的缺陷和问题,还不足以全面降低系统大面积停电的风险。

由于电网的发展,电网规模不断扩大,灾变等严重突发因素对电网的影响也越来越明显,而即使系统完全满足传统稳定分析要求(如满足 N−X 准则等),也难以反映大量负荷损失的后果和严重突发因素的影响。

(三)电力系统安全风险评估体系研究的特点

电力系统安全风险评估与监管体系的研究立足于建立一种由政府主导,电力企业与第三方独立评估机构参与的长效机制,从保障电力能源安全、防止大面积停电事故的角度出发,根据电力系统的发展现状,对电力系统的安全风险进行分析、评估,以便及时发现薄弱环节,制定和完善防范风险的应对和监管措施。

本课题所研究的评估体系的主要特点表现在以下几个方面:

(1)建立以政府为主导的电力系统安全风险评估体系

重点在于建立规范的评估流程,明确政府、企业与第三方独立评估机构在评估过程中的职责与义务。

(2)评估指标和评估方法的构建

✻ 评估指标力求全面、实用,能从不同角度和层次充分反映各种可能引发大面积停电的主要因素;

✻ 评估方法采用定性定量相结合的方式,并充分利用专家经验;

✻ 评估指标可根据不同的评估对象进行修改和调整。

(3)通过评估体系的应用逐步形成较为完善的风险评估与监管的长效机制

✻ 形成规范化的评估监管流程;

✻ 运用体系进行风险评估和电力监管的专题研究,从评估结果中得到电力系统的薄弱环节和应对对策;

✻ 利用评估结果为监管的改善和应急机制的建立提供指导意见;

✻ 通过指标参数的灵敏度分析可以对后果进行预测、评估。

二、国内外电网风险事故分析

(一) 国内外大面积停电事故概况

近 20 年来国内外发生了多次大面积停电事故，造成了巨大的经济损失，严重影响工农业生产和居民生活。表 3 列举了近 20 年来国内外几次大面积停电事故的规模及原因。下面将具体对几次典型的事故进行分析。

表 3 近 20 年来国内外几次大面积停电事故的规模及原因

事故系统	发生日期	停电容量及影响范围	最长停电时间	引发事故的原因
法国西部系统	1987年1月12日	8000MW	4-5小时	发电容量不足导致电压下降
日本东京系统	1987年7月23日	8170MW	3.4小时	运行期间负荷增长过快，无功支撑不足引起电压崩溃
加拿大魁北克系统	1988年4月18日	18500MW	8.5小时	暴风雪
美国WSCC系统	1996年7月2日	11850MW 200万用户	8小时	线路触树跳闸，电压降低引起系统解列
美国WSCC系统	1996年8月10日	28000MW 750万用户	5小时	线路触树跳闸引起连锁过负荷跳闸
巴西	2002年1月21日	23766MW	6小时	继电保护误动导致系统振荡
美国加拿大东北部系统	2003年8月14日	61800MW 5000万用户	29小时	输电线路过负荷连锁跳闸
意大利	2003年9月28日	27702MW 系统全停	20小时	瑞士-意大利输电通道连锁故障，频率崩溃
海南电网	2005年9月26日	1239MW 系统全停	10小时	台风
我国南方地区	2008年1月	南方地区多个省份	/	冰雪灾害

(二) 引发电网大面积停电的主要因素

由上述的事故分析可以看出，引发电网大面积停电的原因是多种多样的，可能是由于非人为的外力破坏引起，如自然灾害，也可能是人为失误或者蓄意破坏引起，再就是系统内部因素引起，如电力设备故障。因此引发电网大面积停电的因素大致可以分成以下几类：

（1）不可抗拒外力破坏

一般情况下，电力系统的设计准则已经考虑了气候和环境的条件。然而，气候和环境仍然是造成设备故障的主要原因之一。

此外，还有一些出现概率较低但潜在危害严重的环境因素，如台风、地震、洪水、战争等。如1988年加拿大魁北克大停电，2005年我国海南省大停电，都是遭遇极端灾害性天气导致的。

（2）人为失误、蓄意破坏

人为失误可能发生于电力生产的各个环节，如规划设计、设备生产、系统运行与维护等。美加"8·14"大停电事故调查报告中指出，事故发展演变的原因之一是电网公司在输电走廊维护、可靠性标准执行、调度通信系统维护、事故处理等工作中存在不足。

恐怖分子和心怀不满的极端分子的蓄意破坏也是可能造成大停电事故的重要因素，例如911之后的美国电力系统恐怖袭击事件。

（3）系统内部运行问题

设备故障是引发大面积停电的常见形式，除了上述气候和环境引起的设备故障外，电力设备本身的电气性能和机械性能也可能出现故障或失效。国内外近年来发生的多起大面积停电事故的分析表明，由于保护误动、拒动以及大负荷转移过程中引发的保护连锁动作，或负荷—发电容量的突变导致系统功率不平衡，是最终导致系统发生大面积停电事故的主要原因之一。

（4）管理存在不足

以上列举的大面积停电事故的各种因素归根结底还是外部因素，而内部因素就是电力系统的管理模式。在管理模式不适应更复杂的各种外界因素扰动情况下才导致了大面停电事故的最终产生。因此，要做好防止大面积停电的工作，最根本的还是要完善电力系统的管理模式。

（三）国内外应对电网大面积停电事故的相关政策措施

国外在应对电网大面积停电方面除了在理论机理方面的研究，一些政府也制定了的相关政策来降低大面积停电的风险,其中比较典型的是美国的《电力系统脆弱性评估草案》。该草案是对国家基础设施保障政策的积极响应,它强调对电力信息系统的脆弱性进行评估,其目标是将脆弱性评估作为一项电力行业和社会的行动计划进行推广,从而全面防止因恐怖袭击造成的电力系统大面积停电事故。

2006年1月,我国政府也及时颁布了《国家处置电网大面积停电事件应急预案》。该预案给出了大面积停电的涵义和相关的应急处置条例,为正确、有效和快速地处理大面积停电事件,最大程度地减少大面积停电造成的影响和损失,维护国家安全、社会稳定和人民生命财产安全提供了政策支持。

尽管国内外制定了一系列防止大面积停电的政策,但如何具体的开展相关工作,构建由政府主导,相关各方参与的针对电力系统整体的安全风险评估体系还处于空白阶段。因此本评估体系的研究将使我国在大面积停电的预防工作方面走在世界前列。

三、电力系统安全风险评估体系的构建

本项研究在大量的实际调研(如电力企业的事故预案、事故报告、统计数据等)和总结归纳现有理论研究成果(如概率、风险、复杂系统等方法)的基础上,针对实际大型复杂电力系统的特点,从实用化的角度出发,将多目标、多准则的评估理论与专家经验相结合,形成了一套以政府主导,电力企业和第三方独立评估机构参与的安全风险评估体系。

(一)安全风险评估体系的构建思路

1. 评估的主要形式

政府开展的安全风险评估目的是从社会公共安全的角度出发,担当起监管的责任,把握住整个系统的薄弱环节和风险度。因此评估的主要形式为以政府为主导,组织独立的专家评估组,以电力企业自身评估为主,其他相关企业和部门参与,形成一套可以定期、反复实施的评估活动。

2. 评估体系的构成

评估体系主要包括：评估对象和内容、评估指标、评估方法、评估结果的分析和对策、评估工作的组织形式。评估对象和内容主要从结构、技术、设备三个方面来实现对电力系统安全风险的评估；评估方法主要采用事故树的方法，按照结构、技术、设备的分类来建立反映大面积停电风险的指标体系，并利用层次分析法等方法进行计算；对于评估结果，重点分析电力系统的薄弱环节，并提出针对性的降低风险措施；评估工作的组织形式可以参照政府部门的有关规定。

3. 评估指标的构造原则

根据评估内容的要求，评估指标也应该从结构、技术、设备三方面去构造；评估指标应分为四类，即直接由负荷削减量反映风险的指标、间接反映负荷削减风险的指标、能够反映风险变化趋势的设备风险增长率指标和定性指标；评估指标计算所利用的数据应尽量采用目前电力系统各企业日常的统计数据，便于评估活动的实施；评估指标之间相互关系（权重）的确定应充分利用电力行业专家的力量来共同完成，在评估活动的推广过程中，应逐步建立专家库和专家问卷调查的机制。

（二）电力系统安全风险评估体系研究的主要内容

1. 电力系统安全风险评估的流程

电力系统安全风险评估的基本流程如图 1 所示。

评估过程首先需要成立评估领导小组和评估工作小组。然后评估工作小组需要针对上一次风险评估（评估应该定期进行）后得出的风险较大的问题进行检查，以确定企业关于降低风险的措施是否完成。评估工作小组根据检查的结果确定本次评估内容。

2. 展开评估工作的主要途径

展开评估工作的主要途径有以下几种：

（1）根据电力系统安全风险评估体系制定评估调查表，下发到评估对象企业进行调查，然后根据调查结果对其相关方面的风险水平进行打分；

（2）评估工作组可根据电力系统可能存在的特定的风险问题进行专题分析。

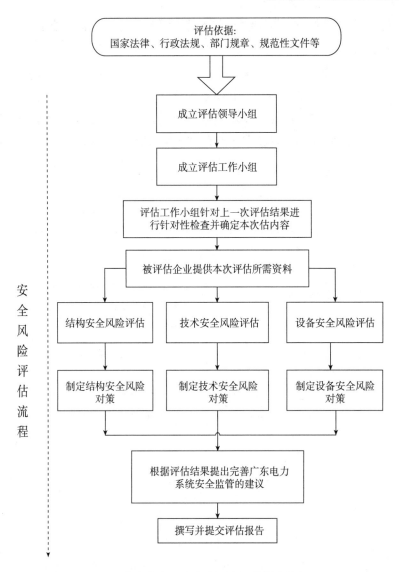

图1 广东电力系统安全风险评估基本流程

（3）评估工作组可以利用电力系统有关单位提供的数据及分析结果，运用安全风险分析方法进行必要的分析或委托电力系统相关部门进行分析。

为保障评估工作的顺利的开展，电力系统行业应积极配合评估工作，提交完备的技术文档,为评估工作组提供便利的调研、评估条件和充足技术支持。

3. 完善电力系统安全监管体系

(1) 完善电力系统安全监管体系的框架

在对电力系统进行安全风险评估并制定相应对策之后,根据安全风险评估反映出的问题,从对策实施的角度出发,对电力安全风险评估指标进行监管,具体的体系框架如图2所示。

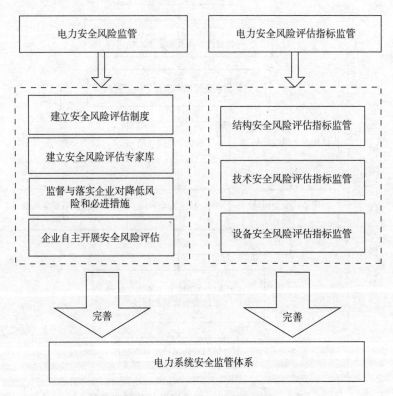

图2　完善电力系统安全监管体系的示意图

(2) 电力安全风险监管的思路

电力安全风险监管应从一下几方面开展:

✱　建立电力安全风险评估制度;

✱　建立电力安全风险评估专家库;

✲　监督企业落实降低风险的改进措施；

✲　企业应自主开展的电力安全风险评估。

（3）安全风险指标监管的思路

安全风险监管的主要思路是：

✲　针对本次安全风险评估中所反映出来的风险程度较高的风险指标，是否针对相应的对策建立了相应的管理措施和应急机制；

✲　评估安全生产管理和应急措施的合理性和有效性；

✲　考察当前的管理措施和应急管理体系是否能适应系统的变化，并修定相关管理条例和应急机制。

（三）电力安全风险评估指标体系

1. 评估指标的构建思路

根据以上对引发大面积停电因素的分析可以建立一个以大面积停电作为顶上事件的事故树，从而列出与大停电事故的详细原因。

事故树分析（Fault Tree Analysis，简称 FTA）是安全系统工程的重要分析方法之一，它能对各种系统的危险性进行辨识和评价，不仅能分析出事故的直接原因，而且能深入地揭示出事故的潜在原因。用它描述事故的因果关系直观、明了，思路清晰，逻辑性强，既可定性分析，又可定量分析。图 3 给出了大面积停电事故树的基本结构。

从图 3 可以看到，根据前述引起大面积停电的因素可以将大面积停电事件分解为若干个小的事件，第一级的事件划分是整个事故树的关键，划分原则是要有清晰的停电因素。因此这里提出的第一级事件为结构、技术、设备、管理。结构事件主要从电力系统的整体结构和供需平衡上来考察可能引发大面积停电的因素；技术事件主要从电力系统的安全稳定控制技术方面来考察可能引发大面积停电的因素；设备事件主要从电力系统设备本身的可靠性方面来考察可能引发大面积停电的因素；管理事件主要从电力系统运行管理的合理性方面来考察可能引起大面积停电的因素。

尽管事故树方法对大面积停电顶上事件进行了逐层划分，但所划分的

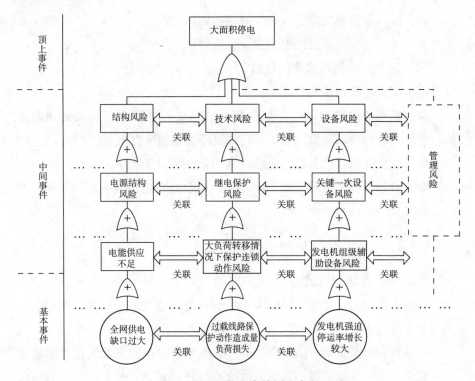

图3 大面积停电事故树示意图

事件之间仍具有一定的关联，本研究在大面积停电事故风险的计算时也充分考虑了这种关联。任何一方面的风险都可能导致大面积停电事故的发生，而每一方面又包含许多中间事件（图中的省略号表示了众多的中间事件），事件树的最底层是基本事件，也就是引起大面积停电的最直接原因。由于管理风险涉及的因素较其他几方面更为复杂，同时管理本身也是一门系统性极强的学科，所以对管理风险应该专门立项进行研究，因此这里不对其进行深入分析。大面积停电事故树的分析方法为建立电力系统安全风险评估的分级指标体系提供了技术支持。

2. 评估指标的结构

根据事故树的分析，评估指标体系将大面积停电作为零级指标，结构风险、技术风险、设备风险三个方面作为一级指标进行层层划分，第一级到第三级指结构如图4所示。指标体系的最后一层指标为四级指标，这一层指标即对应大停电事故树的基本事件。

四级评估指标分为四类：

（1）直接由负荷削减量反映风险的指标；

（2）反映电力系统状态，间接反映负荷削减风险的指标；

（3）能够反映风险变化趋势的设备风险增长率指标；

（4）定性指标。

计算四级指标所利用的数据大多采用目前电力系统各企业日常的统计数据，便于评估活动的实施；评估指标之间相互关系（权重）的确定应充分利用电力行业专家的力量共同完成，在评估活动的推广过程中，应逐步建立专家库和专家问卷调查的机制。最后按各项指标的权重，还将进行加权求得大面积停电零级指标。

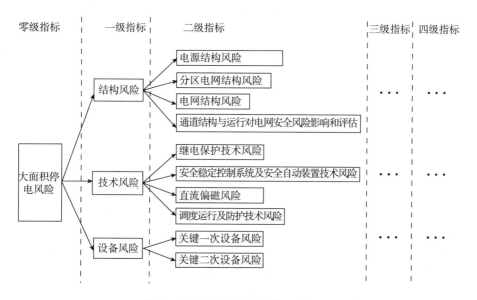

图4　安全风险评估指标体系示意图

3. 大面积停电综合指标的计算方法

（1）四级指标的无量纲化

各四级指标的计算值只能反映该指标所对应的某一问题的风险状态，而计算系统综合风险需要考虑到多个指标。因此将不同量纲的指标进行转换得到统一的风险程度评分是综合指标计算的重要步骤。

考虑到将各类型的指标统一无量纲化,本文采用1~9分进行评分,分值越大风险越高。不同的分数代表不同的大面积停电风险程度和安全等级。当大面积停电风险较高时,系统处于危险级别,即风险得分处于7~9分之间。

(2) 大面积停电风险的计算

综合指标的计算是对一系列指标的加权求和过程。综合指标中最重要的是系统大面积停电综合指标,因为它是对整个系统的风险状态进行计算,所以指标体系中所有指标均需参与计算。其计算公式1~4如下:

$$\text{系统大面积停电风险} = \sum_{i=1}^{\text{一级指标数}} (\text{一级指标得分}_i \times \text{一级指标权重}_i) \quad (1)$$

$$\text{一级指标} = \sum_{i=1}^{\text{二级指标数}} (\text{二级指标得分}_i \times \text{二级指标权重}_i) \quad (2)$$

$$\text{二级指标} = \sum_{i=1}^{\text{三级指标数}} (\text{三级指标得分}_i \times \text{三级指标权重}_i) \quad (3)$$

$$\text{三级指标} = \sum_{i=1}^{\text{四级指标数}} (\text{四级指标得分}_i \times \text{四级指标权重}_i) \quad (4)$$

定性和定量指标混合权重的计算是综合评估中的一个难点,本文采用了层次分析法(Analytic Hierarchy Process,简称AHP)并结合Delphi Method方法(又称专家调查方法)进行各级指标权重的计算。AHP方法是美国运筹学家匹茨堡大学教授萨蒂于二十世纪70年代初提出的,它可以为多目标、多准则或无结构特性的复杂决策问题提供简便的决策。Delphi Method方法是专家会议法的改进和发展。它克服了专家会议的不足,使参与的专家的知识和经验得到充分的发挥。

四、在广东电力系统风险评估中的应用

(一) 广东电力系统特点

广东电网是目前全国最大的省级电网,具有许多突出的特点:

1. 广东电网通过长期建设与外区电网已形成多点复杂联系,并成为全国乃至当今世界独一无二的大容量交直流混合输电的受端系统;

2. 由于广东电网的快速发展,大量新设备的建设投运和新技术的应

用，使得电网的运行方式将在较长时间内处于不断的调整与变化中；

3. 广东电网电源落点集中，部分主要发电、输电设备长时间处于高负载水平运行状态，同时电源和负荷分布不均，部分地区卡脖子问题一直存在；

4. 广东电网在结构方面存在500kV线路双回、多回同杆并架以及电磁环网的普遍现象；

5. 广东煤电比重大、一次能源缺乏，本地电力负荷依赖外区送电的程度比较高；

6. 广东地处亚热带，台风、洪水、暴雨频发，外部输电通道易受冰雪、冻雨等极端气候影响。

以上特点反映了必须高度关注广东电力系统电网和电源结构的合理规划、二次系统（如继电保护和安全稳定自动控制等）技术的合理配置使用、设备安全运行水平和抗灾能力合理提高方面的问题。受这些问题的影响，广东电力系统在安全稳定运行方面正面临巨大考验。

（二）广东电力系统风险评估指标体系

针对广东电力系统特点以及所要评估的内容，本课题从结构、技术、设备三方面的风险共建立了218个指标，其中包含1个零级指标，3个一级指标，10个二级指标，33个三级指标，171个四级指标。

1. 结构风险评估指标子体系

结构风险评估指标子体系结构见图5所示，由1个一级指标、4个二级指标、15个三级指标和68个四级指标构成。

2. 技术风险评估指标子体系

技术风险评估指标子体系结构见图6所示，由1个1级指标、4个二级指标、10个三级指标和55个四级指标构成。

3. 设备风险评估指标子体系

设备风险评估指标子体系结构见图7所示，由1个1级指标、2个二级指标、8个三级指标和48个四级指标组成。

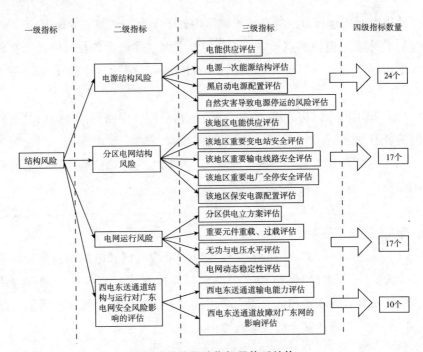

图 5 结构风险指标子体系结构

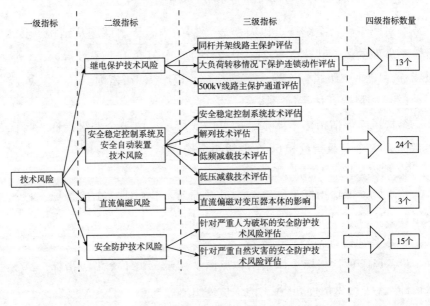

图 6 技术风险指标子体系结构

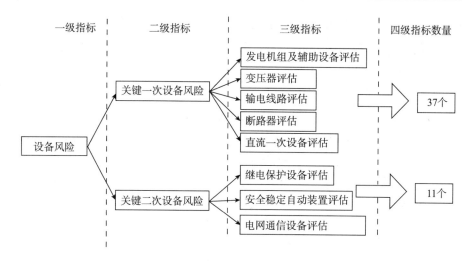

图 7 设备风险指标子体系结构

(三) 广东电力系统大面积停电风险分析

表 4 系统大面积停电综合风险水平

综合指标	一级指标	得分	安全级别	权重	综合评分	安全程度
系统大面停电综合风险水平	结构风险	5.200	警戒线上方	0.54	4.922	中等接近警戒线
	技术风险	4.053	警戒线下方	0.163		
	设备风险	4.892	接近警戒	0.297		

从表 4 可以看出，广东电力系统的整体风险得分 4.922，处于中等水平，风险在可控范围，发生大面积停电的可能性较小，但在结构、技术、设备三方面均存在一些突出的风险问题：

1. 系统大面停电综合风险水平指标中，结构风险指标的权重占了 54%，说明结构风险对电网大面积停电风险水平有最重要的影响。且结构方面的风险处于中等偏上的水平（风险得分：5.200），需要引起关注。

2. 一级指标的计算结果表明技术风险最小（风险得分：4.053）。这一结果与电力部门一贯重视技术的提高密不可分。然而，由于广东电网长期压极限运行，安稳系统担负的防止系统大面积停电的责任也越来越重，一旦小概率的极端情况出现使安稳系统故障，可能导致严重的后果。技术方面具体的薄弱环节分析如下。

3. 从结构、技术、设备三个一级指标的得分可以看出设备得分与结构得分接近，即风险处于中等水平（风险得分：4.892）。主要原因是设备中大量运用了2008年和2007年的数据，由于2008年南方地区罕见的冰雪灾害，使得设备的故障率较之前有大幅提升，因此反映出来的风险水平也较高。除了这一因素之外，近年来电网规模的不断扩大也是设备风险加大的因素之一。

五、总结

在我国社会、经济的高速发展以及在国际政治、经济大环境中地位的不断提升的大环境下，电力安全问题已经不仅是关乎民生的问题，更是重要的国家能源安全问题。因此防止电网大面积的意义及其重大，评估电力系统安全风险、分析电力系统的脆弱性迫在眉睫。

本课题从政府监管角度出发，在总结国内外电力系统各种安全风险问题的基础上，建立了一套具有客观性、实用性、适应性的安全风险评估体系。该体系包含了结构、技术、设备三方面的风险指标，指标的内容侧重于反映大面积停电的风险。电力监管部门可根据体系中的指标来评估电力系统当前和未来一段时间的风险水平，完善当前的电力安全监管体系和应急体系，督促企业和部门制定有效措施控制风险水平。

随着电力系统的发展，电力体制改革将不断深入，电力市场环境下的各电力企业将无法独自应对复杂电网的大面积停电问题。因此，政府有责任、有义务，也有能力去协调和正确引导各企业共同减少系统的脆弱环节。同时，本评估体系旨在将评估作为一项定期的活动来实施，从而为政府更好的把握和控制大面积停电风险提供有力的技术支持。

努力实现本质安全管理
防范一次电气误操作

成都电业局　曹迎春

尊敬的各位领导，各位同仁：

大家好！

今天我演讲的题目是：努力实现本质安全管理，防范一次电气误操作。

打开尘封的记忆，一位风华正茂的运行人员在线路侧隔离开关停电侧装设接地线，由于负荷由旁路开关代出，不幸触电身亡。顷刻间，亲人阴阳两相隔，白发人送黑发人，还留下了嗷嗷待哺的幼子。

这样的场面，是曾经在我们身边发生的一次电气误操作导致的！

面对这样的场面，谁能不痛心落泪，谁能不扼腕痛惜！

痛定思痛，我们还能对事故无动于衷吗？还能对误操作熟视无睹吗？还能任事故再次发生吗？

不能！决不能！

常言道：愚者用鲜血换取教训，智者用教训避免事故。

我想说：安全不仅是我们共同的责任，安全还是我们人生中最大的乐趣，安全需要你、我、他共同来维护。有了安全，我们的一切便有了一份最珍贵的人身保障。

现在，就在我的手中，有这样一份事故统计分析数据：28起变电统计事故中，一次误操作事故率高达36%，其中带接地线（接地刀闸）合闸事故占60%。

当然，事故的发生，因素很多很复杂，但观其具体表现，有操作质量不良，有走错间隔，有五防装置出现故障，有一次设备发生机械故障，有设备结构不完善,有五防接地点不合理,有人员缺乏安全操作技能,还有现场操作风险辨识和防控风险的能力不强等等原因。总之,由于多种多样的因素在时空中交汇,导致了一次次电气误操作,甚至引发人身和电网事故。

如果我们时时刻刻重视安全生产,遵守安全生产规程,遵守安全生产制度,自身安全意识强,安全技能过硬,事故还能发生吗?

显然,做好安全工作其实并不复杂。但事情往往并不是这样的,看似简单的安全问题,在实际工作中往往变得很复杂。比如安全意识淡薄,不重视安全,不遵守安全生产规程,不遵守安全生产制度,安全技能欠缺,违章作业,冒险蛮干,还有设备操作过程发生缺陷,或者设备结构隐患导致事故发生,此外,安全生产主管部门管理上的松懈和疏忽,也是不可不说的一个原因。不难看出,对工作中存在的安全问题不重视,酿成事故是必然的,不发生事故是偶然的。一次电气误操作事故,往往正是对电气倒闸操作安全没有引起足够的重视引起的。

面对这样的现实,我们可以说"预则立,不预则废"。也可以说"预防电气防误操作事故,必须思于前,预于先"。但是,仅仅做到这点是远远不够的。

我们不妨客观分析一下误操作的成因,就会发现,强化一次设备防误功能,规范五防系统中接地线装设位置在一次设备中的现场布点,加强操作现场安全管理,采用现场比对法,有效提升操作人员操作技能,有利于降低误操作事故机率,确保人身、电网安全,促进企业安全发展。

从我们多年对防止一次电气误操作的安全工作经验看,最根本的还是要实现本质安全管理,这才是解决问题的关键。

今天,我们在防止一次电气误操作事故中,如何在安全工作中实现本质安全管理?我们认为:

第一,造就本质安全的人是重中之重。人是电气误操作的主体,也是误操作的直接受害者。如何造就本质安全的人?我们认为需要做好三件事:首先是提升人对安全的需要,因为人渴望幸福安康的生活,不安全事故会惊醒自己重视安全。重点是通过教育、培训、引导,提高员工的风险辨识和防控能力，使全员做到"想安全、会安全、能安全"。关键是通过制度约束来提高员工的规则意识和执行力，让安全逐渐成为一种工作习惯，做到人员无违章，从而有效遏制误操作事故，实现误操作"零事故"，最终实现系统安全生产无事故。

为此，成都电业局制定了《防止电气误操作安全管理规定》，加强了电气倒闸操作人员的准入管理，让所有倒闸操作人员必须经过电气防误的专项考试。并利用专题讲座、状态检修、设备新投等各种时机，对员工进行电气误操作的专题安全教育培训，系统地传授防止电气误操作的技能，使员工做到懂原理、性能、结构；会操作，会维护。请问，如果开头讲演时提到的那位逝者懂得在刀闸一侧带电情况下，在另一侧装设接地线，不能满足安全距离的要求，他还会在停电侧装接地线吗？

第二，电气设备是防止电气误操作的物质基础，必须实现其本质安全。只有消除了设备的危险因素，控制其不安全状态，才能预防各类误操作事故发生，杜绝或减少伤亡事故，减少设备故障。

对此，我们必须首先强化一次设备的防误功能。具体做法是：

一是引入色标理念，形成固定色标概念。将母线接地刀闸、线路接地刀闸操作把手、操作按钮改用橙色信号，并在一次回路或构架设相同色标，让操作人员明白合此类接地刀闸（装接地线）必须母线停电或线路停电；同时通过色标提示，防止走错位置，造成误合接地刀闸（错装接地线）。

二是采取改进机械限位结构，实现主刀闸和接地刀闸在一次电气回路上的闭锁，带接地刀闸合闸事故将与我们无缘！

三是把最大限度控制设备结构安全风险作为管理者的己任。对于已经投入运行或即将投入运行的高压设备，要重视研究其操作的安全性。事物都有它的两面性，对于设备的安全性能，我们必须用凸镜从不同角度，进行放大性思维，把隐患带来的后果往最坏处想。设备位置能检查确认吗？正反闭锁可靠吗？关联设备单元之间的闭锁有遗漏吗？对存在的问题，我们做了什么？做好了什么？还有什么没有做或还没有做好？强电闭锁功能完善吗？微机五防是否完善？现场增设电磁闭锁、电气闭锁了吗？完善了操作规程吗？告知所有相关人员具体如何防止误操作和误入带电间隔的情况了吗？

事实上，只要我们做了这些工作，而且是用心的做，10kV封闭式高压小车柜内工作，触头绝缘隔离挡板还会误开启致人触电伤亡吗？因为有了强电闭锁，10kV配网手拉手线路倒送电，柜门还能开启吗？人员看见带电显示显示有电，还会冒然开启网门而置生死于不顾吗？

其次，五防装置中接地点的设置直接关系到人身和操作安全。看似这个小小的一个接地桩，在不同位置，其作用有天壤之别。也许安全从此有了保证，也许从此将你推向事故深渊。

大家能否记得，某220kV变电站一条110kV线路由冷备用转检修过程中，将本应挂在母线刀闸与开关之间的接地线，错误地挂向了刀闸母线侧，造成带电挂接地线的恶性误操作事故。

有的人很不幸，生命就此戛然而止。对于检修单元中可能一侧带电的刀闸，其两侧不设接地桩，而是设在与之关联的设备处，如开关两侧、电流互感器处、线路避雷器处等，这样就能有效避免事故。建议：接地桩宜低不宜高，规避高处作业风险；宜安装在开关、电流互感器、线路避雷器等处，保证装设接地线时的安全距离，确认无偶然触及带电体的危险；宜单一设置而不重复设置。

第三，自觉运用现场比对法，便于帮助你准确检查设备的状态，避免误操作事故发生。

目前，变电站、配网基本实行了集中监控，由于电气设备种类繁多，值班员对每一种设备的各种状态不一定都能熟练掌握，但为了确保操作质量，防止误操作事故发生，在工作中可采用"现场比对法"，对设备状态进行确认，防止带负荷合闸、带电合接地刀闸、带接地刀闸送电等恶性误操作事故发生。我们不妨试一下：初始状态比对，操作前后对比，同类设备同种状态比对；实际状态与五防机、监控系统、监控单元的状态比对；操作前后的电气量变化比对，相信大家会有所收获。

最后，我想与大家就加强操作现场安全管理，控制倒闸操作安全风险，说说我的看法，因为这是实现本质安全的一个重要途径。

倒闸操作是一项严谨的工作，稍有疏忽将发生人身、电网、设备事故。我们必须结合现场设备运行方式，确认倒闸操作的正确性，认真分析操作中的危险因素，有效控制带负荷操作、装拆接地线（拉合接地刀闸）和检修人员误动设备的安全风险，科学把控设备结构安全风险，高度重视恢复送电的误操作风险，把好设备状态验收关。合理安排工作，规避操作人员过度疲劳的安全风险，确保操作安全。

各位同仁，电网和设备安全，事关社会稳定。防止一次电气误操作，我们几代电力人为之努力奋斗过，因为这是我们电力行业安全管理中的基础。电气防误，应该是我们电力企业安全管理的根本！让我们牢记血的教训，坚持"以人为本，关爱生命，安全发展"，积极主动排查治理防误操作安全隐患，采取技术防范、人员培训、完善现场操作规程等多重手段，防止误操作事故发生，保障作业人员的生命安全，促进企业持续安全发展。

让安全操作与我们同行，让安全与生命共舞，让安全与发展共存，让误操作与我们绝缘，让误操作远离我们。

我的讲演完了，谢谢大家！

安全生产大家谈

提高重冰线路冰区划分安全技术水平

西南电力设计院　金西平

尊敬的各位领导，各位同仁：

大家好！

今天我演讲的题目是：提高重冰线路冰区划分安全技术水平。

十分荣幸有机会和大家在一起交流，我叫金西平，来自西南电力设计院，从事电线覆冰观测研究和输电线路勘测设计30年。我们知道，电线覆冰是自然灾害之一，它对输电线路安全运行造成严重威胁，也是输电线路勘测设计的主要难题之一。据统计，全国各重冰区线路从60年代起至今的40多年来，曾出现过多次大面积的冰害事故，小的冰害事故更是频频发生，造成非常严重的经济损失。我给大家举几个例子：

案例1：

在长江中游地区已建的两条500千伏送电线路，由不同的设计单位负责勘测设计工作，线路建成运行不久，在2005年冬季，由于电线覆冰严重，其中一回线路发生了倒杆断线，事故原因分析是，对覆冰认识不深，线路选择在覆冰严重的迎风坡一侧，同时，是按常规设计，没有采取抗冰设计措施。

案例2：

南方某地一条500千伏送出线路，建成3年，冬季由于导线覆冰严重，造成在同一地区连续3年都发生倒杆断线，事故原因分析，主要是线路在重冰区域，设计却是按轻冰区设计。

案例3：

2008年初，我国南方地区遭遇了一场历史上罕见的特大低温冰冻灾害，电网在灾害中受到了相当大的破坏，造成电力供应的长时间、大面积中断，严重影响了社会正常的生产、生活秩序。

从以上案例可以得出以下基本结论：

1. 电网在大自然中运行，自然灾害（地震、覆冰、大风）对它危害极大，电线覆冰严重时常常造成倒杆断线，使线路不能安全运行。

2. 覆冰受天气条件、下垫面条件和导线特性影响，在不同区域，不同地形，不同海拔，不同天气背景地区，覆冰大小，量级都不一样，在输电线路勘测设计中，冰区划分偏大造成投资浪费，偏小造成运行的安全问题。

3. 重冰线路一般在山区和无人区，这些地方都是覆冰资料空白区，因此量化分析覆冰量级十分困难，冰区划分往往不能真实正确反映客观实际，线路建成运行后，常常因电线覆冰造成安全事故。

由于我国大多数气象台站都建在城区，没有覆冰，也就没有覆冰观测，线路设计传统的方法是依靠当地调查获得覆冰的定性资料，在进行一系列订正，因此，设计冰厚的正确确定就特别困难。面对沉重的压力，出路在哪里？我认为：出路就是应用科技创新方法，开展科学实用的冰区划分技术研究，保证覆冰区域电网建设的经济合理性与运行的安全可靠性。

下面我就自己多年工作实践谈谈西南电力设计院近30年来，长期与重冰线路打交道，探索出来的具有核心竞争力的创新方法。

一是突破传统的原始调查方法，探索科学实用的创新方法。

上世纪改革开放初期，二滩—自贡Ⅰ回500千伏输电线路是我国第一条大容量、高海拔、重冰区的线路，横穿大小凉山达200千米。凉山是少数民族聚居地，线路通道基本是高山大岭和无人区，电线覆冰严重而且复杂，外国专家甚至讲，勘测设计条件还不具备。面对没有资料，没有调查对象的状况，科学创新是解决难题的钥匙，办法就是走自己的路。为此，在二自线走廊方案的大凉山区建立了大型雨凇架、地面气象观测场和500千伏不带电三基二档的模拟线路，还在区域范围内的不同地形、不同海拔，先后有针对性的建立了微地形微气候区的小雨凇架导线覆冰观测，填补了山区无覆冰和气象资料空白，电线覆冰实测资料直接为二自线勘测设计服务，其成果运用到设计冰厚取值和冰区划分工作中，施工图设计阶段应用覆冰观测研究成果后，重冰区长度较可行性研究阶段确定的路径缩短了44.6%，工程总投资减少约1.5亿元。从运行10多年状况和运行单位反馈的信息来看，线路冰区划分准确，线路运行安全，历经特大冰雪考验。技术创新成果，《黄茅梗观冰站重冰线路冰凌观测和抗冰试验研究》荣获了1996年度国家科技进步二等奖。

二是多种方法综合应用，创新和丰富覆冰分析技术。

世纪之交，三峡——万州500千伏输电线路，全长320千米。线路位于大巴山南侧，穿越巫山地区，是我国南方地区众多的覆冰山地区域之一。有研究者称，三峡地区电线覆冰发生在海拔500米以上的山顶；海拔超过800米的垭口及风口，最大标准冰厚超过50毫米。

为了认识巫山地区的覆冰规律，为优化线路避冰路径与选择合理的抗冰措施提供可靠依据，在开展巫山覆冰观测7年的基础上，结合长江流域经济较发展，运行线路较多的特点；统计分析拟建三万线附近线路设计条件和运行中发生倒杆断线事故的地点、原因，作出已建线路冰区分布和受灾分布图；应用该区域气象台站相对较多的优势，根据气象站的地面观测资料、探空资料与观冰站资料成果，应用气象学与气候学原理，研究区域覆冰气候环流背景、水汽输送通道、风场结构特征等，划分区域覆冰气象等级分布图；有效利用长江两岸湖北绿葱坡和重庆金佛山两个高山气象站近30年的覆冰观测资料对短序列实测资料进行序列延长。施工图设计阶段应用以上研究成果，避开了30毫米及以上量级冰区，缩短20毫米冰区7.5千米，2002年10月线路建成投运，历经2005年与2008年大覆冰考验，运行安全正常。

三是推进科技创新体系在特高压冰区划分中的应用。

进入21世纪，作为电力设计的专业队伍，如何创新，科学、经济、安全地为西电东送的特高压电网保驾护航，那就要在科技创新能力上下功夫。

金沙江一期送电华中华东和云电送粤±800千伏直流输电线路工程经过的区域地形复杂，气候类型多样，覆冰情况尤为严重，变化十分复杂，走廊区域无系统完整的实测覆冰资料。为了有效提高线路的抗冰措施，节省工程总投资，最大程度地确保线路工程建设的经济性与运行安全性。

围绕特高压设计的安全经济和避抗冰问题，提高线路设计覆冰技术水平，实施了以下重点创新：

①在川、渝、黔、湘、鄂、滇区域不同地形，不同高程设立了网状立体观冰站（点），开展冬季覆冰观测、气象观测和线路通道覆冰查勘。获取第一手资料，保证基础资料的完整性、代表性。

②在勘测设计手段上打破常规，组织有丰富实践经验的专业人员，在可研、初设的基础上，连续3个冬季，在大覆冰过程开展线路通道的实地踏勘，充分掌握不同区域和微地形微气候点的覆冰实况，为特高压线路冰区划分夯实基础。

③开展覆冰模型技术研究，建立覆冰气象参数模型；应用统计方法，分析研究应用短期观测资料推算不同重现期冰厚的实用方法及其合理性。

④与大专院校合作，利用数据库技术集成平台建设气象要素数据库、地理信息系统数据库、覆冰等级划分结果数据库、经验订正数据库。实现线路地点数据输入、查询和动态显示，最终形成线路走廊气象要素、地理信息要素、覆冰等级划分结果的三维数字化动态显示系统。

云电送粤±800千伏直流输电线路工程通过创新手段，使冰区量级合理降低，冰区长度大幅度缩短，重冰区线路的投资显著地降低，更重要的是冰区的分布更为合理，线路安全运行的可靠性得以提高。2008年，罕见冰雪灾害事故发生后，应南方电网公司要求对云南—广东±800千伏特高压直流输电线路云南段、南宁以西段冰区做进一步核实工作，复查结果认为，冰区成果合理，可作为线路设计的采用冰区。

向家坝—上海、锦屏—苏南±800千伏特高压直流输电线路工程冰区划分成果，特别是2008年冰灾后的施工图设计阶段，不但没有增加冰区长度和量级，而且在冰区论证的广泛度与可信度的基础上，通过差异化设计，还缩短了特重冰区的长度，比初设减少了35%。

任重而道远，随着国家电网建设的发展和需要，电线覆冰将越来越受关注。面临挑战，我们将进一步发挥优势，在科技创新、特色观冰上下功夫。"位卑未敢忘忧国"，让我们共同践行，为我国电网安全运行做出新贡献。

谢谢大家！

防止全厂大停电　保障电网安全
——大机组快速甩负荷（FCB）技术

上海外高桥第三发电有限责任公司　顾静雯

尊敬的各位领导，各位同仁：

大家好！

今天我演讲的题目是：防止全厂大停电，保障电网安全——大机组快速甩负荷（FCB）技术。

近年来，一些发达国家，如美国、加拿大、法国、德国，以及莫斯科、伦敦等城市相继发生了电网故障并导致发生了大面积停电的严重事故，社会生活和经济等各方面损失巨大。在我国，也发生了海南和西藏等地的大停电事故。

细数这些大停电案例，我们不难发现，停电事故涉及的范围广、而且时间长。事实上，一般火电机组在发生电网故障而被迫停机的情况下，由于外界无法向电厂提供启动电源，要想重新启动发电机组是相当困难的。但是，如果电网内有一台或若干机组在电网故障时能不停机，而迅速转为只带厂用电的"孤岛运行"模式，就能使其成为电网的"星星之火"，迅速"激活"网内其他机组并恢复对重要用户的供电。因此，这就要求发电机组具备FCB功能。

那么，什么是FCB功能？发电机组的FCB功能，即为Fast Cut Back——机组快速甩负荷的简称，也称Run Back to House Load，是指电网崩溃或发电机组发生输电故障，引起机组主变出口断路器跳闸时，发电机不跳闸、锅炉不熄火、汽轮机稳定在3000转/分，实现机组带厂用电负荷的孤岛方式运行。一旦电网故障点恢复，具有FCB功能的发电机组能在数分钟内恢复对电网的供电，并带动电网内失去自启动能力的机组重新启动,使整个电网供电得以迅速恢复,化解医院、电信、电台、电视台及地铁、机场等重要部门的燃眉之急。

事实上,在现代社会里,电力已渗透到社会生产和生活的各个方面,一旦电力系统局部或大范围发生停电故障,其直接和间接造成的后果极其严重。因此,世界各国近来都在认真吸取大面积停电案例的事故教训,加强了对电力系统可靠性的关注,加紧制定万一发生大停电时的应对措施。

一、为什么大机组要具备 FCB 功能

对于以煤电为主,没有水电支撑的区域或城市电网,万一发生系统崩溃,由于煤电机组的再启动需要相当的厂用电,且恢复时间长,故对社会的影响更为严重。这已为美加大停电等案例所证明。作为应对,国内的各大电网都把在发生大面积停电的情况下,如何迅速恢复作为重要的研究课题。因此,发电厂"黑启动"以及 FCB 等方案都成为各方关注的重点。对于火电厂大机组,所谓的黑启动,即在被迫全停且无外来电的情况下,依靠自身专门配置的小型快速发电装置提供厂用电进行再启动,最快也得数小时。这对于停电状况下度"分"如年的现代社会而言,显然是远水难解近渴。与此相比,具有 FCB 能力的机组,能够在电网故障的情况下不停机,并立即转为只带厂用电的孤岛运行方式。特别是大型火电机组,若具备 FCB 能力,万一电网崩溃,能在电网故障消除后迅速恢复向外供电,除对社会重要用户供电外,还能向系统内其他火电机组提供启动用电,使得其"星星之火"能迅速燎原。

在很长一段时期内,实现 FCB 并没引起业界的真正重视。上世纪 80 年代以后,我国引进的部分火电项目配置了 FCB 的设计。由于种种原因,这些机组很难在满负荷的情况下实现 FCB。即使是个别文章所介绍的 FCB 试验,似乎能够成功,但从其字里行间就可以看出,这仅仅是个试验而已,离实用尚有很大的距离。因为许多类似的试验都事先采取了一系列的措施,试问,在电网突发事故时,是否能事先通知电厂,使其有充分的时间去做 FCB 的准备?

二、FCB 相关系统的配置和设计优化

机组具备 FCB 功能不仅能显著提高电厂运行的安全系数，还大大增强了电力系统的安全性和稳定性，已经得到了越来越多电力企业的重视。外高桥二期 2 台 900MW 超临界机组工程，虽然热力系统已配置了 100% 高压旁路 +50% 的低压旁路，但在讨论仪控岛的设计原则时，鉴于之前类似配置的工程并没能实现高负荷的 FCB，故对其 DCS 的 FCB 功能不做要求。不过在第二台机组的调试阶段，业主方在全面分析了系统特点后，克服了重重困难，根据第一台机组的调试经验，在对 DCS 系统的协调控制、DEH 系统及旁路控制系统作了改进和预试验后，成功进行了事先无人工干预、全真实运行工况的 70% 和 100% 负荷的 FCB 试验。

火电机组实现满负荷的 FCB，汽轮发电机须即刻转为孤岛运行方式，负荷立即下降为只带厂用电并迅速恢复稳定运行，所有这一切都必须在极短的时间内完成。既不可能预先采取措施，也不可能采用人工操作。鉴于超临界大机组的控制难度远比常规火电机组高，外高桥二期 900MW 超临界机组的 FCB 成功案例，已从技术角度证明，大型火力发电机组在一定的配置条件下，完全能够实现 FCB 功能。当然，要真正实现 FCB，在机组的设计理念上要有较大的突破。如，采用机组单向大连锁及相应的厂用电切换方式，配置全容量高压旁路及大容量低压旁路，选取合理的除氧水箱容量，解决汽动给水泵汽源的快速切换，与之相适应的控制方式等。

三、外高桥三期 FCB 试验

外高桥三期工程 2 台 1000MW 超超临界机组在设计时就按能实现 FCB 考虑。外高桥三期技术团队详细分解各个环节的问题，通过深入研究，理论计算和技术分析，突破瓶颈，对所有相关设备、系统进行大胆而有效的改进。根据二期工程 900MW 机组成功实现 FCB 功能的经验及系统配置存在的不足，对三期工程的相关系统和配置进行了全面优化，2 台机组先后进行了 75% 和 100% 全真运行工况的 FCB 试验，均获得了圆满成功。

2008 年 3 月 15、16 日，外高桥三期工程 7 号机组先后进行了 75% 和

100%的甩负荷试验。试验采用全真运行工况，试验前不作任何预防性措施和操作，这两次试验都获得了成功。通过试验，也发现了控制系统内尚存在的个别不足，经修改逻辑后于3月17日晚21:40进行了全真运行工况75%负荷的FCB试验。这次试验非常成功，所有运行参数都很平稳，由于再热安全门没有开启，工质平衡不存在问题。在这次试验中，按计划还要做500kV线路开关和联络开关的假并列试验，故孤岛状态运行了约1小时，于22:39再次并网。这次试验说明，机组完全可在孤岛状态下安全运行较长时间。

在成功进行了75%负荷FCB试验的次日，3月18日晚23:59进行了全真运行工况的100%负荷FCB试验，这次试验再次取得了圆满成功。汽轮发电机转子最高转速3162r/min，最低转速2950r/min，FCB发生后约45s转速趋于稳定，仅过了不到7分钟，于00:06机组再次并网。这次试验，一方面显示了机组满负荷FCB的能力，另一方面反映了机组在FCB后恢复向外送电的快速性。

四、大机组实现FCB的意义

火电厂FCB的成功，除对电网的运行增加了安全因素外，还大大提高了电厂自身的安全性。否则一旦遇到电厂出线故障或电网崩溃，电厂全停，必须等到电网恢复倒送电，机组才能逐步启动，费时费钱。并且大机组一旦突然跳闸，往往会引发许多设备缺陷，这会进一步延误机组的恢复。而若具有FCB能力，在上述故障时，机组能自动维持运行，一旦电网故障点切除，可立即恢复对外供电，大大减轻了运行人员的负担，消除了误操作的潜在风险，防止了事故的扩大，减轻了机组设备所受到的冲击。

大型超超临界发电机组具备FCB功能，除能为电网提供发生大面积停电时快速恢复的支撑点外，对电厂自身的安全也极为有利。当机组具备FCB功能后，即同时也能具备停电不停机及停机不停炉的功能，这就能最大限度地降低锅炉停运率，从而有效缓解金属氧化皮脱落导致的锅炉爆管及汽轮机遭受固体颗粒侵蚀等问题。对于大型超超临界机组，只要锅炉不停，一般故障后的恢复时间很短。2008年5月18日14:23，外高桥三期7

号机组在进行发电机进相试验中，因低励保护误动而导致发电机满负荷跳闸，但汽轮发电机仍能维持3000r/min运行，仅隔11min36s后发电机再次并网，且在并网12min后机组负荷就已升至500MW以上，如此迅速的恢复，对于国内很多大机组而言不是那么容易完成的。因此，大机组具备FCB功能，实际上能实现电网和电厂的双赢。

外高桥电厂三期工程FCB实验及实战的成功使之成为我国第一批具备FCB功能的百万千瓦超超临界机组，也标志了国内百万千瓦超超临界机组FCB功能的实用化取得了重大进展，达到了国际先进水平，成为世界上仅有几个掌握该技术的国家之一，为进一步完善上海电网黑启动体系的建设奠定了坚实的基础。

安全生产大家谈

构筑应急救援的信息高速公路
——天地空立体应急通信在电力应急救援中的应用

四川省电力公司自动化中心 邓 创

尊敬的各位领导，各位同仁：

大家好！

今天我演讲的题目是：构筑应急救援的信息高速公路——天地空立体应急通信在电力应急救援中的应用。

我是来自四川省电力公司通信自动化中心的邓创，作为一名从事电力应急通信工作的一线工程师，我亲身经历了2008年的汶川地震灾后重建和2010年的玉树地震应急救援。在一线工作中我积累了一些心得，在这里和大家就电力行业应急通信的建设工作进行一下交流，请多指正。

大家应该都不会忘记汶川地震给我们带来的震撼和伤痛。在灾难发生的时候，最让人心急如焚的是，面对大地震后一片死寂的灾区，我们却没有任何办法可以探听到里面的消息。地震到底多严重？房屋是不是倒塌了很多？灾区里的亲人们是否还安全？

我清楚的记得，在第一时间看到新闻时，处于震中的汶川县城、北川县城在24小时内没有传出任何一点消息，一座座人口几十万的县城顷刻间仿佛变成了一座座死城。灾区和外界的信息沟通完全切断，成了汪洋大海中的一个个孤岛。

"是人民在养着你们，你们看着办！"大家一定还记得，温家宝总理当时面对军队讲的那句话。总理站在都江堰的废墟上，却无法了解到进一步的灾情，心急如焚、又急又忧。我们的解放军战士在这时候展示了无比的英勇精神，在电闪雷鸣、乌云密布的天气下强行伞降；在被泥石流掩埋、车辆无法行进的道路上用双手挖出道路徒步前进。他们的目的只有一个，就是深入到地震震中,去获取第一手的地震情报,传回灾区的情况。

我们必须向我们英勇的战士致敬!但是,我们付出的代价也是极为惨痛的。灾区内有很多水电厂,还有很多大型变电站,有我们上万的电力职工,我们却没有一点办法能联系到他们。他们是否安全的逃脱了?还是牺牲了?我们的电厂、变电站是不是都垮塌了?会不会引起其他次生灾害?我们要怎么去救援?是救援人员?还是抢修设备?没有灾区的信息,后防的决策机构一筹莫展。

只要有一点点消息,我们都可以针对性地制定更有效的救援措施。可以说,因为通信未能及时恢复,我们在汶川地震遭受的损失实在是太惨重了。在这样的背景下,应急通信被提到了极为重要的位置,甚至可以被称之为"灾区的第一条生命线"。没有通信,一切都是空谈!因为,没有应急通信,外界无法进行有效救援;没有应急通信,灾区无法向外求助;没有应急通信,我们的亲人要经历多少煎熬的不眠之夜;没有应急通信,我们还要遭受更多的生命财产损失!

应急通信和我们广大电力员工也息息相关。我们的发电厂、变电站的运行人员大都处于远离城市、人烟稀少的地区;我们的巡线工人要翻山越岭,在荒无人烟的输电走廊艰苦跋涉;这些地方手机常常都没有信号,一旦遭遇任何意外,与外界的通信联系就变得尤为重要。在那种时候,你手里的一部卫星电话可能就会成为拯救你生命的关键。所以,对于电力行业而言,应急通信除了是我们电力职工的生命保障线之外,也是我们电力设施的生命保障线。电网的调度中心、电厂的集控中心等等,在遭遇自然灾害,导致常规通信中断时,应急通信也是我们唯一的替代手段。遭遇灾害后,设备状态如何?是否需要停运或者检修?中断的输电线路情况如何?是否应该巡线?调度控制人员也需要应急通信来完成这些信息的收集,才能做出决策。所以,应急通信在电力行业内非常必要,也大有作为。我们的每一位电力行业从业人员,必须也应该具有应急通信的意识和技术。

下面,我将简要介绍一下四川电力独具特色的天地空立体应急通信系统。所谓"天地空",是指我们结合了天上的卫星通信、短波通信,地面的单兵图传、集群通信等近程接入,以及空中的各种特种航空勘测器材融合而成的一个立体应急通信系统。

卫星通信是应急通信最常用的通信手段，它具备传输距离远，传输容量大的特点，不仅仅可以传输语音电话，还可以传输视频图像和数据。因此，例如电网的调度中心可以使用卫星传输调度自动化信息，电厂的集控中心同样如此；我们还能通过卫星视频实时看到前线的画面，这样比单独打电话信息量要大很多。但是我们不能单单依靠卫星通信，因为在极端受灾的时刻，卫星可能发生故障。再例如发生战争时，由于政治因素，卫星服务也可能不能提供。我们还需要补充的手段进一步提高应急通信的可靠性，短波通信就是卫星通讯的一种重要补充。相信大家都很熟悉军队或者革命影视剧中的电台发报，那就是短波通信。由于它不需要任何中介设备，因此广泛应用在极端恶劣的环境中，例如军队。然后是空中无线通信，这是四川电力的一大特色，我们拥有各种航空器材，如载人三角翼、无人直升机、遥控飞艇、固定翼滑翔机等一大批特种航空设备，这些设备都是第一次开创性地用在了电力行业。这些航空器材都可以搭载摄像机和照相机，并且可以通过无线电将实时的视频传回到地面。因此，在发生泥石流等自然灾害导致人员无法进入的时候，电网企业可以利用这些设备进行输电线路、铁塔、变电站巡检；水电站可以利用这些设备进行大坝监测；核电站发生泄漏事件人员不能进入时，也可以利用这些设备进行勘测；甚至勘测设计单位也可以利用这些设备进行勘查设计。

可以说，天地空立体应急通信系统，就是我们的应急信息高速公路。有了这个系统，我们可以全面获得灾害现场的语音、图像、数据的多维度信息；我们还可以获得高空地形遥感勘测、空中设施航拍、地面语音图像传输的立体信息；我们还可以利用这个系统组织高效的应急指挥平台。

我们能够通过应急通信系统听到亲人的声音、看到战友的面容、监测到设备的状态、接受领导的指引和鼓舞。这一切，都是因为通信而改变。汶川地震后，我们痛定思痛，大力建设了应急通信体系，两年后，这一次的青海玉树地震就发挥了作用。我作为四川电力应急救援队伍的参与者之一，前往玉树灾区进行了救援。路途中车队行进的通信保障，灾区现场队伍接受后方领导指示，救灾队伍现场工作的转播，与医院沟通我们的伤员的救治情况，都是依靠我们带过去的应急通信车来完成。我们不辱使命，光荣完成应急通信保障的任务，对这一次救灾的顺利进行起到了极大的贡献！关爱生命，安全发展，是我们这一次活动的主题；灾害并不可怕，只要拥有畅通的应急通信，就有畅通的信息，就意味着畅通的生命线。让我们从学习了解应急通信开始，关爱和你朝夕相处的同事们；关爱和你朝夕相处的电力设施；关爱我们共同拥有的电力事业！

我的讲演完了，谢谢大家！

安全生产大家谈

人性化管理设备　精细化控制过程
——葛洲坝电站设备管理的创新与实践

长江电力葛洲坝水力发电厂　贾芳娴

尊敬的各位领导，各位同仁：

大家好！

今天我演讲的题目是：人性化管理设备，精细化控制过程——葛洲坝电站设备管理的创新与实践。

说起葛洲坝电厂，让我们从一组数据开始："30"，葛洲坝电厂成立于 1980 年 11 月 24 日，2010 年将迎来她 30 岁的生日；"2777"，葛洲坝电站最初设计装机 21 台，全部为我国自主研发、设计、施工，总容量 2715 兆瓦。投产后通过扩建 1 台保安电源机组和实施 2 台机组改造增容，现装机容量为 2777 兆瓦。最大出力达 2930 兆瓦，年均发电 157 亿千瓦小时；2009 年，葛洲坝电厂实现了"零设备事故、零人身伤害，零设备障碍"的"三零"目标，同时实现了"零非停"，取得了建厂以来最好的安全成绩。

这些数据的产生，得益于葛洲坝电厂 30 年来一贯坚持的"传承与创新"理念，以及大力推行的精益化管理模式。无论是实施关注设备全生命周期的"专家会诊检修系统"；还是在检修过程中实施"文件包作业法"对设备检修的关键过程进行 PDCA 的控制；抑或是建立综合安全性评价体系，实现对设备安全管理的超前控制和闭环控制（如图 1），都体现出渗透到设备管理方方面面的精益生产理念。

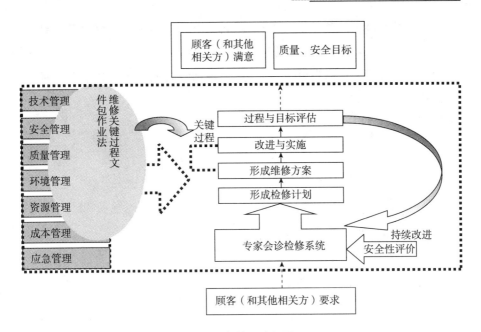

图1　设备管理过程图示

一、实施"专家会诊检修系统",对设备进行人性化管理

传统的设备检修工作主要依据国家发布的设备检修导则执行,检修方式以周期性计划检修为主,设备管理通常为传统的缺陷管理。

葛洲坝电厂将"人本管理"理念引入设备管理,将设备看作一个有生命的"个体",将不同的设备个体,不同的属性、生命周期区别对待,实行人性化管理。把设备管理的重点从传统的"后维修"转变为给每台设备都配备"保健"医生,实时把握和诊断设备的各类情况,进行分类维修的策略。

(一) 什么是设备的全生命周期

设备的全生命周期,不仅仅是传统意义上的一维时间参照,而是根据设备投入运行时间、风险等级、设备属性,把设备的全周期管理划分为三个维度。(如图2)

1. 第一维度为时间属性维 V1。按照时间轴划分为前期、中期、后期,设备故障规律遵循浴盆曲线原理。

2. 第二维度为风险等级维 V2。葛洲坝电厂采用水电站综合安全性评价方式进行查评诊断,把设备风险分为三个等级。

3. 第三维度为设备属性维 V3。主要包括设备的技术属性、基本属性和状态属性。

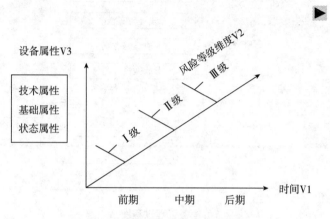

图 2　设备全生命周期管理三维度

(二) 如何对设备进行分类管理

设备的生命周期有 3 个纬度,专业技术人员作为设备的"保健医生",通过对设备全生命周期三纬度的健康状况评估,可以把设备检修策略分为预防检修、适时检修、故障检修三类,采用不同的检修策略。

预防检修以检修导则和同类设备经验值为主,或服从电网调度要求进行检修。故障检修以事后检修为主,对于除以上类别的设备进行适时检修,由专家会诊检修系统,确定检修等级、检修或技术改造项目、检修工期及检修时间。

(三) 专家会诊检修系统如何评定适时检修

基本思路可以归纳为信息采集—分析评估—专家策略三个阶段。(如图3)

我们形象地把信息采集阶段称为听诊器阶段,采集数据的来源包括实时数据和间断数据。实时数据来源于最优维护信息系统 (HOMIS)、计算

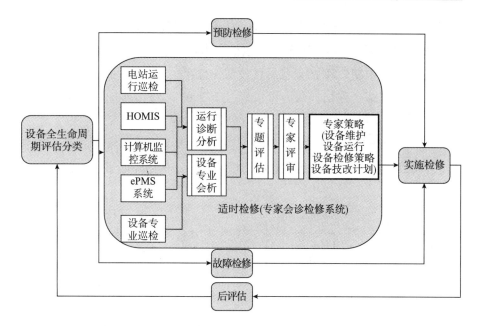

图 3　电站设备全生命周期分类管理图

机监控系统信息。间断信息来源于电站设备管理的数据平台 ePMS,以及电站运行巡检信息和专业化设备巡检信息;分析评估如同医生初级诊断阶段,由设备的"保健护士"和"医生"对设备进行"健康体检";最后是形成专家策略阶段,如同高级医生会诊阶段,内容包括形成最优检修计划、指导设备运行和维修保养、指导设备技术改造。

(四) 典型案例

通过专家会诊检修系统的实施,实现了设备检修理念的根本性变化。关注过程、关注细节的设备管理思想充分体现了精益检修的本质。实施专家会诊检修系统提升了设备管理水平,也降低了维修成本,提高了企业效益。

案例:17F、5F 检修策略制定(典型的优化主设备检修周期和检修项目的案例)

17F 和 5F 均为 80 年代投产的机组,17F 投入运行 20 年来,运行稳定,设备健康状况一直很好,按"检修导则"要求至少应安排一次 A 级检修;5F 在 2000 年按"检修导则"要求进行过一次 A 级检修,2004 年进行过一次 B 级检修，但在 2006 年因轮叶开关腔串油，造成调速器轮叶长期被迫手动运行。

在三纬度图（图4）上我们可以清晰地看出它们所对应的坐标。时间轴上它们均为中期，5F 的设备属性较低，且存在 I 级风险的缺陷。

经过专家综合评估，认为可以延长 17F 的 A 级检修间隔，决定 2007 年对 5F 提前安排扩大性 B 级检修，彻底消除顽疾。

17F 至今未进行过 A 级检修，运行稳定，大大节约了维修成本；5F 通过扩大性 B 级检修，使机组运行状态恢复良好，从而降低了运行成本。

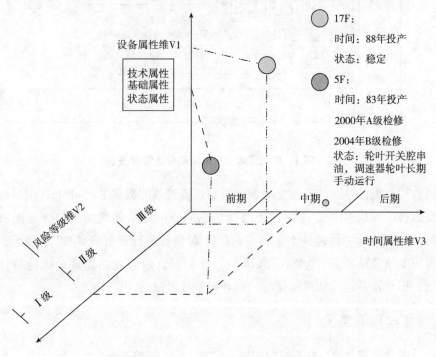

图 4　设备全生命周期管理示意图

二、实施"文件包作业法"，对设备检修的关键过程进行 PDCA 控制

（一）什么是"文件包作业法"

葛洲坝电厂从生产实际出发，坚持 PDCA 的循环，对设备维修过程进

行全过程控制。通过检修作业过程管理中的"文件包作业法",即集合检修作业过程控制和管理的各类记录、方案、报告、图纸、清单等全部技术文件,有效地解决了在维修过程中可能出现的开工前准备过程不充分、工中作业项目不规范、完工后技术资料处理不完备等问题(如图5)。

图5　文件包作业法示意图

从图中可知,文件包的内容涵盖了整个检修过程的所有项目;从构成体系看,其中包括技术、安全、质量、环境、资源、成本等管理中与维修过程有关的关键因素。文件包的实施实现了在工作过程与技术环节上的环环可控、层层相依,将所有内容融会贯通,以标准的工作程序和规范的人员行为,确保了作业过程中人身和设备安全,提高了维修质量。

(二)"技术管理与维修作业分层管理"提供人力资源保障

为了更好的实现精益管理,2007年,葛洲坝电厂创造性地实施了"技术管理与维修作业分层管理"的模式,即将生产部门员工按技能分为技术管理层和生产作业层,技术管理层负责技术方案的制定和日常技术管理工作,作业层负责技术方案的实施,为检修过程提供了明确的技术管理支持(见图6)。

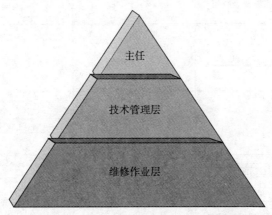

图6 技术管理与维修作业分层管理示意图

三、实施综合安全性评价,实现了安全管理的超前控制、全面控制

葛洲坝电厂从2005年开始在全国大型水电厂中率先提出并运用综合安全性评价手段,变事后处理为事前控制,为安全管理提供了新方法。

水电站综合安全性评价体系针对生产设备系统、劳动安全与作业环境以及安全管理、人员安全四个方面可能引发的危险因素,以防止人身伤害事故、重大和特大设备事故及频发事故为重点,用危险评估的方法进行查评诊断,摸清水电站安全基础,掌握企业客观存在的危险因素及严重程度，明确开展反事故措施及劳动安全保护措施，实现超前控制，减少和消灭事故。

葛洲坝电厂依据国家电网公司相关标准，按水电站专业维护检修分工特点编写了《水电站综合安全性评价》手册，2000年通过了水电站综合安全性评价的自查评及专家查评工作。2010年正在进行第二次综合安全性评价工作。

水电站综合安全性评价在葛洲坝电站的创新应用，基本掌握了葛洲坝水电站设备、环境安全及安全管理方面存在的问题，明确了葛洲坝水电站设备改造及作业环境治理的方向，使水电厂设备安全管理的标准化水平再上一个台阶。

葛洲坝电厂在关注设备安全的同时，创造性地在2008年开展人员行为安全性评价工作。完成了人员安全性评价标准的制定和软件开发工作，并进行了试评价，其结果直接指导于实际，通过帮助员工在日常工作中注意克服个人各种不安全的心理状态，利用工作之余开展各类协会活动，倡导全员健身；并加强技能培训，从员工的身体、技能和心理三个层面上避免了不安全情况的发生。

技术和管理上的不断创新，使葛洲坝电厂的各项安全指标逐年向好：截至2010年4月30日，葛洲坝电厂实现连续安全生产2590天；全厂主设备完好率达到100%；近3年的机组年均发电运行时间达到6000小时左右。

这片沃土也让创新的小苗在葛洲坝电厂根深叶茂。500千伏开关站断路器一体化、光纤传输跳闸令等改造工程的研究实施，解决了500千伏开关站的开关偷跳的顽疾；《无源零开断自动灭磁新技术的研发与应用》项目荣获第四届中国国际专利与名牌博览会金奖和特别金奖；2007年7月1日成功实施的大江、二江集中值班制……这一系列创新发展的成果标志着葛洲坝电站的设备水平、管理水平迈上了崭新的台阶！

展望未来，葛电人正以务实的脚步践行"精细、安全、创新、高效"的葛电精神，让"水电精品"经得起时间的历练而熠熠生辉！

谢谢大家！

安全生产大家谈

风力发电机组中人身伤害的应急救护

华能中电威海风力发电有限公司　李　晖

尊敬的各位领导，各位同仁：

大家好！

今天我演讲的题目是：风力发电机组中人身伤害的应急救护。

随着我国可再生能源法的实施，风力发电以高速增长的态势迅速形成了一个巨大的产业。在如何搞好这个新兴发电行业的安全生产方面，还有大量的问题等待我们去研究解决。

由于风力发电生产的特殊性，生产过程中会同时涉及高空作业、带电作业、高温作业、机械旋转等多项危险作业，绝大多数风电场又都处于人烟稀少、远离医疗机构的偏僻地区，而且处于几十米甚至上面米高空的风机机舱，内部结构复杂，在这些恶劣的的环境下，当风机机舱上发生人身伤害事故时，没有适宜的场地进行施救，伤员很难得到及时快速的现场专业救护。那么当机舱上发生人身伤害事故时，检修人员如何在机舱中实施快速有效的现场临时急救？如何才能将伤员安全快速的送达地面，交由医生接替救治工作？这些问题迄今为止仍是风电业界的一个难题。今天，我们在这里认真讨论一下。

首先，让我们来了解一下风机的主要情况。目前，国内安装的风力发电机组基本为水平轴机型，其结构特点为连接风机叶轮——增速齿轮箱——发电机的轴系与水平面平行。这就决定风机的主要部件肯定安装在远离地面的机舱上，风电检修人员的主要工作场所也必定在这个空间狭小的机舱里。为了垂直运送检修材料和工具，在机舱底板上安装一个吊重量不小于250千克的吊物电动葫芦，被吊物体在塔筒外侧上、下运动。为了让检修人员登上机舱，一般在风机的塔筒内安装一部垂直人力爬梯，爬梯与塔筒内壁之间的空间距离非常小，仅够一人上下爬动。因此，机舱上一旦发生人身伤害事故，不可能通过人力爬梯将伤员背回地面。

鉴于风机的实际情况，我们可以将应急处置预案分为两部分：一是风机机舱上一旦发生人身伤害事故，现场员工应立即停机，并及早与当地事故救援机构和医疗部门取得联系，同时根据人身伤害的事故类别、伤员的伤情以及现场的急救条件，尽快对伤员实施各种恰当有效的现场临时急救；二是将伤员安全快速的运至地面，交由专业人员接替救治。首先，让我们讨论一下机舱现场临时急救的措施。

风力发电机组机舱上作业人员可能面临的人身伤害事故主要包括触电伤害、机械伤害、起重伤害、物体打击、高温中暑和高空坠落。其中高空坠落事故的应急救护不属于本次探讨的内容，在此不予讨论。而机械伤害、物体打击和起重伤害对人体的危害及其现场应急救护的方法相近，将合并在一起讨论。下面，我将对机舱上人身伤害的现场临时急救措施进行分类说明。

一、触电事故的应急处置

触电事故的发生多数是由于人体直接碰到了带电体或者接触到因绝缘损坏而漏电的线缆或设备。

在机舱上发现有人触电，应立即断开有关电源，使触电者迅速脱离带电体，触电者未脱离电源前，救护人员不得直接用手接触伤员。然后在机舱上实施心肺复苏急救，支持呼吸系统对脑、心重要脏器供氧。用心肺复苏法进行急救，必须分秒必争，不断地坚持进行，不能只根据没有呼吸或脉搏而擅自判断伤员死亡，放弃抢救。

二、机械伤害事故的应急处置

机械伤害事故的形式相对惨重，当发现有人被机械伤害时，虽及时紧急停车，但因设备惯性作用，仍可造成严重伤害，直至身亡。所以机械伤害的应急处置应本着先控制、后处置，救人第一，减少损失的原则，尽快实施就地临时急救。

发生机械伤害事故后，现场人员要立即停机，迅速对伤员进行检查。检查其呼吸道是否被舌头、分泌物或其他异物堵塞。检查伤员时，动作应轻柔，必要时剪开其衣服，避免突然挪动使伤情恶化，增加患者痛苦。发现受伤人员休克或呼吸、心跳停止时，应立即进行急救，有针对性地采取人工呼吸、心脏按压、止血、包扎、固定等临时应急措施，尽最大努力抢救伤员，将伤亡事故控制到最小。

三、高温中暑的应急处置

夏天登机作业时，机舱温度普遍在40摄氏度以上，作业人员处在舱内高温环境中，或在机舱外烈日直射的条件下进行一定时间的劳动，如果没有足够的防暑降温措施，体内积蓄的热量不能及时向外散发，就会导致体温调节发生障碍，引起中暑。

中暑的救治效果很大程度上取决于抢救是否及时，如能及时发现，完全可以防止中暑的发生。高温中暑的救治原则是及时发现、就地处理、尽快抢救、预防为主、严防中暑后的二次伤害。机舱上的工作人员发现同伴出现中暑症状时应立即停机并停止现场作业，立即实施急救。同时，对机舱上的通风降温设施等进行检查，找出中暑原因并采取有效措施降低工作环境温度。迅速将中暑人员移至机舱中阴凉、通风的地方，垫高头部，解开衣裤，以利呼吸和散热。用湿毛巾敷头部、腋窝、大腿根部等处。中暑者呼吸困难时，应进行口对口人工呼吸。现场临时急救后，尽快将伤员妥善抬至地面阴凉、通风的地方，交由专业医生接替救治工作。

根据目前风机的实际条件，我们可以考虑把伤员安放在风电场常备的专用吊篮里，利用吊物电动葫芦尽快将其安全送达地面，以使伤员得到更快更好的专业救治。让伤员搭乘送货电动葫芦，可能会存在风险，但为了尽可能争取时间，挽救伤员生命，也只能采取这样的紧急措施。这里必须强调，实施这项操作前，吊篮在扣上电动葫芦的工作铁链的同时，一定要系上一根由机舱上专人控制的附加保险绳，防止伤员发生高处坠落的次生事故。为避免吊篮任意转动，还必须系上控制稳定的方向绳，由地面人员控制。

以上就是我从事风电生产技术工作的感悟之谈，其观点仅供参考。我相信，随着风力发电生产规模的不断壮大，风电行业的生产安全事故应急管理将得到逐步规范。随着我国综合国力的不断提高，专业救援直升机将遍布祖国大地，风电生产人身伤害必将会得到更加及时有效的救援。

【文化组】

新形势下电力安全文化建设的
实践和探索

国家电监会福州电监办　周　剑

前　言

党的十五届六中全会提出我国安全生产的方针是：安全第一、预防为主、综合治理。增加"综合治理"，是继1959年提出"安全第一、预防为主"方针后的重大发展。"综合治理"要求采用文化、法制、科技等综合手段提升安全生产水平，是实践"以人为本，安全发展"的科学发展观，构建社会主义和谐社会的必然要求。2008年11月19日，国家安全总局发布《企业安全文化建设导则》（AQ/T9004-2008），从制度层面进一步规范企业安全文化建设。电力生产特殊属性决定安全生产的重要性，随着电力系统规模的发展，电力体制改革的深入，电力企业主体的多元化，电力安全面临更为复杂和严峻的形势，对传统的安全生产管理工作提出了新的挑战。安全文化建设是对安全管理的一种新认识，是实现企业跨越式发展的客观要求。近年来，许多电力企业在安全文化建设上进行探索，积累了大量的经验，对此进行分析研究，顺应新形势要求构建电力企业安全文化的基本框架具有重大的现实意义。

一、电力安全文化建设的发展历程及面临的形势

（一）电力安全文化建设的发展历程

国际核能组织提出，安全文化的发展有三个典型的阶段。第一阶段，

安全是被动的,安全被认为是技术问题,因此主要是服从外部施加的法律法规;第二阶段,好的安全绩效成为组织的目标,并且从根本上以安全策略或安全目标的形式给出组织的目标;第三阶段,安全被认为是一个人人都有责任的持续改进的过程。

长期以来,电力行业始终高度重视安全。上世纪80年代以前,电力工业以行政管理为主,安全生产主要围绕防止发生人身、设备、电网事故三个方面展开,建立了以"两票三制"为核心的安全管理制度。上世纪90年代,借鉴发达国家的经验,由国家电力管理部门推动,在电力企业普遍开展安全文明生产双达标、创一流等活动,进行设备、环境综合整治,力求奠定更加扎实的安全生产基础,这一阶段是以组织目标为主要特征。近几年,一些电力企业进行具有行业、地域、企业的特色的安全文化建设探索,逐步构建有本企业特色安全文化体系,安全管理上了新水平。应该指出,目前电力安全文化建设发展很不平衡、也不规范,迫切需要加以引导,以求整体推进。

(二) 电力安全文化建设面临的新形势

改革使我国电力工业发生了多方面的变化:一是电力企业主体多元化,特别是发电领域新的投资主体不断加入,央属、地方、民营企业文化背景不同,管理目标也存在差异,而电力生产的系统特点需要严密的组织性,矛盾日益显现;二是政府管理职能转变,要求电力安全管理由主要依靠行政手段转向依法监管,转变过程中许多不完善、不健全的问题在一定程度上影响到电力安全;三是国家提出经济发展要由"又快又好"向"又好又快"的科学发展转变,需要探索符合这一要求安全管理的新理念、新思路、新办法、新机制。

(三) 电力安全文化建设的必要性

电力安全文化是在长期的生产和经营活动中逐步形成,具有企业特色的安全理念、安全作风、安全管理机制及行为规范的总和。与安全制度约束相比,安全文化建设是内在的、温和的、潜移默化的、主动意义上的,具有其他约束无法比拟的优越性。电力企业安全文化作为企业内部全体员工认同的价值观念和行为准则,当企业安全管理目标与员工的个人目标是一致时,企业安全管理目标的实现也就意味着个人目标的实现和个人需要的满足,使企业的安全面貌发生根本性的变化,引导企业领导做出正确的决策。因此,适应新形势要求,将安全文化建设作为一种新的管理模式,进一步提升电力企业安全生产管理方法和手段,树立电力企业主动安全的理念是十分必要的。

二、"以人为本,安全发展"电力安全文化的体系构成

(一) 原则与目的

电力企业安全文化建设必须突出"以人为本,安全发展"这一核心理念。

必须坚持"以人为本"原则。就是强调在安全文化建设中要坚持尊重人、依靠人和为了人。首先要尊重人的生命,树立"生命至上、人命关天"的安全理念;其次是依靠人,实现"要我安全"到"我要安全"的意识提升,抓住了"人"这个安全生产的关键;最终是为了人,这是安全发展观的根本目的,是社会进步的标志。

必须突出"安全发展"目的。就是要坚持发展第一要义,用发展的方法解决前进中的问题。发展必须安全,安全确保发展的持久性、可持续性。安全为了发展,强化安全的基础支撑作用,从而促进企业的全面协调可持续发展。

(二) 结构

电力安全文化包含关联紧密、层层递进的四层结构。包括,核心层:管理层的安全承诺;内1层:行为规范与程序;内2层:安全行为激励、信息传播与沟通、自主学习与改进、安全事务参与;外层:评估和审核。

建立安全价值观、安全愿景、安全使命和安全目标等安全承诺。安全承诺要体现电力企业自身特点和实际,反映共同安全志向的基本特征。

企业内部的行为规范和程序是企业安全承诺的具体体现。电力企业要

进行安全文化氛围、安全制度体系、安全基本素质、标准化作业、准军事化管理、工作环境、保障体系等行为规范建设，建立识别、说明、执行程序。

注重相关因素影响是实现安全承诺的重要保证。电力企业应建立安全绩效考核标准作为安全行为激励，建立基于计算机网络的信息化平台传播安全信息传播与沟通途径。大力加强对职工的培训工作，提升员工的安全技能、开展岗位任职资格的管理。

开展审核与评估是安全文化持续改进的重要环节。定期开展安全文化建设情况的全面审查，对企业安全管理的成果和存在的问题进行分析诊断，找出改进的方向和措施，将成果纳入企业的分析改进程序中进行落实。

三、构建电力安全文化体系方法与要求

企业在安全文化建设过程中，在满足文化体系要求的同时，应充分考虑内部的和外部的文化特征，使其具有自身特点，保持旺盛生命力。引导全体员工的安全态度和安全行为，实现在法律和政府监管要求之上的安全自我约束。电力安全文化体系的构建要紧紧围绕电力生产的全员、全过程、全方位，从安全责任、安全意识、安全制度建设、行为规范建设、外部环境建设等方面入手，突出以人为本，安全发展。

（一）全员参与的要求

对决策层的要求。企业决策层是企业各项工作的立法层，是企业安全文化的倡导者和培育者，其安全文化素质决定着企业安全文化建设的方向。为此，企业决策层要有强烈的安全责任意识，要有深厚的安全决策素养，掌握国家的安全生产方针、政策以及法律法规，强烈的法律意识和法制观念，推行实施企业各项安全决策。

对管理层的要求。企业管理层是企业各项工作的组织层，是企业安全文化的设计者和组织者，决定着企业安全文化建设的组织实施。为此，企业管理层要掌握安全生产方针政策、法律法规、行业规范和技术标准，结

合企业实际建立安全政策、纲领及实施方案，加强安全监督检查，规范提高员工安全行为。

对企业员工的要求。企业员工是企业各项工作的执行层，是企业安全文化最重要的执行者和实践者，决定着企业安全文化建设的结果成效。为此企业操作层要始终保持踏实的工作态度、严谨的工作作风、细致的工作习惯，不断学习积累和提高安全文化素质和技术素质，提高事故防控能力。

（二）文化氛围建设

电力企业的安全文化氛围建设，必须紧紧围绕电力企业安全生产的目标任务，全面落实安全责任，始终把电力安全生产放在首位，认真履行岗位安全职责，落实各项规章制度；通过各种宣传手段，长期反复进行思想、责任、法制、价值观等方面的宣传教育，提高安全意识；营造关爱氛围，用爱心和亲情筑牢安全生产的第二道防线。

（三）制度体系建设

必须不断健全完善制度，适应企业的发展。建立以安全责任制、作业规程、风险管理为主线的制度规程体系；充分考虑制度的必要性、可行性、实效性，建立层次清晰、简洁明快、操作性强的制度体系；在制度的制定过程中，遵循"人本原则"，使员工在意识上自觉接受，在行为上主动服从。

（四）行为规范建设

电力安全文化建设必须持续进行行为规范建设，培育安全基本素质、实施标准化作业、推行准军事化管理，建设规范有序的安全行为文化，推动员工养成良好的作业习惯。安全思想、安全技术素质要落实到每一个岗位、每一名员工；制定标准化作业程序，一丝不苟地执行安全组织、技术措施，控制作业风险；要借鉴军队的管理经验规范企业的日常工作，强化执行力，塑造良好的企业形象和员工形象。

（五）环境保障建设

电力安全工作是一项复杂的系统工程，需要积极营造一个有利于安全生产的工作环境。对各种安全隐患，要做到及时防范，创建有利于安全生产的工作环境；建立相关方的沟通、对话、参与机制，实现安全信息共享，相互协调消除短板，共保安全。

（六）组织力量建设

发挥宣传、教育、生产、基建等部门在企业文化建设中的积极性和创造性，形成党政一把手统一领导，有关部门密切配合，广大职工共同参与的全方位、多层次的安全文化创建局面；从设计、采购、制造、安装的源头保障电力设备安全，推进隐患排查、治理和持续改进，强化安全防护措施的落实，推广应用电力综合防灾减灾等新的安全技术。

四、福建电力企业安全文化建设的实践

（一）福建省电力有限公司安全文化建设实践

福建省电力有限公司按照"一强三优"现代公司的发展目标，始终牢记在海西建设中的责任和使命，根据企业长期发展过程中逐步形成的价值观、危机意识、工作作风和管理特点，提炼出企业安全价值理念——安全是生命、是健康、是幸福；安全警句——心存侥幸，万祸之源；安全生产工作作风——严肃认真、雷厉风行、令行禁止；安全管理文化——严细实新。公司以"关爱生命、安全发展"为根本出发点，以建设"严细实新"安全管理文化为核心，从"安全管理、安全素质、安全行为、设备管理、安全制度、作业环境、团队建设、亲情文化"等八个方面开展安全文化建设，以安全文化引领和推动安全支撑体系的建设，在抗击"桑美"台风、抗冰抢险、奥运保电等重大工作得到了社会各界高度肯定，安全工作取得了可喜的成绩。其下属企业也根据自身特点形成了"啄木鸟"、"红土地"、"松柏"等颇具特色的安全文化，调动了员工参与安全管理的积极性。

（二）华电福建发电有限公司安全文化建设实践

华电福建发电有限公司在继承原有的安全管理经验的同时，精心策划"关爱生命，远离违章"的安全文化体系：培育确保生产安全、经济安全、政治安全、形象安全"四大安全"价值观；提出"享受安全"安全愿景；力求实现"可控在控、长治久安的本质安全型企业"安全目标。公司以"关爱生命，远离违章"为主题，以打造"倡导遵章、杜绝违章"的遵章文化、"简洁实用、执行有力"的制度文化、"标准作业、规范管理"的行为文化、"多维标识、方位全面"的视觉文化等四个方面开展安全文化建设，引领和推动安全工作，体现了企业对国家、社会、员工、股东及相关利益者所应具有的崇高使命，塑造了良好的企业安全形象，取得了安全发展的实效。

五、对我国电力安全文化建设的建议

电力安全文化建设是一个系统工程，它涉及电力企业各类人员的安全意识、安全素质以及企业的安全制度防范措施等方面，也涉及到电力安全监管机构的政策措施等方面，是一项长期而艰巨的任务。在新形势下要取得安全生产新的突破，必须提升观念，推进电力安全文化建设。

（一）发挥电力安全监管机构在电力安全文化建设中的引导作用

制定电力企业安全文化建设导则。国家安监总局已制定企业安全文化建设导则，电力监管机构应总结电力企业安全文化建设探索经验，使之上升为行业规范，制定与电力行业特殊性相结合的电力企业安全文化建设导则，引导安全文化建设的发展。

建立安全文化建设审核评估体系。审核评估的作用是保证其有效性重要环节，电力企业也可以依托管理中介机构对其安全文化体系进行评估并持续改进。同时，电力监管机构在进行安全检查时，应加大电力企业安全文化建设的力度，推动全行业安全文化建设。

推广具有时代特征的电力安全文化建设经验和做法。目前电力监管机构可以充分利用电力安委会、会议、电力论坛等平台,大力宣传好的电力企业安全文化建设经验可以达到事半功倍的效果。

(二) 全面落实企业的安全文化建设的主体责任

企业文化必须体现企业的自身特点,全面落实企业的安全文化建设的主体责任。

精心策划企业安全文化规划。应充分考虑文化建设的阶段性、复杂性和持续改进性,企业领导人有责任组织制定推动本企业安全文化建设的长期规划和阶段性目标,全力推进安全文化体系建设。明确安全文化建设的领导职能,建立领导机制;明确负责推动安全文化建设的组织机构与人员,落实其职责;保证必需的建设资金的投入;配置适用的安全文化传播系统。

持续改进安全文化的内容。安全文化具有的实践和时代特征,电力企业要不断充实安全文化的内涵,改进安全文化的传播方式。同时应当注意避免朝令夕改,否则不利于安全文化的培育。

用亲情筑起安全生产新防线

云南电网公司普洱供电局　李光强

尊敬的各位领导，各位同仁：

大家好！

今天我演讲的题目是：用亲情筑起安全生产新防线。

对于个人来说，安全就是生命；对于家庭来说，安全就是幸福；对于企业来说，安全就是效益。然而，我们身边一次次的人身伤亡事故，让多少家庭瞬间失去了亲人，失去了幸福；那一声声撕心裂肺的哭诉，那一幕幕生离死别、白发人送黑发人的悲惨场面，就像一道道伤痕刻在我们的心里，久久不能抹去。

记得2007年11月9日，某供电局的小常在检查用户变压器时，由于违章操作触电死亡。风华正茂的小常突然离去，令我万分遗憾。他22岁大学毕业取得供用电专业学士学位，并如愿以偿进入供电局工作，成为了村里最有出息的孩子，他为父母赢得了骄傲，也带来了希望。5年的工作中，他以自己的勤奋和努力赢得了单位领导和同事的认可。正当他满腔热情地投入到事业中、憧憬着未来组建一个幸福的家庭、计划着将远在农村辛劳一辈子的父母接到自己身边……，然而，这一切美好的愿望在瞬间全破灭了。我很难想象，小常双鬓斑白的父母该如何承受失去儿子的锥心之痛啊？

一个鲜活的生命在瞬间消逝，让我们感叹生命的脆弱。但是，这样血淋淋的事故一次又一次地警示我们，违章、麻痹、不负责任"三大敌人"就是造成无数悲剧的原凶！

为了悲剧不再重演，为了每一个员工家庭的幸福，普洱供电局在强化企业安全生产管控的同时，以"家庭"为基点，以"情感"为纽带，以

"安全"为目标，开展形式多样的安全文化进家庭活动，形成了企业、家庭、员工共同关爱生命、关注安全，共同促进和保障安全的良好局面。

在普洱供电局输电管理所就有一个特殊的班组——嫂子班。说她特殊，是因为全班18人中没有一个是我们的员工，她们都是输电员工的妻子。

说起嫂子班的成立，这中间还有一段曲折的过程。以前，大多数嫂子们知道自己的丈夫从事输电线路工作，但不知道他们具体做什么，对丈夫每天早出晚归、不理家事产生了不少怨气。她们不理解，为什么自己的丈夫平均每年在外出差达到236天，有的甚至达到268天。即便是在不出差的有限时间里，丈夫也是不分白天黑夜地待在办公室里。虽然是夫妻，但平时沟通很少，个别嫂子甚至对夫妻之间的感情产生了怀疑，有时还会有意无意地来到办公室看看丈夫到底在做些什么？

针对这些情况，我们在开展安全文化进家庭活动中，将输电员工一天的工作实况拍摄成录像请嫂子们观看，并组织她们与员工在一起恳谈。当看到自己的亲人每天很早起床，乘车在崎岖陡峭的山路上行使，背着沉重的背包从山脚爬上山顶，气喘吁吁、汗流浃背，在崇山峻岭之间跋涉，饿了就啃两个馒头，渴了就喝几口矿泉水，经常巡视线路到天黑才回到驻地，当看到他们有时爬上几十米高的铁塔，在呼啸的狂风中作业，有时还面临着野象、毒蛇和马蜂的威胁时……，她们震撼了；当听到部门的工作介绍，听到丈夫对家庭、对自己的真情告白时，她们的愧疚和不安之情油然而生。

我们组织嫂子们到铁塔下、线路旁，头戴安全帽巡视线路，亲身体验丈夫的工作。走过艰辛的巡线路，看着高耸的铁塔，大家发出了共同的心声："体验活动让我们真正感受到了输电人的艰辛和危险，感受到亲人的安全不仅与电网的安全紧密相连，更与我们家庭的幸福紧密相连。"部门负责人张志诚的爱人说："我既然选择了你，也就选择了这个职业，选择了这份责任。"一句朴实无华的语言温暖了丈夫的心，产生了巨大的精神动力。

我们还邀请嫂子们参加班组建设成果发布会、科技创新成果发布会等活动。当看到自己的亲人在数字化班组建设中的勃发英姿,看到高空防坠落装置、高海拔地区带电更换 500 千伏"V"型绝缘子串等一系列技术难题获得国家专利和科技进步奖,看到亲人们参与研究的国内首次涡喷无人直升机巡线试飞成功时,嫂子们不由得对丈夫肃然起敬。

我们把先进员工事迹和家庭照片制作成展板在生活小区、办公场所的橱窗内展出,把"家庭安全员"、"安全和谐家庭"的奖状送到他们手中,举办了盛大的颁奖晚会,让先进员工和家属成为晚会的主角,让嫂子们从幕后走向台前。在这些活动中,那种作为输电员工家属的自豪感、荣誉感和责任感一阵阵地涌上她们的心头!

此后,嫂子们对自己的丈夫更多了一份关心、理解和牵挂,每当打雷、狂风和暴雨时,嫂子们紧张了——她们担心线路出故障,更担心外出抢修的亲人。在爱和责任的驱使下,大家自发组成了普洱供电局第一个家属班组——"输电嫂子班"。她们闲暇时常常聚聚、拉拉家常,忙碌时打打电话、互相帮帮。今天你没空,她就帮接送一下孩子,明天她有事,你就帮忙照顾一下家里。遇到丈夫夜晚加班时,她们还会为亲人送上夜宵。当丈夫外出巡线和抢修的时候,嫂子们会每天发条短信、打个电话提醒注意安全,丈夫们也会在每天的工作结束后报个平安,让全家人放心。

嫂子们还告诉年幼的孩子:"爸爸是光明的守护者,没有经常在家陪伴你,是为了我们每一个家庭的电灯都能亮啊。"就这样,孩子渐渐地懂了,他自豪有一个从事电力线路守卫工作的爸爸,每一次与爸爸通电话时,也会像大人一样叮嘱:"爸爸,爬铁塔前,要把安全帽戴好,把安全带系好哦。"

从此,嫂子班组成了一个相互关爱、相互支撑的大家庭,让我们的输电员工感受到,虽然自己不能给予家庭更多的关心和帮助,但自己的身后有许多亲人在默默地支持着,从而更加踏实、安心地去做好自己的本职工作。

在普洱供电局,让我们感动的又何止一个嫂子班啊?变电部员工李卫婚礼第二天就丢下新婚的妻子,赶赴变电站参加检修。实在无法理解的岳母找到了变电部,部门负责人一面耐心解释,一面专程派人陪同老人家来到100多公里外的检修现场。当听到我们员工一路不停的介绍，看到炎炎烈日下专注工作的女婿时，老人家理解了、心疼了。从此，刚刚退休不到一年的老人家又高高兴兴地在女婿家里"上班"了。

小车班的龚师傅身上常年揣着一张小卡片，一面是父子俩的生活照，一面是9岁儿子在参加我们组织驾驶员子女学习交通安全知识后写下的叮嘱："爸爸，你是我们家的支柱，出车一定要注意安全呀。"5年来，龚师傅把这张卡片当作珍宝，随时留在身边提醒自己安全行车。

在安全文化进家庭活动中，我们在倡导家属当好安全生产贤内助的同时，通过家访、"一对一"爱心服务、"我爱我家"安全宣讲、创建"和谐温馨变电站"等活动，用真情把企业的关怀和温暖及时传递到员工的家里，架起了企业与员工家庭的"连心桥"。家属们无怨无悔地赡养老人，照顾孩子，关心和支持自己亲人的工作，提醒和叮嘱自己的亲人时刻注意安全，用心经营着温馨幸福的家，实现了企业安全文化与家庭文化的互促共融，为企业安全生产增添了新的生机和活力。

各位领导，各位朋友，为了我们每一个家庭的和谐幸福，为了我们企业的安全发展，让我们用亲情撑起家庭和企业幸福平安的那片蓝天，让幸福常伴，让安全永驻！

谢谢大家！

激活企业安全文化生命力

中煤能源集团上海能源股份有限公司发电厂　吴国齐

尊敬的各位领导，各位同仁：

大家好！

今天我演讲的题目是：激活企业安全文化生命力。

现在，我向大家报告中煤能源集团上海能源股份有限公司发电厂六位一体安全文化建设的基本做法和体会，请大家批评指正。

背景一　安全文化建设"七多七少"问题

当今，建设安全文化，促进安全发展已经成为企业乃至全社会的重要任务。在1995之前，我厂通过认真调研，认识到安全文化建设存在"七多七少"问题，这些问题是：

一是在安全文化认识上，往往片面局部的东西多，内涵性、系统性的东西少；

二是在安全生产措施上，往往检查处罚考虑的多，安全宣传教育考虑的少；

三是在各类事故预防上，往往技术措施考虑的多，而系统风险评估控制的少；

四是在安全教育职能上，往往政工部门考虑的多，而生产管理部门考虑的少；

五是在安全文化建设上，往往形式教条考虑的多，本质性、实效性考虑的少；

六是在安全文化层次上，往往安全人员考虑的多，企业部门和职工考虑的少；

七是在安全文化传播上,往往强势灌输考虑的多,主动学习、认真汲取的少。

用国际通用的诊断模式诊断我们企业,可以看出,我们安全文化建设存在的问题很突出,主要表现在:层次低、不系统、无合力、无标准、缺载体、少活力。

如何将文化活动上升为系统化的文化管理模式,如何促进安全文化理念的落地生根、开花结果?如何在创建过程中形成一整套覆盖全面、吸引全员、贯穿全程的可操作、可评价、可追溯的方法载体?这些是我们需要解决的实际问题。

背景二　安全文化存在的死角

1. 企业对安全生产可谓非常重视,投入了大量的人力、物力、财力和精力,使用了各种高新技术、高安全性能的新设备,也制定了比较完善的安全管理制度,但安全状况仍不尽如人意。

2. 少数职工在"违章就重罚"的令箭牌下,也有意或无意的以身试法,"违章不一定出事,出事一定违章",存在着投机心理。而多数企业也习惯于就事论事地抓安全教育、消除设备缺陷。

3. 诚然,"有法可依、有法必依、执法必严、违法必究",但要真正的实施法制化管理,单靠几个领导、少数部门、安监人员的努力是做不到的;也不是依靠制定几个制度就能实现的。

很显然:

和谐的发展背景催生安全文化

文化的自身魅力感染安全文化

企业的实践积淀创造安全文化

现实的严峻形势呼唤安全文化

背景三　从我们的困惑入手

建立核心价值理念

形成六位一体系统

创建载体丰富多彩

建立标准运行实施

一、"六位一体"企业安全文化管理模式的基本内涵

从 2005 年开始，我厂认真贯彻党的安全方针，落实《中国企业文化建设发展规划纲要》，按照企业安全文化理论关于精神形态、制度形态、物质形态"三个形态"文化层面的要求，在学习借鉴、吸收消化的基础上，结合企业安全生产工作实际，谋划构建了以"理、法、德、制、情、术"为基本要素的企业安全文化体系，我现在将之称为"六位一体"企业安全文化体系。其要素包括：

1. "理"——其内涵是运用理论、理想、理念来指导企业安全生产工作，符合十六大以来精神。理论，包括科学指导理论、安全文化理论和管理理论；理想，包括组织和个人的目标愿景和远大理想；理念：包括企业精神、管理理念、安全理念、人才理念等。

2. "法"——其内涵是运用法律、法令、条例，治理企业安全生产工作，符合依法治国的方略。包括国家、行业和地方通过一定程序出台的法律、法规以及具有法律效力的规程、条例、办法等，上级领导机关颁布的命令、指示等。

3. "德"——其内涵是运用道德、公德、美德来推动企业安全生产工作，符合依法治国的思想。包括企业全体干部职工的思想道德、职业道德和行为规范等。

4. "制"——其内涵是运用机制、体制、制度来管理企业安全生产工作，符合现代企业特征。包括企业组织改造和流程再造等管理体制建设，安全文化和安全生产管理的长效机制建设，安全生产工作的措施、办法、细则等制度建设。

5. "情"——其内涵是运用友情、激情、亲情来管理企业安全生产工作，符合以人为本的特征。

6. "术"——其内涵是运用技术、战术、艺术来提升企业安全生产工作，符合科技兴企的方针。包括积极采用新技术、新设备、新工艺，实施

技术改造，提高安全生产的物质环境，建设安全文化阵地和各种宣传载体，运用新的管理手段提升管理层次等。

"六位一体"的三大特点：

一是层次性的特点；

二是互补性的特点；

三是整体性的特点。

"六位一体"的四个作用：

1. 为企业制定安全文化建设规划、计划提供了系统思路

案例（构建企业文化建设的模式）；

2. 为安全文化活动的方案、策划、设计提供了关键要素

案例（全厂性安全大反思大讨论月活动设计策划）；

3. 为安全文化建设标准化管理体系构架提供了操作模块

案例（安全文化准体化体系模块构架）；

4. 为安全文化建设协同运作、综合评价提供了指标类型

案例（企业安全文化委员会协同机制）。

二、"六位一体"企业安全文化管理模式的方法载体

我们按照"六位一体"企业安全文化"六个基本要素"的内涵，经过调查研究、分析比较、整合融合、创新创造，形成了一整套覆盖全面、吸引全员、贯穿全程的可操作、可评价、可追溯的企业安全文化"55种方法"（其中：精神文化层面16种方法、制度文化层面20种方法、物态文化层面19种方法），并对每一种方法的名称、基本内涵、职责作用、适用范围、操作要点、评价办法、使用时间、注意问题等都作了详尽的描述，由于时间关系，这里只做一个简要说明。

（一）以人为本，内化于心，塑造精神文化。展现了企业安全文化建设的魅力，内化于心是企业安全文化建设的精神形态文化层面，包括干部职工的安全观念、安全意识等，目的是让正确的安全发展观成为干部职工的精神支柱，让无形的安全理念在干部职工的内心深处扎根，这也是企业安全文化建设的重头戏。

我厂在实践中，综合运用了"理论武装法、理念引导法、精神塑造法、愿景拉动法、专题教育法、形象塑造法、安全宣誓法、双向承诺法、榜样示范法、谈心谈话法"等"16种方法"。

如在"理念引导法"的运用上，坚持把安全理念的建立作为企业安全文化建设的一件大事来抓，在企业全体干部职工中开展了理念征集活动，经过梳理、分析、挖掘、阐释，确立了以"安全为天、生命至尊"为内容的企业安全文化核心理念。这一核心理念由"安全第一、生产第二"的安全管理观、"做安全事、当安全人"的安全行为观、"安全为生命、平安保幸福"的安全价值观、"安全就是最大的效益"的安全效益观做支撑。运用各种宣传媒体和宣传阵地对安全文化理念体系开展了广泛的宣传贯彻，每一个干部职工不仅掌握了理念体系的内容，而且理解了理念体系的内涵，更重要的是能够把理念的内涵要求体现到安全生产工作的实践中和行动上。

（二）落地生根，固化于制，打造制度文化。打牢了企业安全文化建设的根基，固化于制是企业安全文化建设的制度形态文化层面，包括企业安全管理的规章制度、干部和职工的行为习惯，目的是规范企业安全管理和干部职工的行为，让无形的安全理念固化为有形的安全制度。

我厂在实践中，综合运用了"齐抓共管法、制度约束法、党员联保法、导师带徒法、女工协管法、民主对话法、风险抵押法、整顿会战法、项目管理法、对标分析法、阳光操作法、积分管理法、周五讲评法、班前动员法、精细管理法、批评帮助法、检查考核法、举报监督法、诫勉谈话法、惩诫处罚法"等"20种方法"。

如在"齐抓共管法"的运用上，形成了安全生产工作党政工团齐抓共管的领导体制和工作机制，明确了党政工团各系统以及厂、分场、班组各层级的安全责任，纵向到底、横向到边、纵横交错、形成网络，保证了每一项安全生产工作都有领导、部门和人员负责，每一项安全生产工作都在受控的状态下进行，实现了真正意义上的齐抓共管。

（三）整合载体，外化于形，建造物态文化。触摸企业安全文化建设的气息，外化于形是企业安全文化物质形态文化层面，包括企业安全文化教育的场所、设施、媒体和企业安全文化景观等，目的是营造企业安全文化建设良好的氛围，让无形的理念通过一定的载体外化为让干部职工看得见、摸得着、感受得到的物质的、具体的、实在的东西。

我厂在实践中，综合运用了"环境熏陶法、媒体宣传法、主题活动法、作品教化法、案例警示法、代表巡视法、挂牌上岗法、算账对比法、文化广场法、歌咏比赛法、知识竞赛法、宣传讲话法、巡回宣讲法、事迹报告法、专题讲座法、安全沙龙法、体验生活法、温馨提示法、亲情感染法"等"19种方法"。

如在"算账对比法"的运用上，引导全体干部职工开展细算"安全六笔账"（经济账、健康账、家庭账、精神账、自由账、政治账）和事故前后对比分析活动。一算"经济账"，一旦发生安全事故，伤者本人、班组、车间、厂的经济将受到损失；二算"健康账"，一旦发生安全事故，轻则受伤，重则残废，甚至死亡，发生事故后最现实、最直接的伤害是伤者自己的身体受罪，甚至终身受折磨；三算"家庭账"，一旦发生安全事故，经济收入减少，家庭受连累，实际生活水平下降；四算"精神账"，一旦发生了安全事故，伤者自己和家庭成员精神受到打击和伤害；五算"自由账"，一旦发生了安全事故，对伤者自己的生活、行动可能带来不便，生活质量下降；六算"政治账"，一旦发生了安全事故，造成了一定的社会影响，既影响个人的政治前途，又影响企业的声誉和美誉度。通过算账对比分析，使每一个干部职工都珍惜幸福的生活，为了自己、为了家人、为了企业、为了社会，自觉做到远离"三违"，努力去创造、去迎接更加美好的明天。

三、"六位一体"企业安全文化管理模式的基本成效

成效一

1. 参加了2005年8月20日《全国企业安全文化建设高层论坛》的交流。

2. 在 2006 年 3 月 23 日《中国安全生产报》上发表。

3. 获全国企业管理创新成果奖,被中国企业文化促进会编入《非常责任》一书。

4. 2004 年以来实现了企业安全生产无事故,2005 年创出了"8 项历史之最",2006 年以来各项工作得到全面提升,呈现出了良好的发展态势。

5. 企业先后荣获江苏省文明单位、模范职工之家称号,上海市振兴中华读书自学先进单位称号,中央企业五四红旗团委、全国青年文明生产线称号、全国重合同守信用先进单位、全国创建学习型组织先进单位等一系列荣誉称号。

成效二

经过多年的探索实践和不断完善,"六位一体"企业安全文化管理模式取得"八个转变"的初步成效。

八个转变即:

1. 促进了思维由封闭式向开放式的转变;
2. 促进了方法由零散式向系统化的转变;
3. 促进了运行由单循环向复循环的转变;
4. 促进了手段由传统式向现代化的转变;
5. 促进了管理由粗放式向精细化的转变;
6. 促进了素质由单一型向复合型的转变;
7. 促进了服务由被动式向主动式的转变;
8. 促进了考核由重结果向重过程的转变。

成效三

本质安全型企业创建取得四个突破:

1. 企业形成了安全理念文化系统,安全精神文化得到干部职工的广泛认同,职工安全意识明显增强。

2. 安全文化对企业管理行为、领导行为、作业行为的引领作用日益增强，党管安全的六大职责得到落实，党政工团齐抓共管安全生产的六大机制成效明显。

3. 企业对组织进行了扁平化改造，并利用企业文化理论对企业安全管理流程进行了优化和再造，开展贯标和质量标准化的整合，安全管理更加规范；

4. 企业根据创建本质安全型企业需要，全面规划实施发供电系统技术升级改造，大量采用先进发电设备和工艺，设备的安全可靠性进一步提升。

谢谢大家！

大爱是安全

福建水口发电有限公司　廖柳青

尊敬的各位领导，各位同仁：

大家好！

今天我演讲的题目是：大爱是安全。

我叫廖柳青，是来自福建水口发电有限公司生产一线的一名党务干部，很荣幸在此与大家交流水口公司近年来探索和实践企业文化建设，提高安全生产管理水平，促进企业科学发展的真实历程。

我们每个人都经常思考一个简单而又复杂的问题：人生最大的幸福是什么？在我看来，人生最大的幸福是身体健康、一生平安、相互关爱。健康是福，平安是福，关爱也是福。员工关爱企业，企业也关爱员工。企业给员工提高福利待遇是关爱，企业帮员工提升综合素质是关爱，企业为员工提供一个良好的工作环境也是关爱。然而，平安是最大的福利，让每个员工都能平平安安上下班，快快乐乐地生活，幸幸福福地过日子，这才是企业对员工最大的关爱。

福建的闽江，是一条养育世世代代八闽儿女和承载海峡西岸历史文化的母亲河。上个世纪90年代，在这条江上建起了一座华东地区最大的常规水电站——福建水口水电站。电站地处闽江干流中段的闽清县境内，大坝下游到福州市的直线距离只有50公里，是国内距省会城市最近的大型水电站。水口电站地理位置特殊，公司总经理卓赐源形象地把水口电站比喻为"福州上游的一盆水，这盆水端好了造福八闽、光耀海西，端不好就有可能洒一身，防汛责任重于泰山。"作为华东地区最大的常规水电站，水口公司还是华东电网、福建电网的第一调峰调频、事故备用厂，在迎峰度夏和保电网稳定运行上发挥着巨大作用。公司还管辖着为三峡提供借鉴经验的全国最大升船机和全省最大三级船闸组成的航运枢纽,确保过坝船舶和船民的安全责无旁贷。

调控好闽江洪水,不仅牵涉到整个电网安全,还牵涉到沿江千万民众生命财产的安全,牵涉到整个社会的和谐稳定。1993年水口建库蓄水以来,公司时时刻刻坚守着责任和使命,先后成功调度了150多场洪峰流量大于每秒5000立方米的洪水。至今,让我无法忘记的是2005年6月下旬成功抗御的那场最大三天洪量超百年一遇的特大洪水。防汛临战,如箭在弦,6月22日20:30,下游防汛部门急电传来:9000多居民被困于闽江下游闽侯县龙祥岛上,夜间水急浪高,救援难度大,人民生命财产面临威胁。险情就是命令,各级领导坐镇指挥,调度人员准确调控,终于化险为夷,成功避免了龙祥岛9000多居民的一次夜间大转移……

同样,让我记忆犹新的还有2008年的春节,在50年不遇的特大冰雪灾害中,在福建与华东双回500千伏联络线覆冰倒塔,福建电网与华东电网解网运行的危急时刻,水口公司作为系统第一调频厂,关键时候顶得起、发得出、稳得住,确保了电网孤网期间的安全稳定运行。

水口发电公司因水而立,因水而荣。在多年的建设、生产、经营活动中,逐渐形成了在国家电网公司核心价值观统领下,以"水"的精神为载体的富有水口特色的企业文化体系。水的善德,水的刚柔,水的执著,已成为广大水口员工树立正确人生观和价值观的参照,滴水之恩,当涌泉相报。公司董事长、福建省电力有限公司总经理李卫东深情寄语水口员工:"用平静的水做轰轰烈烈的事业"。

对人民高度负责,勇于承担并履行好责任,正是水口员工对社会展现的大爱。

我们常说,安全为天,安全是企业永恒的主题。水口公司经营层始终认为:所谓的安全第一,就是当安全成为一种良好的企业文化,成为员工的自我需求时,安全便是真正的第一。这比扛红旗、拿奖牌要重要得多。

正是基于这种认识,几年来,公司唱响了"自己的安全自己管",走出了一条"从被动到互动、从互动再到主动"的安全管理之路。将感恩理念引申为安全文化,倡导"员工要感恩提供安全和谐工作环境的企业,企业也要感恩为安全生产尽心尽责的员工"的"双向感恩"理念。让所有员工都领悟：有国才有企，有企才有家，我们正在享受着企业安全劳动成果赐予的恩泽，不要给社会加负担、不要给组织增麻烦、不要给家庭添困难。

每一天，当你走进水口公司总部大楼，迎面而来的是一幅巨大的电子屏幕，屏幕上赫然显示着一张大幅职工彩照，旁边简要介绍上榜员工的先进事迹。公司每周评选一名在安全生产、经营管理、党建文明等方面的先进典型加以大力宣传，三年多来已有170多名优秀员工或集体闪亮登场。

"每周一星"的推广在员工中引起强烈反响。上了光荣榜的明星自豪地说："虽然努力工作是我们的本职，但是得到大家肯定更能催人奋进。"公司党委书记陈仁华说，"社会上崇拜歌星影星，我们就把员工塑造为企业明星，这是对员工的尊重，更是对他们工作的认可，每一名员工都有闪光点，我们要争取让每一名员工都能成为企业的明星。"

在水口公司厂区的企业历史文化墙上有一幅摩崖石刻："企业英雄榜"，上面镌刻着历年来受到上级表彰的员工名字。

公司还选派员工出国、去省外学习，并在一线技术人员中选拔专业首席师、首席助理。

通过对员工的尊重、关爱和帮助，充分挖掘员工身上的巨大潜能，不断增强他们的使命感和凝聚力，从而使员工更加全身心地投入到安全生产工作中。

正是在感恩文化的熏陶下，水口员工在近年来闽江航电矛盾不断加大、社会压力与日俱增的形势下，始终站在维护社会稳定的大局上，无偿服务闽江航运事业发展；在一度泛滥猖獗的闽江水葫芦灾害中，水口公司投入大量人力、物力，实现了水葫芦整治的可控、在控；水口员工还积极参与扶持库区移民、抗震救灾等社会公益事业；并出色完成抗冰抢险、奥运保电等急难险重任务；先后有七批技术干部远赴西藏支援西藏电力建设。

我们说，管理的最高境界是"管心"。一种文化作用于人，作用于企业和社会发展，需要一个认同、信奉和实践的过程。

水口公司首台机组于1993年发电，经过十多年的运行，许多设备好比我们人一样已经步入中年，处于亚健康状态，同时还要面对自然灾害频发，防洪度汛、迎峰度夏、检修技改任务繁重的复杂形势，安全生产面临严峻挑战。

2006年的最后一天，是公司实现安全生产2000天的日子，就在这一天，公司召开了安全反思会，提出了三个问题："为什么上级在检查时总能查出问题？为什么员工不能发现自己身边的隐患？为什么相似的安全隐患不能被彻底消除？"归根到底，是每个员工还没有真正从内心深处把企业当作自己的"家"，还没有真正从潜意识里把设备当"饭碗"。如果每个员工都能把企业当父母，对待设备就像对待自己的亲人一样，企业的安全工作就有了根本保证。

随即，公司推行了以"透视自我，提高认识，修正视角偏差，提倡自我管理"为主题的"员工安全自助管理"模式。

几年来，水口公司在推行安全生产自助管理过程中，始终突出一个"爱"字，积极营造"用大爱谋安全"的氛围，围绕一个"我"字，强调"我的安全我负责，他人安全我有责，企业安全我尽责"，倡导"8小时上班、24小时责任"的安全理念，让员工全方位、全过程地参与到安全管理中，带着感恩的心态工作。

2008年3月6日21时57分，位于水口电站大坝上游的古田县发生4.2级地震。正在家中看电视的公司监测中心员工高艺典感受到了震动，他立即驱车赶到厂区，查看仪器监测记录。没过多久，监测中心的同事也陆续赶来，他们当即组成一个特别巡检组，连夜展开巡查。接下来的几天，他们都自觉坚守岗位，直到最终确认地震对大坝没有产生影响。

有人问小高，为什么还没接到通知自己就赶来了？这位工作刚满三年的年轻人反问道："大坝安全是自己的事，为什么要等别人通知？"

是呀，"自己的安全自己管"！如今，在水口公司，像小高这样由员工自主自发进行安全管理已经成为常态，"我的安全我做主"成为了水口员工发自内心的一句响亮口号！2009年，水口公司成为全省首家连续七年荣获全国"安康杯"竞赛优胜企业的单位，并获得了"全国五一劳动奖状"。

安全是一条不断延伸的漫漫长路，是一个永无止境的求索过程。2010年4月15日，公司实现了安全生产3200天，卓赐源总经理写下了"夯实安全稳定基础，争做本质安全员工"意味深长的留言，公司上下掀起了建设"本质安全企业"的热潮，全体员工认真对照"本质安全员工"的"六个基本共识"进行自我检讨：如果您已经做到，公司感谢您；如果您还有差距，请迎头赶上；如果您仍然麻木，请务必猛醒！

俗话说，平安是福！保证员工的安全是企业对员工最大的关爱，全体员工自主、自觉、自发地去呵护企业的安全，也正是员工对企业的无边大爱。"多少钱也抵不上一条命"啊！没有安全，就没有职工的家庭幸福；没有安全，就没有企业的经济效益；没有安全，也就没有企业的可持续发展。关注安全就是关爱生命，珍惜生命就是谋求最大的幸福。

因为我们肩负重责，所以我们必须义无反顾地全力守护安全。

因为我们心怀感恩，所以我们用大爱去回报养育我们的社会。

因为我们播撒大爱，所以我们的安全之路闪耀着人性的光辉。

饮水思源泽四方，无边大爱是安全。

朋友们，请让大爱与安全同行！

谢谢！

安全生产大家谈

安全文化需要"视问题为资源"

江苏华电扬州发电有限公司 马 晨

尊敬的各位领导,各位同仁:

大家好!

今天我演讲的题目是安全文化需要"视问题为资源",不当之处,恳请各位领导、专家批评指正。

每当我走进扬州发电有限公司的大门时,左手边的安全文化宣传长廊总能吸引我的目光,那幅《安全无小事》的漫画和"习惯成自然,酿错方恨晚;安全无小事,请从点滴起"的简短配诗发人深思。长廊里,一幅幅寓意深刻的安全漫画,一句句平安是福的安全告诫,一条条倾注温情的安全警句,都散发着浓郁的文化气息,扣动着员工的心弦。

近年来,扬电公司安全生产屡创佳绩,我作为一名普通的扬电员工在倍感自豪的同时,也深深地被企业的安全文化所感染。

企业安全文化是企业在安全生产实践中逐步形成的为全体员工所认同且共同遵守,并带有本企业特点的职业观念、经营作风、管理准则、企业精神和安全目标的总和。

作为发电企业,由于电力生产过程的复杂性、技术密集性和高风险性,使安全生产问题成为从事电力生产人员持续研究的重要课题。然而设备的不同,技术的不同,员工安全素质的不同,又导致了发电企业所面临问题的多样性。

江苏华电扬州发电有限公司是一个有着50多年历史的老国企。在加入中国华电集团公司前的一段时间内,安全生产形势曾经多次反复,始终难以走出事故重复发生的"怪圈"。

扬电人在反复摸索和思考中,发现了安全问题集中体现在了"人"的身上。扬电作为一家老国企,有着1400多名员工,人数众多从某种意识来说本身就是一个安全隐患,再加上电力企业作为国有垄断性企业,其员工相对于其他企业员工来说生活压力较小,缺乏危机感,习惯安于现状,这造成了部分员工的安全意识淡薄,安全技能低下。试想,一个企业每天都要面临1400处可能的安全隐患,安全形势又怎能不是"阴云密布"呢?

扬电人认识到:设备的先天不足固然是影响安全稳定的重要环节,但职工思想、安全意识上的问题,才是最大的隐患,而一旦把问题视为资源,瞄准构建本质安全型企业的目标,着力推进安全文化建设,安全工作也就从源头上开始走上可控在控的轨道。

问题就是方向,问题更是要求。公司据此在2002年开展了历时三个月的全员、全方位的"安全大讨论"和安全文化核心价值观的征集活动,提出了"不断提升全员安全素质,全力打造本质安全型企业"的安全目标、"安全优先,生命无价"的安全价值观,以及"强化超前防范,严格过程管理"的安全理念。

在安全管理上,他们排找出存在的"管物重于管人,事后惩治重于事前防范,抓领导、抓重点重于抓全员、抓过程,经验管理多于科学管理、文化管理、过程管理"的"四大类问题"。

在规律把握上,他们分析出安全生产中存在的十个不等式,即:"警钟长鸣不等于责任到位,严格管理不等于有效管理,健全理念不等于文化落地,经济处罚不等于思想教育,思想教育不等于思想安全,健全机制不等于监督考核,安全评价不等于安全整改,整改到位不等于没有隐患,预案完善不等于高枕无忧,管理到位不等于管理精细"。

在安全教育和员工责任上,他们认为存在"水晕现象"。所谓"水晕现象",即一颗石子击到水面上,激起层层水晕,中间浪花很大,越扩越慢、越传越弱,最终无限趋零。安全责任强化和意识树立也是如此,往往存在上面热、下面冷,上面高度重视、下面层层递减的现象,侥幸和盲目心理是导致习惯性违章的根源。

扬电人既坚持安全文化建设的一般规律,更重视把问题作为资源,沿着问题产生的"路径"想办法,形成了富有扬电特色的安全文化,开创了扬电安全生产的新局面。记得2002年4月22日，当扬电首次实现安全生产1000天之时，全厂同庆，喜悦和兴奋感染着每名扬电人；2005年1月16日，扬电实现安全生产2000天之时，没有了欢庆仪式，高兴和激动过后是归于平静的认真总结；2010年5月1日，扬电安全生产记录达到了3930天，我们感受到的不是喜悦，而是肩头担负起的一份沉甸甸的责任。

企业兴衰，成在安全，败在事故。从一开始，扬电人就将安全生产的"通天梯"定位在了"人"上。企业是树，安全为本，员工才是根啊。根越深，本越牢，大树才会枝繁叶茂。

安全工作存在隐患和问题是客观的、长期的，我们无时无刻不在面临困难和挑战，究其原因还是"人"的安全意识，体现在"人"的素质上。人是安全文化建设的主体，人的安全行为又是复杂的、动态的。态度、意识、情绪、技能等等这些方面都决定了一个人的安全行为水平。直面这些问题，在一手抓安全制度的同时，扬电人考虑的是如何提升每位员工的素质。

这些年来，围绕提高员工的安全意识，扬电不仅健全了三级安全教育网络，把每周三下午定为安全学习时间，还形成了具有扬电特色的如"环境熏染、主题研讨、典型启发"等许多教育培训形式，以及"新进员工及时培训、换岗员工针对培训、问题员工重点培训、骨干员工超前培训、关键岗位优先培训、全体员工经常培训"教育要求，通过立体化的教育，使公司的精神与理念逐步渗透到员工心里，使员工对企业安全理念由认知认同变为其内在的信念和观念。

员工越是奉献，企业越要关心，切实为员工办实事、解难事。在此基础上，每年都开展形式多样的形势任务教育，激发了员工的高度责任心，营造了人与企业"利益共同体"、"命运共同体"的氛围。

近年来，扬电在公司范围内进行了一次人才摸底，各部门建立了人才库，按经营管理型、技术技能型、政工型，将适合不同发展方向的职工进行了分门别类，一方面通过结对互学、竞赛促学等方式提高员工技能，另一方面提出的"会干、会说、会写"的"三会"要求，并通过"强化训练"达到"强制提高"，收到明显成效。

一系列工作，使得员工在心理上、意识上、技能上实现了与企业安全理念、价值取向的同步跟进。

2005年公司扩建两台330兆瓦机组，针对年内实现双投的实际，提出了"意识、人身、设备、技术、交通"五项安全重点的同时，让员工都参与到了项目建设之中。在机组设备的选型过程中，不仅仅是部门、领导去考察选型，让检修员工也参与其中，每个设备大到汽缸，小到阀门都由检修人员和采购人员一起到厂家把关工艺、督促进度、严防质量。袁开祥，发现汽机汽缸缸差偏大；季亚耘，发现汽机调速高压阀门内壁粗糙，容易造成内漏等等，涌现出一大批的优秀员工典型。

到了机组调试阶段，JHJ6机组6.3米热控汽机电子间内，汽机紧急跳闸保护系统正在紧张调试中。主机ETS逻辑在厂家技术人员、分公司专供、汽机控制班班长、副班长以及班组技术员的逐条把关验收已经过半了，"停！"汽机控制班副班长钱文箐指着刚翻过的一条逻辑说："这条逻辑存在问题！"。大家望着一脸严肃的钱文箐，"不会啊？我们这个逻辑在好多家电厂都用过！"，厂家的技术人员急忙辩解道。在钱文箐的解释下，经过大家的仔细研究、反复推敲，发现逻辑里面确实存在着某些情况可能造成保护误动作。通过大家的共同探讨，并请示部门领导以及分管领导同意后，调整了逻辑，从源头上将事故隐患彻底排除，厂家的技术人员也对扬电公司热控人员的敬业精神竖起了大拇指。

安全文化作为企业文化的一部分，既是企业家的文化，也是全员文化。如果说理念决定思路，理念引领机制的建立，那么领导和员工的自觉执行、高效执行，才能实现"闭环管理"，安全文化也才能真正的落地生根。

公司领导以身作则，带头执行制度、坚持靠前指挥，各部门各级人员通力协作，确保了重要节日、重大活动、特殊天气、重要操作、重大检修、技改扩建工程等阶段性安全目标的实现。

在大小修中采用的"一二三"现场安全管理模式，即"每天由一个公司领导担任现场安全值日官，每天由总经理工作部、公司工会、安全环保部、生产技术部人员组成两支安全监督队伍现场巡查，同时发挥好公司、部门、班组三级安全网络的作用",使得有限的管理力量在大小修中发挥出最大的作用。

安全文化是扬电企业文化的重要组成部分,她以极强的亲和力,起到了春风化雨、润物无声的作用;促成了员工从"要我安全"到"我要安全"的安全观念大转变;引领员工建立正确的安全价值观念,安全道德观念和安全行为规范。行动者才有未来,扬电把存在的问题转化为资源,踏踏实实地解决问题,切中了安全文化建设的"要害"。

站在新的起点上,安全生产面临的考验是长期的、复杂的、严峻的,但我相信,特色鲜明的扬电安全文化一定能给扬电带来一片新的天地。

找准切入点　塑造特色班组安全文化

华能大坝发电有限责任公司　宋丽颖

尊敬的各位领导，各位同仁：

大家好！

今天我演讲的题目是：找准切入点，塑造特色班组安全文化。

我叫宋丽颖，来自华能宁夏大坝发电有限责任公司。今天我将以华能大坝发电公司热工分场主控三班为例，从学习型组织建立、文化理念执行、转变安全观念和"家"文化建立四个方面，跟大家交流班组安全文化建设的一些做法。

2006年，华能大坝发电公司企业文化建设工程全面启动。发电企业工作具有高危属性，企业文化的核心理念自然离不开"安全"这条主线。班组是企业基层管理单位，其文化理念、发展目标、保障体系都不能脱离"企业安全"这个大环境独立生存。如果脱离了"安全"和班组实际而照搬别的文化，搞一些表面上看起来很美的东西，往往起不到安全文化应有的作用，班组安全目标也最终难以实现。

让我们来看看华能大坝公司热工分场主控三班是怎样在既定的安全文化理念体系中，完善管理体制，规范管理制度，凸显安全文化作用的。

首先，热工主控三班对自身进行了反省和认识，对优势和劣势作了对比分析。所谓"知己知彼，百战不殆"，"班组"对很多人甚至一些管理者来说只是一个词汇，但它是企业管理的基础单位，是企业肌体中最重要的"细胞"，是一群人共同工作、学习、甚至生活的载体，是一个有思想、有个性、有行动力的团队。因此，清醒的分析、认知自身特点是班组安全文化建设的重要过程，是必不可少的步骤。

主控三班成立于2006年10月份，有职工14名，平均年龄30岁。这样的团队在安全文化建设方面它的劣势有两点：一是班组成立时间短，还没有形成自身风格和优良传统，没有可提炼的文化底蕴；二是班组人员年龄结构较轻，技术能力薄弱，安全技能水平和安全经验参差不齐。但是，它的优势有三点：一是学历高，班员大学以上学历占93%；二是年纪轻，是一支特别能吃苦、特别能战斗、特别能奉献的队伍；三是班组愿景明确，所有班员都有一种增强凝聚力、提高执行力、务实进取、共建一流团队的信念。

在对自身有了清醒的认知后，主控三班结合自身性质，成员性格特点，工作作风及未来发展方向，从四个方面入手，开始了班组安全文化理念的塑造过程。

第一个切入点：建设学习型组织，提升团队的安全水平。

谈到学习型组织这个话题各位并不陌生，可能有人会觉得是大话和空话，但是我自己亲身经历的一件事让我深深感受到团队的安全技能学习是多么重要！

我永远也忘不了2000年6月13日那一天。那天下午天阴沉沉的，14时30分，我正在上班，一阵凄厉的救护车笛声吓住了我。看到人们匆匆忙忙都跑向锅炉空预器旁，我不知道发生了什么。第二天，我知道了，自己的好朋友石富胜在检修过程中被空预器生生卡死，永远离开了我们。事故报告是这样写的："锅炉分场风机班石某某等4人检查4号炉甲空预器烟道支撑管，测量空预器扇形管与径向密封间隙，采取手动盘车，人员钻进仓格内侧躺的方法进行工作，在工作过程中现场安排组织不当，石某某被仓格板与扇形板卡住，经抢救无效死亡。"就这样简简单单几句话，可我知道这简简单单几句话后面蕴藏着什么。倘若石富胜能再多学一些安全知识和技能，意识到自己面临的危险；倘若旁边的监护人员能够知道工作中的危险点，没有擅离职守；倘若手动盘车的人员能够及时与空预器内人员联系，重视安全细节；倘若工作指挥者能够充分估计危险因素，做好防护措施，年仅22岁，大学刚毕业的石富胜就不会离开我们，就不会有那白发人送黑发人的悲凉。朋友们聚会时常说："如果石头在，恐怕他早已经当上领导，孩子也上幼儿园了吧！"一个人安全意识和安全技能欠缺是危险的，一个团队安全意识和安全技能欠缺，则是灭顶的！

"6·13"人身事故的发生，让我所在的公司真切地意识到了"安全"这一理念在企业的核心地位，也让所有的班组都意识到了安全学习的重要性，工作可以先放一放，安全技能培训绝不能有"短板"。

2000年，学习型组织这一理论还没有在企业中传播，今天，这一理论逐渐成为班组安全文化建设的保障。主控三班班员年纪轻、学历高，既是优势也是劣势，如何以学习型组织建设提升团队的安全水平，他们在不断地探索。其基本做法有以下四点：第一，在新人员分配到班组之日，即指定专职师傅，由师傅手把手带到现场熟悉设备测点及性能，教他们如何安全地工作；第二，针对班内人员不同层次，进行经常性、不定期安全技能摸底，要求每名职工根据事故模拟训练，了解自己现有安全技术水平以及急需培训的内容，量身定做安全技能培训计划；第三，组织技术骨干后备值班，在消缺过程中协助和培训新人员和技术力量较弱的班员，确保安全监护到位，安全纪录和工作记录一样详尽；第四，在开展各项工作时，推行危险点预控分析卡，做到工作任务明确，安全责任明确。

基础打好，再谈执行方式，这是主控三班文化建设的第二个切入点：简化理念，做好细节，提升文化的执行力。

在这里，我想问问各位，你们还能回忆起多少口号类的安全文化理念？讲实话，我最多能回忆起三到四个。"文化落地"一直是企业文化建设的一个难点。目前，电力行业大部分企业的安全理念体系和安全管理制度已经比较完善了，最重要的在于执行。班组作为安全生产工作的直接执行者，则要想方设法把这些理念和制度转换成具体方案，应用到各项工作中去。主控三班的安全文化理念就一条"安全重如泰山、安全就是效益、安全就是幸福"，这也是我们公司的安全文化理念。把这一条安全理念真正贯彻和渗透到每一名班员的行为和思想中是我们一直的追求，我们不求大而空的安全口号，追求的是把精力放在方式方法和细节上。

让我们感受一下他们注重的细节：完善安全考评机制，为每名班员量身定做年终奖金考核奖励尺度，这是一个细节。具体做法是把班内每名员工全年的安全分数定为满分100分，根据年内春检和秋检考试成绩、发生过的不安全现象或习惯性违章、管辖设备的安全纪录，对个人成绩实行动态管理。如果一个小组在开展工作时，某名成员出现了一项不安全行为，则全组成员都要被扣分最后年终考核。再来看一个细节：他们首创危险点预控分析卡。主控三班实行"一票一卡"制，结合每张工作票专门制作了"危险点预控分析卡"。虽然工作票中也有危险因素辨析一栏，但是这张卡对班员进行了二次提醒，员工更加重视安全。即使是一项很小的工作，也要把危险因素估计充分。第三个细节是：温情提示无处不在。主控三班的考勤签到表上每天都会有一句安全提示，班员的办公桌上都摆放着自己亲人的照片，出去工作前，看看桌上亲人的笑脸，大家都会不约而同地想起那句最朴实却又最真挚的话语："平平安安上班，高高兴兴回家"。

当把安全文化幻化成细节渗透到各项具体工作中时，如何更好地转变员工的安全观念，实现从"要我安全"到"我要安全"、"我懂安全"再到"我会安全"的转变呢？这是我即将说到的第三个切入点：转变安全观念，提升员工安全责任心。

我公司发生过这样一件事：那是2008年夏季的一场大雨过后，空压机房后的水泥地面上积了一洼水。这是班组人员设备巡视的必经之路。当班组技术员经过此地时，发现积水处的地面裂缝在不断地向上冒水泡，回班后和班长说起此事，共同分析认为是地下压缩空气管道泄漏所致，并向班组成员通报，想听到更多的分析意见和确认。这时有人说：我也看到了这种现象，只是没在意。

虽然是一件小事，可却很容易发生安全问题。事后，该班班长在工作交流会上谈到这件事，敲醒了主控三班班长周磊。他想到虽然自己班还没有发生过这样的事情，但是班员对安全管理的关注和能力还差得很远。这时，他想到一个好办法"设立班组流动安全员"，每周从班员中挑选一名担任班组流动安全员，负责管理班内安全工作，监督纠正其他班员的不安全行为，在安全学习会上将一周来发现的习惯性违章、违规等不安全因素提出来让大家分析总结，进行点评。这一举措，既达到了全员参与安全管理的目的，又使班员的能力和特长得到发挥，并促进了班员从技术角度分析事故的能力，提高了安全防范能力。

在制度上有创新，还要在活动上想点子，主控三班为热工分场的安全知识竞赛支了一招。他们从网上下载了竞赛专用选号机，把全分场员工都编上号。每当要开始知识竞赛前并不选拔队员，只是提前一周通知全体人员分场要举办安全知识竞赛了。比赛前20分钟，在大家面前用选号机直接摇号，摇到的人上台参加竞赛。竞赛题目不难，都是工作中必须要掌握的安全知识和安全技能，奖品也很有意思，是一些精致的检修工具。抽上的人兴高采烈，没有抽上的人跃跃欲试。如果你到了现场，恐怕很难将这热闹欢乐的场面和一场紧张激烈的知识竞赛联系起来。

转变安全观念不容易，更难的是把安全变为自然而然的事情。主控三班着力塑造"家"文化，努力迈向这种境界，这也是接下来要说的第四个切入点。

咱中国人重"情"重"家"，"家"是一个温暖的、不可分割的整体。"家"文化理念的建立能为全体班员提供良好的心理环境，形成相互尊重、相互理解、平等友爱的人际关系。班组因为人员数量和相同的工作性质更容易形成"家"文化。主控三班是一个团结、温馨的集体，一件小事足以印证。

去年，我公司连续3台机组大修，工期251天，员工的承受压力可想而知。中午11时10分班上伍英兰师傅偏头疼犯了，只能趴在办公桌上休息，这时所有班员都静悄悄的，没有一个人忍心吵醒伍师傅。中午，大家去吃饭时见伍师傅还没有醒，于是分头行动，买好饭菜准备好热汤，摆在伍师傅桌上。一次班组聚会上，伍师傅提到这件事感动得差点哭了，她说，咱班的兄弟姐妹们比我家里人还要关心我。

这样的团结、这样的凝聚力，为班组安全文化的渗透奠定了坚实的基础，没有人愿意家庭成员受到伤害。每次出去干活，大家都会一再相互提醒要注意安全，就像等待丈夫归来的妻子，等待孩子归来的父母轻轻说声"路上小心"那样自然！

主控三班除了经常会举办一些集体活动，组织班员一起吃饭、郊游、搞一些文体活动增强班员之间的感情外，还结合季节特点及生产实际开展一些职工家属也能参与的安全活动，让家属也融入到安全的体系中。不瞒大家，我也是主控三班的家属。今年 4 月，公司开展建厂 20 年安全事故展，主控三班力邀职工家属尤其是和我们不在同一系统中的家属参观。在看展览的过程中，我听到后面小张的妻子小声说："原来，电厂工人这么辛苦，8 小时以外看着很光鲜，收入也不低，8 小时以内工作环境这么恶劣，危险还这么多，看来，你每天回来光喊累，不愿意干家务也并不全是借口。你以后上班一定要注意安全呀！但是，家务还是要干一部分的，懒虫。"听到这里，我笑了，可爱娇妻的叮咛不是比现场的安全警句要管用千百倍吗？我们还有安全短信征集、安全家书、安全灯谜等很多有意思的小活动，由于时间关系，在这里我就不为大家一一细述了。

讲到这里，我们以班组安全文化建设实例为主要内容的这篇生动的实践文章就要收尾了，但是班组的安全文化建设课题仍然久久在我脑中萦绕。

企业安全文化是企业管理的灵魂，如同我们所讲的那样"是效益、是幸福"。班组管理是企业持续发展的基石，只有班组安全文化建设好，企业的安全文化建设才不是一句空话，企业的竞争力才能凸显。我衷心期待，电力系统的基层班组都能够创建出有自身特色的、成功的班组安全文化。

谢谢大家！

打造"七化"并举的"仁爱"安全文化

大唐石门发电公司思政部　袁丽平

尊敬的各位领导,各位同仁:

大家好!

今天我演讲的题目是:打造"七化"并举的"仁爱"安全文化。

中国大唐集团公司安全文化理念为"生命至上,安全第一";在此基础上,大唐石门发电公司衍生出独具特色的安全文化理念——"珍爱生命,拒绝违章",形成了石电"仁"爱安全核心价值观。

仁者,爱人也,即关爱生命,以人为本。这一凸显人性光辉的思想在中华文化史流淌两千多年,直至也影响到大唐石门发电公司的企业文化。在大唐石门发电公司"实"文化系统中,有一条闪着人性光芒的安全文化理念——"珍爱生命,拒绝违章";在大唐石门发电公司的母文化"同心"文化系统中,也有一条倾注了无限关爱的安全文化理念——"生命至上,安全第一"。对生命至上关爱的思想精髓,串联起了石门发电公司十六年的发展史,并打造出了今天石电的"仁"爱安全核心价值观。

大唐石门发电公司"仁"爱安全文化理念包含了人员、设备、环境的和谐统一,阐述了对生命的尊重、对同事的责任、对家人的亲情。公司摸索出了以"七化"并举为特征的安全文化管理机制,即通过实行"安全教育人性化、安全管理制度化、安全行为规范化、安全活动特色化、安全设施标准化、安全奖惩常态化,安全理念人文化",努力营造良好的安全文化氛围,促进了安全生产的"可控"和"在控"。

注重以人为本，安全教育体现人性化

安全教育人性化的内涵是："一切事故均可避免"、"一切风险皆可防范"，打造"本质安全型企业"的核心是"人"，组织对人的安全教育是仁爱的内心表达。石门发电公司将领导对待、部门管理、家庭叮嘱融为一体，从"爱"出发。

2004年，公司网站登载了一篇由检修工人妻子写的文章《老公被考核》，文章内容如下："下班后老公神情沮丧地对我说：唉，今天真倒霉，被'铁部长'扣了100元钱。原来是老公和一同事在乘升降车检修一处路灯照明时，升降平台一侧的栏杆忘记装了，恰巧被巡视路过的安监部主任符铁林发现，责令他们立即加装护栏，还被考核100元钱。听了老公不以为然的叙说，我不禁为老公漠视安全的行为深感不安，但同时又为我厂有这么一位严明的安监领导而备觉欣慰。事后，我找来《安规》，查出一侧不装围栏高空坠落的危险性，开始对老公动之以情，晓之以理：100元钱能够换来你的生命安全，换来我们家庭的完整无缺，难道不值？就这样，老公被我打动了。"该文章引发的热议也成了公司"仁"爱安全形成的文化基因。

光有"仁"爱安全文化理念是不行的，它需要实施与表达出来。而公司的安全文化长廊就是"仁"爱安全的载体与内心表达，它营造了浓厚的"仁"爱安全文化氛围。每年，长廊中都能看到集团公司安全生产一号文、全年安全生产目标导航员工安全行为；现场安全防护知识更是以图文并茂的形式来增强员工的防护技能；那些原生态的漫画、摄影、书法作品，平安家书、亲情寄语等，让进入生产现场的人总是因"情"而动，甘愿为"情"而接受文化洗涤。

注重按章办事，安全管理贯彻制度化

安全管理制度化的内涵是：文化的形成有赖于制度的长期执行，作业现场要做到"凡事有章可依"。

大唐制度文化体现了源头管理、过程控制、应急处理、持续改进，针对人、设备、环境、管理四个要素，大力推行对标管理。一是抓好制度的完善，使安全管理有章可循。2006年到2007年，大唐"对标万里行"专家组历时两百多天深入各家基层企业，把两票管理、重大危险源管理、技术监控管理、二十五项反措等安全基本制度进行全面摸底，形成更加健全完善的制度体系，成为基层企业的安全纲领。通过整章建制，石门发电公司编制了安全管理标准手册，对安全培训、安全教育、安全活动和安全工作例会进行了规范。二是抓好制度的执行，突出制度执行的刚性。我们提得最多的就是反违章，怎么反？就是从规范人的现场行为着手，从"两票三制"、三个100%着手，即以作业开票100%、安全措施执行100%、标准票的覆盖面100%为抓手，推出中层干部抓违章制、安全积分制、星级考评办法，使安全管理不留盲点。

注重细节要求，安全行为确保规范化

安全行为规范化的内涵是：安全无小事，安全文化建设要从日常小事、工作细节抓起。

石门发电公司注重细节要求，抓住小事不放松，不仅注重对于危害较大的不安全事件进行深入分析，而且善于透过现象看本质，注重"小题大做"，揪住一些看似很小很平常的小事来做文章，并因势利导，培养员工自觉遵守《安规》的习惯。燃运部有一名员工安全帽系带没系好，被安监部发现，罚款让他不服。于是，安监部把不安全事例汇编拿给他读，把事故案例照片通过邮箱寄给他，触动心灵的震撼让他明白了每个隐患都是无形杀手。而这一次教育谈话，则开启了公司规范行为"违章谈话制度"的新篇。自此，这项制度完善并持续下去——谈话内容要填写《违章谈话登记表》，由违章责任人送交本人家属签字后，报安全监察部存档。

同时，公司把治理不规范行为与遵章守纪相结合，约束员工的言行，教育员工从自身做起，从身边小事做起；把治理不规范行为与安全作业检修相结合，培养员工良好的工艺作风和行为习惯；把治理不规范行为与安全整改工作相结合，减少事故隐患，使安全管理向深层次发展。

注重活动效果，安全活动做到特色化

安全活动特色化的内涵是：群众性安全文化活动是营造氛围、强化员工安全意识的重要载体。为此，石门发电公司党政工团齐抓共管，强调活动"特色"效果。

比如，在班组深入推行"讲任务、讲风险、讲控制，抓落实"的"三讲一落实活动"和班组6S管理活动，并以此为依据推行星级班组评定活动；在党员中开展"我为企业保安全，我为党旗添光彩"活动；在团员青年中开展"青年安全示范岗"创建活动；在家庭中开展"平安家书、孩子安全寄语"活动。此外，员工生日之际，为其送上安全温馨的祝福语；宣传咨询日期间，层层传递总经理短信安全嘱托；大小修现场，醒目的宣传标语好比一杯杯安全清茶，随处可见；在安全生产月期间，推行安全征文、演讲、安全警示教育、事故演练等等。总之，喜闻乐见的特色活动，营造了人人抓安全的良好氛围。

注重物资投入，安全设施推行标准化

安全设施标准化的内涵是：标准化的安全作业环境是安全文化繁荣发展的空间。安全管理要求抓好物资投入、不断整治设备、改善生产环境、推行安全设施标准化。

近几年来，石门发电公司按照降非停、安全性评价、经济性评价等安全整改的要求，加大设备的治理力度，提高设备健康水平。特别是2004年的两台机组的B级检修，对锅炉"四管"防磨防爆进行了全面整治，为2005年机组首次实现"零非停"的安全业绩打下了基础。2007年和2008年，公司先后对两台机组进行了揭缸提效大修，开始向以热效率为核心、以设计值为基准的能耗管理目标迈进，实现了安全发展与清洁发展、节约发展的有力结合。2008年，再次实现机组"零非停"。

按照集团公司的规范标准，石门发电公司对安全标志标识、设备及安全工器具的标志标识、管道着色及介质流向等进行目视管理，让员工在生产现场便能感受到安全可靠的和谐氛围；在重要区域设置设备定置示意图、紧急疏散通道示意图和衣装配戴标准对照镜，让大家时刻置身于人文关怀的安全环境中。

注重事后管理，安全奖惩坚持常态化

安全奖惩常态化的内涵是：注重事后管理，强化监督、考核，这是石门发电公司的安全管理特色。

2005年，公司网页发布一份总经理嘉奖令，内容是："发电部巡检富文杰在巡视设备时，发现1号炉水冷壁保温层内有微量蒸汽冒出，后经检修人员查实为水冷壁出现了一小沙眼。这个小小沙眼，在炉内检漏装置都无法探测到的情况下，被细心的富文杰发现了，一项可能引起'非停'的重大设备缺陷被有效控制了。奖励2000元，号召员工向富文杰同志学习。"嘉奖令竞相传阅，领导对待安全的仁爱之心成为佳话。

有奖必有罚，公司对违章毫不留情。安全监察网络人员强化安全生产责任制落实的安全监督、加大责任追究力度；个人和部门的安全积分情况适时通报，对现场不文明行为极时曝光等。安全奖惩常态化，使安全管理形成闭环，促进了公司的安全生产。

注重理念培育，安全观念渗透人文化

安全理念人文化的内涵是：工作每一项部署无一不是以理念为先导，再通过制度、措施、载体将其付诸实施，最终实现目标的。安全理念是企业的一种历史积淀，需要精心培养、总结提炼乃至升华。渗透人文关怀的安全理念，必须从员工的思想、情感、需要出发，能够发挥员工在安全管理上的主观能动作用，这样的理念才具有长久的生命力。

2009年初，在石门发电公司正式颁布的实文化手册中，提炼出的"珍爱生命，拒绝违章"的安全理念正式定形。"珍爱生命"，即视生命高于一切，公司有责任为员工创造健康安全的工作环境，员工有权维护自己的生命与身体健康，同时也有义务不让他人因为自己的过失而受到伤害。"拒绝违章"，则倡导"零违章"理念，认真落实安全生产责任制，严格执行各项规章制度，大力推行标准化、规范化作业，使遵章守纪成为一种习惯，确保企业的本质安全。

结束语：

有人总认为安全是一项任务，其实安全是充满了人间的关爱，是企业

的一种呵护，是最美好的事业。石门发电公司从爱出发，着眼"人员、设备、环境"，坚持"七化"并举，努力营造全员主动参与的安全氛围，培育了一个监督制约与自主管理相结合的控制机制，使安全生产工作步入良性循环的轨道，谱写了"仁爱"安全的大爱华章。

朋友们，"科学发展"、"建设和谐社会"已成为时代最强音，"关爱生命，安全发展"就是一种与之相融相契的温暖传递。我们需要优秀的安全文化，需要优秀的安全文化团队，这样我们企业的安全发展、我们"提供清洁电力，点亮美好生活"的企业使命才能无限荣光。

以"三讲一落实"为抓手
全面提升基层班组安全管理水平

大唐国际发电股份有限公司　宗　涛

尊敬的各位领导，各位同仁：

大家好！

今天我演讲的题目是：以"三讲一落实"为抓手，全面提升基层班组安全管理水平。

安全是电力企业永恒的主题。无数事实证明，没有安全，电力企业的改革、发展、稳定、效益都无从谈起，职工的切身利益也就无法保障。可以这样说，电力企业经营的就是安全，"安全第一"并不是一个简单的要求，而是实实在在的工作标准。可为什么就在我们天天讲安全、周周学安全、月月喊安全，安全规章、制度、措施定的细而又细，管理工作要求的严而又严的情况下，还有这么多的事故发生？事故分析的结果说明，肯定是违章造成了安全灾难，甚至有时违章行为连闯数关。那些安全生产问题往往没有多深的技术含量，越是在大家都不经意的时候，事故就已悄悄地来到了我们身边，甚至带来了死亡的阴影。因此，必须要以有效的安全管理方法来应对。

以我所在的大唐国际高井热电厂为例，2006年以前，厂里连续几年出现人身伤亡和设备重大事故，大量资金设备投入、宣传教育工作，甚至于惩罚，对遏制事故发生都无济于事。那几年，高井热电厂好像陷入了一个怪圈，总是在大家鼓足干劲一心一意扭转不利局面的时候，美好的理想被迎头一棒击碎。

记得2004年11月1日，一名工人未取得工作许可就进入变压器间工作，导致触电死亡。

安全生产大家谈

那是厂里6号机组小修的第一天，出事的工人刚刚调到这个班组。小伙子挺机灵，又勤快，队长特意安排他到变压器班学习。由于他对检修现场和运行状态不熟悉，在布置任务、办理工作票和领取变压器间钥匙等环节，当班的班长和负责检修的组长没有严格按照操作程序执行，也没有现场交代危险因素，致使当事人在没有任何安全措施，失去必要的安全监护的情况下进入到他不该进入的危险环境中，无知无畏呀！他绝对不会知道死神已经降临了。说笑着就将手攀到了还没有停电的变压器高压侧的A相引线上，当时在场的另一名职工急忙制止，但是话还没有喊出半句，这名年轻的职工就已经被强大的电流击穿了心脏，结束了他22岁的生命。

2005年8月26日，在我厂1号机组的大修中，锅炉检修队两名工作人员到锅炉零米清理拆除灰斗后遗留的灰渣。不料，灰斗上部的隔离棚突然塌落，一人反应快疾速跳开，而另一名工人却被塌下的木杆砸中了头部，当人们把他从杂物堆中扒出来的时候他还大大的瞪着双眼。到底发生了什么？死不瞑目呀！这个原本为防止交叉作业搭设的隔离棚，反而变成了害人工具！当年我就是这个锅炉检修队的副队长，亲历了这起事故的处理过程，感受太深刻了，当那个隔离棚塌下来的一瞬间，一个家庭的顶梁柱也就这么坍塌了。

分析这两起事故，大家在对逝去的生命感到惋惜的同时，感受最多的就是懊悔，不应该呀！不应该呀，如果那个变压器班的班长在工作前就将安全注意事项讲明，进行必要的安全分析，哪怕是多说一句，都会避免事故发生。如果锅炉队的领导、检修班组的负责人，能在检修间隙对那个隔离顶棚多看一眼，都会发现上面堆积的杂物已超出了隔离棚的承载能力。

上述事实说明，最基层、最基础的安全监控工作失去了作用。

高井热电厂曾被党和国家领导人李鹏同志誉为"电力工业战线的一面旗帜"。高度的荣誉感和使命感都不允许事故怪圈再延续下去。那一段时间大家都憋着一股气，厂领导想尽办法避免问题发生，职工们也都为辛辛苦苦却换来这样的结果而懊恼。为了摆脱被动局面，我们对全厂安全生产组织机构进行了分析，对安全生产体系进行了评估。评估数据表明，班组是安全生产体系中的薄弱环节，这也成为我厂安全生产工作最重要的切入点。为此，以班组为执行基础，"三讲一落实"班组流程化安全管理标准应运而生。实施经历了酝酿、培训、宣讲、完善等八个阶段。干部职工从接受这种流程式的工作形式，到形成执行"三讲一落实"的自觉性，班组人员安全意识、班组安全管理的水平明显提升，班组的执行力明显转变，逐步摆脱了被动局面。

那么，"三讲一落实"的具体内容是什么呢？

首先我说说"三讲一落实"的内涵及要点

"三讲一落实"的基本含义是：班组在生产作业工作过程中，在讲工作任务的同时，要讲作业过程的安全风险，讲安全风险的控制措施，抓好安全风险控制措施的落实。归纳为"讲任务、讲风险、讲措施，抓落实"。

"三讲一落实"的内涵是：安全管理以员工熟练掌握最基本的岗位责任制、应知应会，最基础的各项规程内容为基础，以班组为基本单元，以作业项目为基本对象，以标准流程化管理为手段，以电子班务为平台，以挂图的形式来表现。这一安全管理方法具有方法简单、操作性强，对班组具有较强适用性的特点。

"三讲一落实"的要点包括为什么做、怎么做、谁来做。

为什么做：为杜绝习惯性违章，狠抓现场措施落实，保证作业现场的安全。"三讲一落实"就是现场安全作业的"导航仪"，员工人身安全的"防疫针"，防控风险的"预警钟"。

怎么做：班前会讲"三讲"；作业前重复"三讲"；作业中抓落实；班后会做点评。

谁来做：人人讲"三讲"，人人抓落实，要求全员参与。

我再来谈谈"三讲一落实"的创新与实践

"三讲一落实"重点在于落实现场各项安全措施。为此采取了以下四项切实可行的措施及手段：

一是倡导"简单+重复+坚持=安全"的原则。实现安全的方法越复杂，职工坚持执行的难度就越大。在安全工作方面，我们本着简单的事情重复做、重复的事情坚持做的原则。"三讲一落实"把安全管理简化为4个模块，职工每天坚持按照这种简单的方法坚持执行，收到了良好效果；

二是确保现场各项措施的落实。在现场工作前，每名员工都要重复班前会时明确的任务，重复确定的风险及措施；在工作中每进行一项任务都要相互提醒。工作完毕后先是自查、互查，然后班长督查，值队级检查，厂里抽查，使各项措施能真正落实到位；

三是使人人参与安全管理成为自觉行为。加强激励机制建设，每月对"三讲一落实"工作评优，表彰先进，增强执行"三讲一落实"的荣誉感。同时加强培训机制的建设，不断提高班组长的业务素质，使"三讲一落实"成为人才成长的舞台；

四是采取挂图提示的方式。在每个班组悬挂了"三讲一落实"的挂图，并制作了"三讲一落实"桌签，以看图说话的方式时刻提示班组员工，按照三讲一落实的流程从事安全管理工作。

最后，我讲一讲"三讲一落实"的实施效果

通过"三讲一落实"工作的开展，到了2006年，我厂发生人身轻伤2次，2007年和2008年均未发生人身轻伤及以上人身事故，设备非停也大大降低。随着全员对安全生产工作认识的进一步提高，2009年在以沈刚厂长为首的厂领导班子的带领下更是达到了全年无轻伤、设备无非停的安全生产目标。员工的安全思想、精神面貌、凝聚力都有很大的变化，创造了高井热电厂历史上少有的安全生产稳定局面。

"三讲一落实"工作得到了基层职工的广泛认可，高井热电厂检修部转动班班长于和龙说：过去班组布置任务很简单，现在要根据天气情况、人员状况等说清楚；过去我是听队长的，班员听我的，现在是大家一起分析风险、制定措施；过去我去现场检查总是没底，现在心里踏实多了；从只能简单地说到现在能说清楚，而且能够组织全班人一起讨论，我觉得我的能力提高了；从过去只有我和安全员关心安全到现在全班人一起管安全，我觉得班组整体水平提高了。

"三讲一落实"工作是一个流程化的管理规范，需要执行者不折不扣

的落实和坚持实施，也许不会立竿见影，但是它检验的是一个较长时间的安全管理工作趋势，培养的是干部、职工良好的工作习惯，日久肯定会收到很好的效果，作为一项具有大唐特色务实的安全管理方法，对基层的安全管理工作起到了积极的推动作用。

  安全管理是一项长期而艰巨的课题，尤其是基层和班组的安全管理更不能一蹴而就，要坚持"从实践中来，到实践中去"，运用好的方式和方法持之以恒地从点滴做起坚持下去，使安全思想、安全行为从强化到渗透，最终在员工心中落地生根。我们将继续探索、总结好的安全管理方法，不断运用到实际工作中去，通过此次会议，我们搞好安全生产的信心更加坚定，思路更加清晰，目标更加明确，紧抓班组建设不放，实现现场安全，我们永不懈怠！

  谢谢大家！

安全生产大家谈

杜邦安全文化的建设和发展

美国杜邦公司 曾 安

1. 安全经验分享

2. 杜邦的安全文化历史

第一家炸药工厂始建于 1802 年，位于白兰地河畔；

第一套安全章程创立于 1811 年，各级管理层对安全负责；

1912 年开始安全数据统计；

20 世纪 40 年代提出了"所有事故都是可以防止的"理念；

20 世纪 50 年代推出工作外安全预防方案；

20 世纪 60 年代开始推行工艺安全管理；

20 世纪 70 年代推出"安全审核和沟通技能专业培训课程 – STOP"；

20 世纪 90 年代提出"零"的安全目标；

2005 年推出可持续性发展的战略目标；

2006 年进一步加强了安全特别是工艺安全管理的重要性。

3. 杜邦安全管理理念

杜邦的核心价值

杜邦的十大安全原则：

（1）所有安全事故是可以防止的

（2）各级管理层对各自的安全直接负责

（3）所有安全操作隐患是可以控制的

（4）安全是被雇佣的一个条件

（5）员工必须接受严格的安全培训

（6）各级主管必须进行安全审核

(7)发现的安全隐患必须及时更正

(8)工作外的安全和工作中的安全同样重要

(9)良好的安全创造良好的业绩

(10)员工的直接参与是关键

4. 杜邦安全文化的发展模型

杜邦在企业安全文化建设过程中经历了四个不同阶段。这四个阶段可概括为：员工的安全行为处于①自然本能反应阶段；②依赖严格的监督；③独立自主管理；④互助团队管理。该模型的建立是基于杜邦历史安全伤害统计记录，以及在这过程中公司和员工在当时对安全认识的条件下曾做出的努力和具备的安全意识，是杜邦安全文化建设实践的理论化总结。应用该模型，并结合模型阐述的企业和员工在不同阶段所表现出的安全行为特征，可初步判断某企业安全文化建设过程所处的状态以及努力的方向和目标。

5. 杜邦追求卓越安全业绩的基础

杜邦取得的卓越安全业绩水平并不是随意取得的成功。高业绩水平源自有组织的管理纪律，这个纪律强调直线组织在实现业绩目标方面肩负的责任。

有效的HSE管理包括持续识别和评审安全管理需求，确定合适的行动、纠正、跟踪、修改、分析和审核等系统。在超过200年的连续经营中这些系统已在寻求高水平组织业绩的过程中逐步建立起来。

以下内容是杜邦追求卓越的安全业绩的基础：

高级管理层的领导和承诺——最高管理层的行动表明公司方针和操作执行标准的实施意图。只有当领导层为实现最高的业绩标准而作出可见的、明确的承诺时，公司才能够接纳和建立维持高水平安全业绩的文化价值。

直线管理层的责任和义务——执行安全方针和实现组织目标是直线组织的责任。高级管理层必须使直线组织中的每个人都对他或他的HSE业绩负责；应对这一点给予与生产、成本、进度和质量同等的优先权。

行为安全管理——应将安全方针和安全高标准的执行贯穿整个生产实

践，并实施监控。这个过程（通常通过安全委员会和分委员会）必须关注于与人有关的事项——具体来说就是人的行为和行动。依据杜邦的经验，96％的伤害和事故都是由人的行为导致的。有效地管理 HSE 业绩应针对员工以及他们在遵守规章和操作工艺设备方面的安全行为和行动。

审核/观察系统和持续改进——审核和观察系统是管理层确认是否建立了业绩标准以及确定是否达到这些标准的手段。杜邦的有效审核/观察计划将包含管理层的自我审核、员工审核以及类似安全观察等其他技术。这些过程便于识别背离期望参数的行为和条件。审核和自我检查的结果为持续改进和强化安全文化打下了基础。

第三辑
电力安全生产月征文

情感激励造就安全生产佳境

林文钦

时至年中，针对职工安全意识有所放松的形势，东南沿海一些县级供电公司陆续开展以"关心职工生命安全和家庭幸福为中心"的情感激励工作，采取多种再现历史教训的形式，给职工敲安全警钟，使得安全管理呈现良好态势。

这不免让人对传统安全生产教育模式进行反思。固然，刚性地向员工灌输"你要安全"观念，在一定时间阶段会起到一些促进作用。但久而久之，在这样的单向教育过程中，由于安全生产的主动权掌握在管理者手中，员工往往处于被动应付的位置，甚而对机械的安全管理产生了抵触情绪。

与之相反，情感激励作为一种柔性管理方式，是站在员工的角度上，以爱护、关心、帮助的情感去调动职工的积极性和创造性。现代心理学告诉我们，管理者对员工的态度往往会起到一种暗示的作用，积极的态度产生积极的暗示，消极的态度自然产生消极的暗示。情感激励就是一种积极暗示，可以有效地发挥员工的潜能。

从先进企业的成功管理经验来看，情感激励使得员工乐于参与企业安全管理，达到事半功倍的效果。作为企业管理者，不妨对员工多些情感激励措施，使其融入到安全生产活动中去，从一点一滴做起，通过有效的激励，将安全生产的刚性压力化为广大员工的自觉动力。在日常生产中，管理者应关心员工的思想和生活，必要时可将安全管理的触角延伸至家庭，多送温暖，以情感人，动员员工亲属向其吹些"耳边风"，随着时间的推移，自然达到潜移默化的功效，员工主动树立起"我要安全"的理念。

如何开展情感激励，使其在安全生产中发挥有效作用？笔者认为，有一些方式可供选择：首先，开展安全理念系列宣传活动，如可将"安全我一个，幸福我全家"等语重心长的关怀警句，张贴在企业的醒目位置，时时激励员工安全生产；其次，制作一些反面教材，以事故为鉴，将社会上发生的生产事故案例汇编成册，把别人的事故当作自己发生的事故，举一反三，从中吸取教训；第三，开展安全文化活动，如举行安全主题演讲比赛和安全征文等，为安全管理出点子总结经验，使安全观念进一步深入人心。

安全生产作为企业永恒的主题，是一个不断行进中的常态管理过程，对于员工来说，与其推着走，不如自觉行。情感激励作为现代企业的有效管理方式，无疑可积极推动企业安全生产从被动执行转向主动参与，从而达到"润物细无声"的佳境。

《中国电力报》（2008年06月02日）

建监管机制　促安全生产

冬　梅

频发的生产事故触目惊心，安全生产已成为全社会注目的焦点。目前的安全生产工作存在着一些不容忽视的问题，各类事故时有发生。存在这些问题的原因：一是一些地方和部门特别是乡村一些基层组织，对安全生产重视不够，有令不行，有禁不止，对存在的问题和事故隐患掉以轻心，这样就可能导致事故或重大事故的发生；二是安全生产监管网络没有真正建立起来，一些地方和企业的专门安全机构由于人员、经费没有落实，造成安全生产失管失控或无力监管；三是安全生产的经费投入严重不足，安全设施和装备水平差；四是煤炭、危险化学品、烟花爆竹、打火机、锅炉压力容器等生产存在大量事故隐患，如果监管、监控和整改不力有可能发生重大事故；五是对已发生的事故责任追究不严、处理过轻，起不到警示、惩戒、教育作用。因此，安全生产"治理隐患、防范事故"，应抓好以下五方面的工作：

一、进一步加强安全生产监督管理机构建设。尽快落实人员和经费，为强化监督管理创造基本条件。

二、尽快建立市、县、乡、村安全生产监管网络体系。市、县设专门机构，配备专业人员。乡、村成立专门或兼职机构，明确人员和职责，真正做到管理有部门、工作有专人。同时，安全生产监管和教育延伸进村，对农民工和村民加强劳动、用电、交通等方面的安全教育。

三、建立事故和安全生产定期报告制度。负有交通安全、消防安全、煤矿安全、易燃易爆品生产的特种行业安全监管职能的部门，事故要及时报告，安全形势分析要定期上报，以便为政府决策提供依据。

四、企业要建立健全安全生产体系，形成自我约束机制，定期自查、自纠、自改，将事故消灭在萌芽状态。

　　五、建立政府监管与民主监督相结合的长效监管机制，齐抓共管，群防群治，形成全社会关心、支持、监督安全生产的良好氛围。

《中国电力报》（2008年06月03日）

安全生产应常抓不懈

翟永平

目前,全国各行各业都在积极开展安全生产活动,安全生产日益成为全社会关注的焦点。特别是电力生产安全在人们的生产、生活中显得非常重要。从电力行业的上下游企业来说,电站发电、电网输电始终都离不开安全生产。那么怎样才能做好安全生产呢?笔者认为,做好电力的安全生产应注意以下几点:

首先,电力的安全生产应该成为电力企业始终追求的目标。在发电企业中有一句话在笔者的脑海中出现,那就是:安全生产重于泰山,违规操作等于谋财害命,正确规范的生产秩序是你我奉献社会的基础。从这些字句中笔者觉得无论是电力生产企业,还是其他生产企业都应该将安全生产作为一项常抓不懈的工作而全面开展下去,这样各行各业的安全生产理念才能不落空,才能不变成形式化。

其次,电力安全应与企业的日常生产相结合。安全生产是企业的一项重要的、需积极履行的社会责任。俗话说得好"人命关天",在当今社会大力倡导"以人为本"的形势下,管理部门应将防范事故的发生作为一项考核企业是否达标的重要依据。如果某些企业安全生产不到位,那么,他们将面临被整改,被关闭的命运。面对如此的局面,也促使企业将安全生产落到生产细节中来,从小处着眼,考虑大局。各电力企业还应该将定期开展的安全生产活动,如"百日安全生产"、"安全生产月"等活动作为电力企业日常生产不可缺的一项重要事情来做,从而起到防微杜渐,提高电力企业安全生产系数的作用。

第三,各电力企业领导要负起做好安全生产的责任,各企业员工要在日常生产劳动中自觉形成安全意识,并以安全生产作为考核员工的手段。

安全生产大家谈

说起领导抓安全生产，大家都觉得是吹"过堂风"，风头过后就原样，其实这是一种误解，不管是电力企业领导抓安全生产，还是企业员工自觉维护安全生产，这两者之间都应该有一种共同点存在，那就是：防范事故发生，保障人身安全。在这一大前提下，电力企业领导、员工的主要目标是一致的，大家形成共识，并付诸行动是不容置疑的，关键是谁牵头，谁实施。因此，电力企业安全生产领导要负起掌舵人的责任，而员工也要以实际行动做好电力企业的安全生产。

我们相信，只要各电力企业将安全生产作为一项重要的工作来抓，分责到人，常抓不懈，那就一定能作好电力企业的安全生产。

《中国电力报》（2008年06月05日）

谨防安全生产中的"堰塞湖"

张继成

眼下，唐家山堰塞湖的泄洪进展情况牵动着全国人民的神经。

堰塞湖是由火山熔岩流或由地震活动等原因引起山崩滑坡体等堵截河谷或河床后贮水而形成的湖泊。一旦堵塞物被破坏，湖水漫溢而出，就会形成洪灾。堰塞湖是一种极为可怕的自然灾害。

笔者由自然界中的堰塞湖联想到，企业安全生产中同样能形成有着可怕后果的"堰塞湖"。相比自然界中的堰塞湖，安全生产中的"堰塞湖"成因更为复杂。其"堵塞物"包括：重工作不重思想，对安全思想教育抓得不深入，导致职工安全理念不强，安全防范意识缺失；忽视安全投资，不及时更新安全工器具，没有针对性地加强对职工的技术培训，导致职工安全技能退化；安全管理松散，对习惯性违章没能坚持"四不放过"的原则，只是轻描淡写地一罚了之，起不到纠正、警示作用，导致类似违章违规行为依旧。

相比自然界中的堰塞湖，安全生产中的"堰塞湖"是逐步形成的，因此，具有隐蔽性甚至欺骗性的特点，更加不易察觉，后果也更为严重。因此，要根据其成因和特点，积极做好相应的防范、治理工作。

一要在"长防"上下功夫。安全生产中的"堰塞湖"的形成绝非一朝一夕，防范它也要树立打持久战的思想。抓安全工作要警钟长鸣，对职工安全思想教育要常抓不懈，要进行经常性的必要的安全投资、安全培训，要形成党政工团齐抓共管、各部门协同配合的良好的安全生产局面，彻底清除能形成"堰塞湖"的"堵塞物"。

二要在"疏导"上做文章。针对各种不安全因素，要主动作为，认真分析查找原因，超前、及时做好思想疏导和行为疏导工作。比如，针对屡

安全生产大家谈

禁不止的习惯性违章,我们除了严格处理外,还要查找违章之所以成为"习惯"的原因,要通过职工座谈、个别谈心、违章者自述、反违章演练等,使职工从内心认识到习惯性违章的危害,形成反违章职工自我示范、自我激励机制,最终戒除不良的工作习惯。

《中国电力报》(2008年06月11日)

安全生产不能作秀

何卫东

今年全国"安全生产月"的主题是"治理隐患、防范事故"。安全生产事关国家和人民利益,事关社会安定和谐,是我国社会主义市场经济持续、稳定、快速、健康发展的根本保证,是维护社会稳定、发展大局的重要前提。

可在安全生产工作中,我们不难发现这种现象:诸多车间班组的规章制度挂满墙,有的单位还给安全责任人配带袖标以示重要,而对具体工作却放任自流,提不起高度重视,杜绝不了习惯性违章。某些责任人不是遥控指挥,就是专职听汇报,基本不到现场。可见,只是将安全生产挂在嘴上、写在纸上、表演在舞台上、热闹在各种竞赛和有奖问答上,就是落实不到每名职工的日常工作中。这种形式主义可是危害不浅呀!如果只做表面文章,忙于形式和应付检查,这样势必把安全生产工作变成一种空谈。

我们应清楚地看到,安全生产工作是一项实实在在的工作,来不得半点松懈和大意,也不能搞虚假。因此,在抓安全生产时,应多抓基层具体工作,少高高在上忙于文件会议;多在抓落实求实效上下功夫,少在讲形式搞虚名上做文章。要深入学习掌握国家的有关法律法规,到生产一线做好调查研究,真正弄清安全管理中存在的问题及其存在的根源,找出解决问题的切实办法和措施,制定出行之有效的管理办法。

把安全生产落实到每一个细节,是重中之重,也是当务之急。

《中国电力报》(2008 年 06 月 12 日)

安全生产大家谈

安全心态教育不容忽视

蔡罗刚

开展安全生产月活动是夯实安全工作基础,巩固和发展安全生产良好局面的重要举措。通过活动,我们可以发现影响安全生产的因素很多,提高设备安全、为员工创造良好的安全条件固然重要,但以人为本,加强员工的心态教育,提高员工的安全素质这一"软件"的作用更不可忽视。

开展安全生产月活动,以心态教育的形式,提高员工的安全素质,包括基层干部的管理素质以及操作人员的安全意识、安全操作技能和事故防范能力。

心态教育要有针对性。由于企业员工所处的位置不同,员工的思维、言论、活动范围也呈现出多样化和复杂状况,对于不同的事或同种现象,会有不同的认识,产生不同的思想。所以,针对企业领导层的心态教育,要突出安全生产责任的教育,强化决策层的安全生产意识;对企业安全管理人员的教育,要在生产活动中发挥安全生产管理的组织、检查和考核作用;对特种作业人员的教育,要抓住作业特点和可能引发的危险种类及状态开展相关教育,提高其专业知识和操作技能;对企业全体员工的安全生产教育,要把安全教育的落脚点放在班组,增强每一个员工的安全意识。

心态教育是真正能够实现安全生产投入少、效果好的一项工作,也是一个循序渐进的心理过程,需要我们做艰苦细致的思想工作,才能使员工建立起自保、互爱、互助、互救,以企业为家,以企业安全为荣的精神风貌,在每位员工的心灵深处,树立起安全、高效的个人和群体的共同奋斗意识。企业要在安全生产月活动中加强安全宣传教育,时刻向员工灌输"以人为本,安全第一"、"安全就是效益,安全创造效益"、"行为源于认识,预防胜于处罚,责任重于泰山"等安全理念,增强职工的安全意识,形成人人重视安全，个个为安全操心的良好舆论氛围。

"天下之事，不难于立法，而难于法之必行；不难于听言，而难于言之必效。"应该看到，为加强安全生产工作，各企业也制定了不少规章制度和防范措施，但安全生产事故仍然频发，究其原因，是已确定的防范措施没有落实到位。因此，必须加强安全心态教育，充分调动广大员工的积极性，加强领导、落实责任、强化管理、真抓实干，就一定能够减少安全事故发生的频率，实现安全生产与企业经济的协调健康发展！

《中国电力报》（2008年06月13日）

安全生产大家谈

"三新"举措　解决三大难题

张　涛　冯兴滨

甘肃酒泉超高压输变电公司自成立之日起，就面临三大难题：一是管辖电网所处地域狭长，大部分变电站、线路距维护、管理中心较远，运行、管理难度较大；二是电网结构薄弱，部分变电设备装备水平不高，隐患较多，且外部自然环境恶劣；三是公司员工来自不同地区，技术水平参差不齐，员工培训工作难度较大。

面对以上难题，甘肃酒泉超高压输变电公司不等不靠，积极主动开展工作，并在工作中大胆创新，以"三新"解决三大难题，取得了较好的效果。

首先，"新"方法。防止人员误操作事故有了新方法——由传统的"作业后审核"变为"作业前预控"。一方面要求各变电站提前一天将检修工作票和操作票传真至生产管理人员处审核，逐级审核后再开始操作。另一方面在检修工作中运用"检修管理看板"，在变电站主控室显著位置制作了"检修管理看板"，上面列有工作任务安排表、事故预案措施等内容，使运行人员对每天的工作一目了然。

其次，"新"举措。防止设备事故有了新举措——给设备穿上"保护衣"、装上"惊鸟器"。针对所管辖的嘉峪关、金昌、凉州等变电站地处戈壁，环境恶劣，设备污秽，一次设备发生雷雨事故概率较大的现状，该公司紧紧抓住设备停电检修的有利时机，给一次设备的磁柱喷涂了RTV涂料。

第三，"新"思路。培训工作有了新思路——员工本地培训与异地交流培训并举。该公司成立后，由于工作需要产生了部分转岗人员。各基层单位及早入手，采用导师带徒、考问讲解、技术比武等方式积极开展员工培训。"以老带新、以新促老",在互帮互学之中整体提高了员工技术水平。

在"凝心聚力,攻坚克难,打造坚强的河西电网和一流的员工队伍"的企业理念指引下,结合全国"安全生产月"活动,该公司即将开展安全生产百日督查专项行动,在夯实安全工作基础,逐级落实人员安全生产责任的前提下,将以良好的安全业绩确保该公司电网安全稳定运行。

《中国电力报》(2008年06月16日)

安全生产大家谈

为安全生产准备一把船桨

魏 娜

从前，有个渔夫，打了一辈子的鱼，如今老了，于是把渔船交给了儿子。小船上，儿子从渔夫手中接过了一根磨得发亮的竹篙，意外地发现舱里还有一把船桨。渔夫说，不管你做什么都要带着它，儿子尽管诧异还是记在了心上。这是一条夹在两山间的小河，水流不深，用竹篙撑船完全足够。

子承父业，一篙在手，驾船漂流，捕鱼捞虾，因为从来没有使用船桨，几乎淡忘了它的存在。有一天，儿子像往常一样在河面上劳作，突然河水暴涨，上游突降暴雨，河水泛滥，儿子拼命将船向河边撑去，却发现竹篙太短了，无法找到河底的支撑点，船因此失去控制而顺流而下。危急关头，他想起了船桨，便拿起使劲划，避开了无数障碍，完好无损地驶向下游的一个湖泊，最后又借助那把船桨，安全划向岸边，这才明白，这把船桨是多么的重要！

我们的安全文化教育不正是在为我们今后的安全管理准备一把船桨吗？在平日工作中加强安全教育培训，把重点放在线路、班组、施工现场，定期组织人员参加安全培训，加大检查监督力度，从细节查起，不放过任何存在隐患的地方，对违章作业发现一处查处一处，决不姑息迁就，最重要的是要查明隐患，及时整改，把事故消灭在萌芽状态。可见，为安全生产准备一把"船桨"其实就是为了将来在大江大河甚至海洋中搏击风浪所做的一种长远准备。

《中国电力报》(2008年06月17日)

竞赛不妨换个方式

钱成刚

近日,江苏淮安供电公司组织触电急救技术竞赛活动,组织考评组到所属县(区)公司,随机抽查班组或供电所人员对于紧急基础知识的掌握情况,并让被查人员用摹拟橡皮人作急救演示,最终按现场答题和演示情况,累积单位总分,产生优胜单位和优胜选手。笔者由衷地为这一竞赛方式叫好!

这一竞赛一反常态。一般来讲,竞赛活动总是自下而上,层层选拔,把最优秀的选手,推到高层一决高低。可是,最终的获奖选手,真的就反映参赛单位员工的总体素质吗?不一定。现实当中,有许多竞赛选手老是那么几个熟面孔,就是到了省、市层面,选手之间都可能非常熟悉。一说到参加竞赛,有些单位的领导也往往首先想到那几个在多年竞赛中锻炼成长起来的"职业赛手"。一定程度上,这些选手的成绩就是再好,充其量也只反映他的个人水平,并不代表广大职工层面。

组织各类技能竞赛,旨在动员广大员工广泛参与,以竞赛促学习,以竞赛练技能,形成比学赶超的浓厚氛围,促进员工素质全面提高。如何实现手段与目的、内容与形式有机统一?触电急救竞赛活动的竞赛方式,就是一个有力的促进!随机抽查,决定着参赛单位不可以再搞单兵训练,再对"职业赛手"搞封闭集训,只能面向全员全面开展技能竞赛活动。否则,想被抽查到的抽不到,不想被抽查到的却被赶鸭子上架,其结果可想而知。

何谓创新?有一种通俗的说法是,比过去做得更好就是创新。不妨换个方式抓竞赛,真正让全员抓学习、练技能,务实创新,值得提倡!时下,正值安全月期间,组织开展安全知识竞赛等类似活动不少,可否也换个方式?

《中国电力报》(2008年06月18日)

安全生产大家谈

安全生产无小事

张雪琦

俗话说"小恙终会成大疾",用此来形容违章事件恰如其分。违章事件之所以屡禁不止,其中一个重要原因是违章人觉得此事不大或者没事,更有人甚至认为违章是完成工作的"便利通道"。而企业那些安全规定和安全防范措施是领导用来管理和处罚员工用的;那些所谓发生事故后的通报,只不过是危言耸听,不可能发生在自己的身上。因此,抱有上述思想的人根本没把违章当回事儿,只要不被逮着,便一而再、再而三的违章。

现实生产中,已有太多血淋淋的案例证明,不把违章当回事儿的人并不等于没事儿。也道出一句名言"安全生产无小事"。因此,笔者认为,安全生产除要认真遵守各项安全操作规程外,还要及时消灭事故隐患、预防事故的发生。要做到安全生产,重在把各种规章制度落到实处,从细微之处着眼。

一、小题要大做。安全生产无小事,这道理谁都知道,可一到实际工作中,员工就往往忽视这些小问题。不能或不屑从小入手,认为这无关紧要、无关大局。殊不知多少事故正是从一个个"小"问题引发出来的,所以小题一定要大做,把安全生产做细做透,杜绝麻痹和侥幸心理。

二、小题要细做。一些容易引发事故的小问题之所以没有引起我们的警觉,跟我们工作不细有很大关系。安全生产事故喜欢粗心的人,钟情马虎的人。因此,对于安全生产我们在思想上要有一个大的概念,安全生产不仅仅是指操作上的安全,还包含生活中思想和情绪的安全。试想,如果一个员工带着情绪工作,那事故就可能离他不远啦!

三、小题要常做。安全工作不是一朝一夕的事,要不停止地抓下去;

要从大处着眼，小处着手，把事故隐患一个个消灭掉；要时刻紧绷着安全这根弦，以"切肤之痛"的教训来讲安全和做安全。

面对如履薄冰的安全形势，我们没有理由说安全生产是小事。安全生产是我们重中之重的工作。最后让我们共同牢记安全座右铭"告别违章、幸福安康"。

《中国电力报》（2008 年 06 月 19 日）

安全生产大家谈

借"安全月"营造月月安全

梅晓萍

没有安全就没有效益,没有安全就没有发展,安全生产是企业永恒的主题。六月是全国安全生产月,国务院确定今年为"隐患治理年",并将安全生产月活动的主题定为"治理隐患,防范事故"。安全月为我们营造了良好的安全生产氛围,它不仅是对安全管理的一次大检阅,更以丰富多彩的安全教育活动为我们提高安全思想意识,增强安全技能进行了一次强化培训。

今年是全国第七个"安全生产月",各单位积极营造浓厚的安全舆论氛围,开展安全生产基础服务、班组安全技能与知识竞赛及大检查活动,以增强广大电力员工的安全意识、责任意识,促进各项安全生产工作顺利进行。

毋庸置疑,每个安全月对企业和职工来说都是一次安全合力和安全防御能力的凝聚,但安全生产是电力企业一项长期工作,一年一次的安全月还不足以形成贯穿安全生产全过程的浓郁的安全氛围。事故既不怜悯弱者,也不畏惧权势;既不相信空洞的口号,也不原谅无知与无能,谁只要违背了安全生产的客观规律,那它就会不期而至。

抓好安全工作必须时时刻刻凝聚职工的智慧和力量,需要月月都是安全月,人人都是安全员的安全氛围。企业在加强制度建设,倾心构筑安全防线的同时,要充分运用多种载体搭建安全生产平台,每位员工要切实转变观念,唱好安全大戏,变"要我安全"为"我要安全",工作上相互督促提醒、学习中互帮互教,自觉把自己打造成为"安全型员工",以强烈的安全责任感和使命感不断巩固企业安全生产防线。

《中国电力报》(2008年06月20日)

凡事莫忘"多看一眼"

方敬杰

在工作中,凡事莫忘"多看一眼",不仅要看事情做完了没有,更要看事情办好了没有,尽量让事情做到万无一失。

"多看一眼"是一种态度,它是严谨细致的工作作风和认真负责的责任心的体现。我们身边那些胸怀大局、以集体为重、以单位为家,工作事业至上的员工,"再看一眼、再检查一遍"是他们经常挂在嘴边的一句话。为什么?责任使然。

要养成"多看一眼"的习惯。其实很多问题甚至事故的发生,并不是什么大势所趋、不可阻止,只不过是我们"少看一眼"罢了。因为"少看一眼",医生的手术刀留在了患者体内;因为"少看一眼",电力工人生命安全受到威胁。可见,"多看一眼"有多么重要,"多看一眼"的习惯就是一笔财富。

要锤炼"多看一眼"的能力。同一件事情,同一个问题,有的同志一看就知道问题出在了哪里;而有的同志转了一圈又一圈,鼓捣半天仍然不清楚。这种"火眼金睛"和"睁眼瞎"的差距其实就是一个能力问题。练就一副"火眼金睛",一要熟,熟能生巧;二要勤,勤能补拙。所谓的熟,就是你对自己所做的事要熟悉,要精通,要知道里面的前因后果,这是前提,否则,一窍不通。勤是建立在熟的基础上的,这是在不很熟的情况下的一种办法,业务差点,一眼可能看不出来,那就再多看一眼,多看两眼。总之,就是要练就一双善于发现问题的眼睛和一个善于思考问题的脑袋,切实确保各项工作安全无事故。

《中国电力报》(2008年06月23日)

安全来自细节和习惯

张明泽

在现实生活中,如果你肯留意,就会发现安全来自细节和习惯。

有时,一些大事故的发生,往往就是人们忽视了身边的一些小事和拥有一个坏习惯而造成的。有些地方安全工作的"麻痹症"和"健忘症"还在左右着不少人的神经细胞。安全事故并不可怕,可怕的是原因查不清,责任追不明,教育不吸取,整改不彻底。

安全生产被称为天下第一大事,天下第一难事,也是各级部门的第一重要事,责任硬、目标硬。所以安全生产的措施要硬、手段要硬、办法更要硬。安全工作要时时做、事事抓,只有这样,国家财产和人民生命安全才有保障,否则迟早会受到事故的惩罚和报复。

在电力企业的任何一个岗位上,能够成为隐患的环节都很多,尤其是处在生产一线的员工,每天和电打交道,杜绝习惯性违章等不安全因素则更为重要。一句安全警示语,一句提示的话,虽然是小事,但可以看出管理者的细心程度,从中也可以折射出一个企业,一个部门是否重视安全管理的细节。在单位,有的职工总是认为,不违章就干不了工作,时不时打违章操作的"擦边球",把冒险当成自己的一种"能耐"、"才华",结果是不良习惯的日积月累,最终导致事故的发生,为企业的安全生产和自身的人生安全埋下了巨大隐患。

有人说,"关注安全就是关注生命的细节"。抓安全的重点环节是要理清安全细节,认真做好每一件"小事",充分预见引发事故的隐患。要时时把安全放在心头。只有找到已发生安全事故的"病处",才能实现精细化管理,及时、彻底的消除隐患,建立安全生产长效机制。

讲安全,不是老调重弹,更不是杞人忧天,因为安全是确保人民群众生命财产的关键,是企业赖以生存、发展的根本。所以在工作中,我们应当从我做起,从现在做起,从一点一滴做起,努力培养良好的安全行为习惯,为安全生产打下可靠基础。

《中国电力报》(2008年06月24日)

安全生产大家谈

安全需要制度、文化、素质并用

傅成华

多年来，安徽宿州供电公司始终全面进行安全生产管理、安全文化建设、职工安全培训教育，收到了明显的成效。

用制度和机制建好安全"核心层"和"防护层"，这是做好安全工作的基础。为了提高制度的可操作性，该公司、工区、班组按照A类（必须掌握的）、B类（必须熟悉的）、C类（必须了解的）分别对执行的规章制度及具体条文进行梳理，使各个岗位上的员工知道那些是"红线"，一旦越了雷池会有怎样的后果，从而提高了生产人员对安全生产规章制度的理解和掌握。这是核心层。

同时完善三级安全监督体系。为了让监督落到实处，该公司定期分析安全生产形势，研究解决安全生产中存在的问题。工区、班组每月分别对员工责任制执行情况进行点评，让员工在工作中知道执行制度是对自己的关爱和对别人的负责，不断增强员工安全意识和遵守纪律的自觉性，达到以活动促安全的目的。这是防护层。

用"素质文化理念"，致力提升全员的安全素质，这是做好安全工作的关键。宿州公司结合工区的特点和员工的技能水平以及在企业的不同阶段进行培训设计。完善岗位技能培训考试题库系统，寻找培训和安全素质教育的切入点，有针对性地调整培训内容，并对现有的岗位技能试题库进行调整、补充和完善。将员工参加培训的情况、考试成绩、业务能力、安全状况等方面与员工上岗、工资待遇、奖惩等挂钩联动，对7名岗位培训不合格人员进行了待岗处理。以至有的员工生病住院打着点滴还捧着业务书学习。

《中国电力报》（2008年06月25日）

安全警钟须长鸣

黄衷冠

一次电力安全事故的发生，可能葬送人们宝贵的生命；可能导致大面积停电事故，对人们正常的生产生活造成重大的影响；会对电力设施造成损害，给国家带来重大的经济损失。因此，我们要时刻敲响安全警钟。

首先，要时刻敲响"安全无小事，事事要做细"的警钟。在生产工作中，检查螺丝是否拧紧，安全帽是否戴好，绝缘鞋是否穿好。这看似小事，不值一提，但恰恰是这些在日常生产工作中让人忽视的"小事"最容易产生事故。任何一个细节上的疏忽或失误都是隐患，都可能给人们酿成苦果。笔者曾在一建筑工地看见，一些没有插头的电线直接插到插座里。"这不符合安全操作规程吧？"笔者试探着问了一句，得到的却是一句无所谓的回答："这种小事没什么大不了的！"笔者闻之愕然。这真的是所谓的"小事"吗？当年，河南洛阳东都商厦的特大火灾，就是由电焊火花引起的……类似的例子还有很多，这些事故都是由看似不起眼的小事引起的，但却造成了灾难性的后果。千里之堤，溃于蚁穴。行小事，这是防微杜渐，但也是消灭事故隐患的起点。因此，安全工作应该从小事做起，不随意、不懈怠才不会因小失大。

其次，要时刻敲响"关爱生命，安全第一"的警钟。生命是我们最宝贵的财富，安全捍卫着我们的生命，维护着我们生存的权利。生命是顽强的，但失去了安全的庇护，它将变得不堪一击。

一些重大安全事故可以轻易夺走人们的生命，使伤亡者的亲人陷入痛苦和忧虑中。可以说，安全是生命，安全带给我们幸福。因此，我们除了要遵守各种安全规范制度外，更重要的是要加强自己的安全责任意识；要时刻提醒自己、提醒他人"关爱生命，安全第一。"

《中国电力报》（2008年06月26日）

疏于细节便失去安全

李立新

安全事故的发生告诉人们要在日常工作中要注意细节才能预防事故的发生。那么，细节真的很重要吗？笔者认为应从以下三点说明。

首先，安全是企业的精髓，而细节是安全的保证。在日常工作中，人们时常会看到、听到因为一些小节的疏忽而酿成大事故，有的在作业时因为没有戴安全帽而被高空坠落的物体击伤，有的因为设备上的一个小螺丝松动发生事故，有的因巡检不到位造成线路短路，这些事虽小但引发的事故却很大，造成的后果很严重。

其次，安全是发展的动力，而细节是安全的基础。细节是构成一个体系中最小的又是相对独立的单位。在工作中，不注重细节，不把小事做细做好，势必会影响企业的进步和发展。细节决定成败。要做好小事，将小事做细、做透彻。

最后，安全是生存的根本，而细节是安全的关键。据报道，苏某搭乘轿车回家，到达目的地后，他顺势推开车门准备下车，不料，刚将门推开，一幕惨剧发生了。只听"嘭"的一声，一辆从后面驶过来的电瓶车撞到了刚被推开的后门上，电瓶车连人带车倒在了小轿车的前方，随后将伤者送往医院，但还是抢救无效死亡了。这些事件告诉人们，无论是在工作中，还是在生活中，疏于细节便失去了安全。

《中国电力报》（2008年06月30日）

这个"安全套餐"搞得好

张 维

据报道，山东黄金集团公司玲珑金矿近日推行由"安全早餐、安全中餐、安全晚餐"组成的"安全套餐"制，进一步促进企业的安全生产。

这个矿实行的安全督导"一天三餐制"，一是"安全早餐"为员工敲响警钟。他们结合井下点多面广的实际，充分利用班前会传达上级安全生产指示精神，部署班组安全工作重点，有的放矢地进行预防和提醒，创造良好的安全环境；二是"安全午餐"提升员工技能。跟班领导、带班班长在井下利用员工午餐时间讲解操作规程和安全责任制，着重强调操作中的安全细节，掌握要领、规范操作、防范事故；三是"安全晚餐"总结提高员工安全意识。每天晚餐前班组召开班后会，通过自评，回顾一天的安全，互相提醒存在的问题和注意事项，达到互相提高的目的。笔者认为，这个"安全套餐"搞得好。

俗话说：人是铁饭是钢，一天不吃饿得慌。安全与我们一天的三餐看似风马牛不相及，其实，仔细分析起来，还确实有一定的必然联系。有人说，安全像个圆，没有起点和终点；还有人说，安全像张弓，人的思想松一松，事故就会攻。所以从这个角度上讲，安全不仅要每天讲，而且还要时时刻刻讲，就像我们每天吃三餐一样，不松懈、不停地讲安全、做安全、保安全。俗话说：良好的开端就是成功的一半。"安全早餐"每天为大家敲敲安全警钟，讲讲安全形势，使大家能时刻把安全装在心中。我认为，这样有利于员工紧绷安全弦，而且也能增强员工自我安全防护意识。"安全午餐"也是安全工作重要的一个环节，从某种角度上讲，员工讲安全如果只知道简单防护，不懂安全知识，不能掌握技能，那么也容易导致事故发生。所以说，我们在日常工作中还应当进行知识积累，把理论知识

安全生产大家谈

转化为实践经验，用科学发展观来提升自己的安全技能。同时也给员工一个见缝插针、现场活学活用安全技能的机会，员工们在用午餐的同时，也能学到安全技能，掌握规范的操作规程，实在是一举两得的好办法！"安全晚餐"是在总结提高的基础上要把安全工作做到尽善尽美，但这并非是件容易事。笔者坚信，只要坚持每天利用"安全晚餐"勤分析、勤总结、勤整改，只要我们每天的安全工作都能迈出一小步，那么我们每个月的安全工作就能跨出一大步，最终全年的安全工作就能有一个质的飞跃。

由此，笔者认为，"安全套餐"制各有特色，各有见效，贵在坚持不懈，重在落到实处。

《中国电力报》（2009年06月04日）

杜绝违章是对生命的最大关爱

杨凤戈

作为一名电力职工，我自从走上工作岗位，恐怕听得最多的莫过于"安全"、"事故"、"违章"这样的词汇。记得第一天上班，在岗前教育课上师傅就语重心长地对我说，你可要记住喽，"安全第一"这句话不是说说听的，有时候生和死可就是一念之差啊！当时我嘴上没说什么，心里却想，哪有那么危言耸听？直到有一件亲身经历的事发生，才让我对师傅的这句话刻骨铭心。

几年前，在一次处理核闪路跳闸电缆事故的时候，我们几个班组在核闪开闭站。站内浓烟弥漫，值班电工说听到一声巨响以后，2号母线就停电了。当时大家都认为是小动物在电缆头刀闸上引起的相间短路，故障应当在进线开关。为了验证事故原因，我要打开柜门，看一看电缆夹层内是不是有小动物。在这时候，班长一把拉住我说："在没有验电挂底线之前，你不能碰设备！"就这一句话，救了我一条命。随后调度值班员电话通知，是核闪开闭站1号母线全停。原来我准备进去的开关柜是带电运行的开关柜！

那几天我都处在极度的惊恐之中，不敢去想如果没有班长当时那句话，那一刻将是什么样的后果。这时想起上班第一天师傅所说的那些话，才真正感受到师傅的良苦用心，感受到对安全这个词的深刻感悟。自从电成为一种高效清洁能源被广泛应用以来，各种电力生产事故便接踵而至。每一次事故的发生，让我的心情加倍沉重。痛定思痛，我们应该反思，悲剧要避免，就要遵章守制，让安全法规成为庇佑电力职工的保护神。

我认为，所有事故的发生必然是违章的结果。就电力生产而言，是高危行业，从触电、窒息中毒、烧烫伤，到高摔、高空坠物，这一个个危险点令人触目惊心。如何杜绝人身事故的发生，摘掉人身伤害这个滋生在电力生产肌体上的毒瘤，是摆在我们面前最迫切、最现实的课题。虽然我们不能排除事故发生的偶然性和不确定性，但是，人作为电力生产、电网经营最活跃的因素，电力事故更多的是人为的灾难。作业现场习惯性违章屡禁不止，对违章侥幸麻木的心态，落实安全措施投机取巧、监护缺位，以至于不讲安全的野蛮施工等，无不为事故的发生积累着不安全隐患。

每年我们都要层层签订安全责任书、责任状，开展多种形式的安全活动，组织各种形式的安全培训，"安全"成了各级人员的口头禅。那么是什么原因让事故像一个滚动的球一样，似乎没有终点？那就是麻木不仁的思想违章加上行为违章的产物。严峻残酷的现实一次又一次向我们亮出黄牌，违章成为电业生产事故的罪恶之源。试想，一个事故累累的企业如何能够承担它所担当的社会责任？一个事故累累的企业又如何妄谈和谐发展，又怎能成为职工安身立命、成就个人事业的福祉？

安全生产上差之毫厘，谬以千里，这绝不是耸人听闻。让我们携起手来，从我做起，从现在做起，远离违章，让安全生产焕发出更耀眼的人性光辉。

《中国电力报》（2009 年 06 月 08 日）

"点"到"危"止

孔平生

"点"到"危"止,是电力检修企业驻厂项目班组总结出的一条安全管理经验。

电力检修与运行分离以后,成立驻厂项目部,负责对内机组的日常维护和保养,这是当前许多电力检修企业通行的做法。这样,项目部一个维护班组常常只有十几个人,却管辖着整个专业的所有设备,每天起码有五、六个作业点,原本做辅机的,现在也必须做主机了。如何确保每一个作业点的施工安全?笔者有这样一个体会:"点"到"危"止!

每一个作业点可能只有两三个人,作业面可能也只有一平方米左右,但步步蕴含"危险源"。归纳起来主要有四个"点",即知识的盲点、性格的缺点、团队的弱点和管理的"空白点"。

"点"到"危"止,就是紧紧围绕现场每一个作业点的安全监督和管理为目标,抓"点"带面、就"点"学习、到"点"互保、入"点"监督,从而形成强有力的现场安全保证体系。

抓"点"带面,就是项目分管经理、专工,尤其是班组长要对每天的作业点进行良好的统筹安排,把适合的员工分配到合适的"点"上,对每个作业点的施工内容、危险源头以及应急处理情况进行认真妥善处理,对施工作业"点"的工前会进行认真布置,使每一个施工人员都熟悉各方面情况并签署工作票认可后再进点作业。

就"点"学习,就是员工在进点之前,对系统情况、缺陷情况、工作票内容以及检修规程进行认真学习,特别是刚组建的项目班组,由于人员情况复杂,许多作业都是一个熟练工带临时工到点作业,就更加需要加强学习,其中一定不要淡化对临时工对相关内容的学习,做到全员心中有数，全员坚定信心。

到"点"互保，就是每一个进点作业的人员都有互保对象和互保内容，要形成作业现场相互关心、相互提醒、相互监督的风气。

入"点"监督，就是专工、班组长要深入到每一个作业点进行现场监督，绝不放过对任何一个作业点的安全管理。实践证明，只要有人在现场，就可能会发生人身受伤害现象；只要有作业存在，就必须加强安全监督。

由于实行了这样的管理，江苏常熟发电有限公司项目部在负责4台30万千瓦机组维护两年的过程中，没有发生一起人身伤害事故。实践证明，"点"到"危"止是一条有效的安全管理办法。

《中国电力报》（2009年06月09日）

盛夏安全用电应防四隐患

朱兴民

"夏日炎炎似火烧"。几场雷雨过后，又到了一年一度的盛夏高温季节。随着用电负荷的节节攀升，各类用电事故也进入了高发期。笔者从事用电安全工作多年，经过对以往身边出现的以及报纸上披露过的用电事故的研究，认为盛夏高温用电隐患不外乎以下四个方面：一是缺乏或漠视安全用电常识，对用电设备长时间超负荷运行的危害认识不足，导致使用电器或线路过热引发火灾；二是随着用户家用电器设备容量的不断增加，使许多家庭用电线路过载，导致线路发热甚至短路；三是具有遥控功能的家用电器长期处于待机状态，容易发生电器内部故障；四是有些用户图一时方便，私拉乱接，违章用电，终酿成苦果。这些用电隐患应该是可以消除的，关键是用户对盛夏用电安全的"用心程度"和防范意识是否到位了。

就供电部门而言，首先应把好供用电工程的质量关。在低压线路及接户线设计和架设施工时，要严格按照技术规程要求，努力提高设计水平和施工工艺质量，要提醒城镇与农村用户进户线应规范配置，根据家用电器的设备容量选定独股铜芯线或铝芯线截面；室内线路安装规范，确保家用电器使用不过载，同时安装相对匹配容量的单相漏电断路器和过流保护装置。夏季高温农忙季节应严格按照低压规程规定安装合格的引线接线箱。其次是要加强用电安全知识的宣传，要广泛地在城镇与农村开展用电安全常识的宣传，特别是夏季高温及农忙季节要重点宣传，并进行不定期检查，严格杜绝私自挂钩线、地爬线、劣质线等违章用电的行为，要通过宣传着力强化用户用电要申请，接电线要找具有资质的电工意识。

《中国电力报》（2009 年 06 月 10 日）

安全生产大家谈

安全生产要做好"全身运动"

江 镇

安全生产，以人为本。笔者认为，在实施安全生产管理中安全工作与安全人员的心情、行为是环环相扣、密不可分的。因此，我们在抓安全生产的过程中需合理运用身体各个部位，扎扎实实做好"全身运动"。

一是要有一个"精明脑"。安全容不得半点马虎，要有一个精明的头脑，对安全工作进行分析、总结和提炼，要时刻保持"高压"态势，研究新形势下安全生产方面新问题，开阔工作新思路。

二是要有一双"智慧眼"。抓安全生产要善于观察，通过坚持不懈地努力，提高专业知识及技能，提高对安全隐患的识别能力，从深层次用放大镜来透析安全隐患的蛛丝马迹，确保安全体系"固若金汤"。

三是要有一张"婆婆嘴"。安全宁愿听说教声，不能听哭闹声。抓安全生产要不厌其烦地对安全生产法规、知识广泛宣传，告诫大家"事故出于麻痹、违章就是事故"的理念，努力营造出"人人讲安全，时时讲安全，事事讲安全"的浓厚氛围。

四是要有一双"麻利手"。在安全工作中要善于收集安全生产信息和资料，建立健全各项安全生产管理制度及常态运行机制，确保做到有章可循，遵章从严，违章必究。

五是要有一双"勤快腿"。要经常组织人员深入生产一线、施工现场进行现场检查、巡视，要及时针对危险点逐项进行排查，对薄弱环节要重点强化整治。

六是要有一颗"铁石心"。要以"铁的面孔，铁的心肠，铁的手腕"来反"三违"，要做到措施到位、责任到位、监管到位，不能徇私情，做老好人，绝不搞"下不为例"，对事故责任者一经发现，严惩不贷。

《中国电力报》（2009 年 06 月 11 日）

安全切莫忽视思想"病毒"

唐建军

电脑常因病毒的侵扰,导致无法正常运行,甚至可能损坏电脑硬盘。在安全管理中,也存在一些思想"病毒",它表现在对安全工作重视不够,防范不严,措施不实,给安全生产带来的破坏性触目惊心。因此,抓安全,在思想上必须树立防"毒"意识,增强"杀毒"本领,才能防患于未然。

首先,要为思想安装"杀毒软件",提高安全防范能力。认真学习安规并贯彻落实,主动参加安全教育活动,养成标准化作业的习惯,才能提高对事故的预判能力,才算是在思想上真正筑牢"防火墙"。

其次,要养成"杀毒"的习惯,及时给安全管理漏洞打"补丁"。思想上重视是发现安全隐患、预防事故发生的关键。要经常开展安全"找差"活动,加大反违章力度,纠正违章行为,认真排查习惯性违章行为,及时发现和清除习惯性违章的思想动因。

最后,要不断升级"杀毒软件",不断学习安全防范知识。和电脑病毒一样,安全思想"病毒"也在不断翻新,只有不断升级"杀毒软件",才能查杀新"病毒"。只有经常反思不良习惯的危害性,总结事故中的教训,不断学习新的安全防范知识,才能发现过去未发现的问题,并及时加以解决,进而有效提升安全工作水平。

和电脑病毒相比,安全工作在思想上的"病毒"更为可怕。因为,电脑中毒通常都能修复,而安全思想一旦被"病毒"控制,安全工作就会失控,留下设备摧毁直至人身伤害的"终身遗憾"。可见,安全工作在思想上安装"杀毒软件"显得尤为重要。

《中国电力报》(2009年06月12日)

安全生产大家谈

为"事前问责"叫好

黄裕涛

针对隐患整改拖拉,"三违"屡禁不止等情况,重庆能源集团建荣发电公司今年以来积极推行安全事前问责制,对不及时整改、或整改不彻底的相关部门负责人和直接责任人严肃问责,轻则罚款曝光,重则停职降级,同时追究机关职能部门和纪检监察部门的监督责任。

新的"问责制"推行半年来,有效地把安全责任提前落实到每个部门、每个班组、每个岗位,安全隐患及时整改率由80%左右提高到100%,"三违"人员由5%减少到0.5%,杜绝了轻伤及以上安全事故和二类以上设备事故,呈现出人人重安全、主动抓安全的良好局面。笔者禁不住为这种事前问责的做法拍手叫好。

长期以来,在安全生产方面大家已习惯或屈服于事后找问题、追责任,甚至认为"不出事就没事,出了事才有事"、"没出事是运气,出了事是晦气"。这充分反映出"亡羊补牢"式"事后问责"的垢病和责任心不强的侥幸。综观各地发生的重大安全事故,大多是因为当地缺乏"事前问责"机制,相关领导和责任人重视不够,疏于管理,履职不称所致。"事后问责"固然能够起到警示教育作用,但要真正防止安全事故发生,关键还在于防患于未然,将隐患消除在萌芽状态。"祸患常积于忽微","小"隐患若不及时整改极易升级成"大"隐患、酿成大事故。一切事故事件,都会有个起因、发生、发展,到最终爆发的过程。这一过程,是一个量变到质变的累积过程,是可发现、可控制、可预测的过程。这对需要高标准要求的高危电力行业来说,更应引起高度重视。因此,在安全管理上,不仅要"事后问责",更要事前防范,对履职不称、监管不严、措施不力的有关领导和责任人就是要"事前问责",这种主动的思想、及时的行动、超前的防控无疑会大大减少事故发生率和可能性，降低国家和人民生命财产的损失，减少安全事故引发的家庭悲剧。

面对已经发生的事故，我们深刻反思，痛惜不已，甚至追悔莫及：如果事前多问问自己的责任、多想想职工的安危，多花点时间精力来采取措施……灾难发生的可能性就会减少一分，甚至根本避免——与其如此，我们不如立即行动，将"问责"前移，杜绝事故再次上演。

《中国电力报》（2009年06月15日）

安全生产大家谈

安全生产需要"刻板"

谢蕴韬

发电企业运行生产现场出现了巡检设备不到位,走捷径;工作联系不清,盲目操作;接受命令不思考,操作前不验证"两票三证"等现象。这些现象的出现从大的方面讲是运行管理不到位,但探其根本,是没有"刻板"的执行标准,一旦标准不能执行,那安全就无从谈起。

笔者认为,在安全管理中施行"刻板"是十分必要的。"刻板"管理简单说就是要杜绝安全生产管理中的"随意弹性"管理和人情管理,用看似"刻板"的原则来执行安全管理,并培养和支持一批带头遵章守纪、恪尽职守的安全管理者。

"刻板"原则落实到具体工作中,首先要在检修工作中倡导程序化的维修,建立工序卡、质量验收卡执行标准化作业。通过大小修项目文件包指导每一次检修,每完成一道工序,检查员根据检修工艺卡上的程序、质量验收卡上的要求对整个工作进行质量验收,保证每道工序的质量,同时通过该项工作保护了每个劳动者自身的安全和检修的安全,从而发挥了"刻板"的作用,也杜绝了员工所有的工作全部靠经验完成的情况。用这看似机械的"刻板",达到了实际上的严密,从根本上保证检修的质量和人身安全。

与此同时,应借助计算机和网络的特点,真实、客观、及时制定相应的安全措施,找出问题的症候所在,用参数等重要指标指导下周、下月、下季度的工作重点。然后对各项的措施细化,具体到定人、定位、定时间、定周期、定标准、定方法、定效果等。用一系列"刻板"的方法,全面细致地检查检修程序,督导安全环节,以明确安全生产的重点及需要采取的措施,从而实现把不安全及不稳定因素消灭在萌芽状态,最终体现出"刻板"元素的魅力。

《中国电力报》(2009年06月16日)

抓安全生产要"四戒"

丑俊翔

在抓安全工作时，对安全生产规章制度，无论是常见的或是不常见的、熟悉的或是不熟悉的、喜欢的或是不喜欢的都要持之以恒地学下去、抓下去，并且一抓到底，反复抓。在抓安全生产规章制度的落实过程中要坚持"四戒"：

一戒烦。在日常安全生产工作中，遇到企业特别是国有发电企业学习安全规章制度时，往往有员工认为，自己工作多年了，整天都在学安规，安规的条款内容都没有什么大的变化，且要求班组学、部门学、公司学，觉得是老生常谈、厌烦了，产生了敷衍了事、得过且过的思想。笔者认为，这种对学习贯彻安全生产规章制度产生逆反心理的人员，其发生安全问题是必然的。因此，各单位应大力倡导对安全生产规章制度要做到时时学、天天学、月月学、年年学，要不厌其烦地反复学。

二戒乏。在电力企业特别是国有发电企业的员工，每时每刻都在和"电"打交道，都在不停地学电力安全规章制度，有许多诸如不允许员工在"阀门、管道等地方坐或行走、站立，防止烫伤、烧伤等的规定，但因个别员工习惯使然，在检修之余不自觉地就坐到了上面。因此，各企业要求全体员工必须要认真学习安全生产规章制度，来不得半点马虎和虚假。

三戒懒。在电力生产中，有些员工觉得自己对电力安全规章制度学过，甚至工作多年也没有发生过任何安全事故，便在企业组织安全生产学习时偷奸耍滑、应付差事，懒得学、懒得背、懒得做。笔者认为，这种思想是非常危险的，因此在落实安全规章制度中，要坚决克服懒惰思想，坚持勤学、勤记、勤用，确保不发生安全问题。

四戒熟。有个别员工自认为对电力安全生产规章制度非常熟悉，甚至对每个规定、制度、章程和要求都能一字不差地背出来，因此，便在企业组织学习贯彻安全生产中耍小聪明、找捷径，凭自己的老经验、感觉办事，其结果必然是大意失荆州得不偿失。

《中国电力报》（2009年06月17日）

安全生产就该"别人有病我吃药"

宋明刚

近期,世界各地接连出现甲型 H1N1 流感病毒疫情。我国中医药管理局立即印发《甲型 H1N1 流感中医药预防方案》,为公众防疫开出了中药处方。中医药管理局的做法正应了我国古医学上的一句话:"上医医于未病。"就是说最好的医术是将病情控制在萌芽状态,实行"别人有病我吃药"加以预防。医道如此,安全生产亦不例外。安全生产,我们向来提倡"预防为主",别人有了"病"我们就该"吃预防药"。

首先要对别人的"病因"有一个清醒的认识,对照别人的"病情",检查自己是否也存在这样的"不适",然后做到"对症吃药"。每一起安全事故都不是偶然的,它的成因和诱因都是慢慢"积累"形成的。这就提醒我们应当清醒地认识到抓好每个安全工作关节的重要性,一切都要按规程进行,按标准落实,按要求执行。否则,长期"带病作业",必将是"积劳成疾"。做到"有则改之,无则加勉"才是明智之举。

其次不能是"别人头疼我医头,别人脚疼我医脚",而要执行全方位检查。安全生产不是以点带面,而应该是面面俱到。如果身体出现不适,我们应做一个全身检查,什么 CT、心电图、化验血液等等"一个都不能少"。只有这样全面"会诊",我们的"身体"才会整体健康,如此,我们的安全生产才会长治久安。

最后就是"别人有病"我们不能只管去"吃药",还应加强锻炼,强身健体,增强抗"病"能力。表现在安全生产上,那就要不断提高职工的安全保护意识,不断健全和完善各种规章制度,不断转变和创新安全生产管理方式。安全生产的"体格"健壮了,"免疫力"增强了,就不会被"病毒感染",安全生产自然也就"安然无恙"了。

《中国电力报》(2009 年 06 月 18 日)

安全生产大家谈

安全生产重在提高执行力

黄以华

关爱生命，安全发展，这既是我国又好又快科学发展的需要，也是党中央、国务院对全国人民特别是一线员工的关爱。实现安全生产的渠道和方法有多种，但笔者认为，对电力企业来说，安全生产应在提高执行力上下功夫。

"关注民生，关注安全"已成为各单位的主要工作。作为关系国计民生的电力行业，相关领导更是把安全工作作为重中之重，几乎是逢会必讲。同时，各种法规制度乃至基本工作流程都制定得非常详细，几乎百密无一疏，涵盖方方面面。然而就在这种情况下，仍然时有事故发生，实在令人深思。

笔者对安全事故作了比较细致的分析，发现虽然事故起因各异，但都暴露出一个问题，那就是执行法规制度不到位，由违章操作引起。执行力的弱化与缺失，已成为员工生命的隐形"杀手"，强化执行力建设迫在眉睫！

笔者认为，强化执行力建设首先要有高度的政治责任感和大局意识。生命是无价的，因此，要按照科学发展观的要求，从营造和谐社会的大局出发，改变其"安全写在纸上、挂在墙上"、"说起来重要、忙起来不要"的现象，真正把安全工作当作头等大事。要通过多措施，强化安全教育，不断增强员工的安全意识。要通过技术培训、会考比赛，提高员工安全生产的实际本领，夯实执行力的基础。

其次要有严格的组织措施和奖惩制度。安全不能只停留在会议讲、制度有、责任状签订的层面上，要依法治企，通过畅通信息渠道、明察暗访，及时发现问题，把握工作主动权。不能长年高叫"狼来了"。另外，不妨小题大做,通过严惩重罚,让违章者"一朝被蛇咬,十年怕井绳",产生震慑力。要通过企务公开阳光管理,把安全工作执行力与提拔任用、入党评先、职称奖金等多个关系个人切身利益挂钩,执行不力就问责,让执行力真正有"力"。

最后要有务实高效的作风。在安全工作中各基层领导要转变作风,深入基层,带着员工干、做给员工看。通过自己执行规定不走样的模范行为给员工做出榜样。要通过现场细节管理、隐患排查和先进典型的培养,大力弘扬"三老四严"作风,强化员工主人翁意识,夯实上下同心的基础,从而进一步提高执行力,真正实现电力企业又好又快、和谐发展。

《中国电力报》(2009年06月19日)

让安全成为一种好习惯

唐怀升

俄罗斯教育家乌申斯基曾说过:"如果你养成好的习惯,你一辈子都享受不尽它的利息;如果你养成了坏的习惯,你一辈子都偿还不尽它的债务。"一个企业要想实现"本质安全",就必须让全体职工把"安全"当成一种良好的习惯来培养。

为什么上有国家的安全法规,下有企业的安全规程,可偏偏人为事故时有发生呢?细究其详,监督不到位管理有缺陷、制度不落实操作违规章,当是其两大主因,而习惯性违章更是导致诸多人为事故的最直接原因。

据分析,之所以违章操作不断,一是因安全教育没抓好,实际操作人员安全意识不强、对操作规程不熟悉;二是"习惯"在作祟。"原来就是这么干的,都没出事!""规章是规章,只要不出事就行!"等一些坏习惯、活思想盘踞在许多人的头脑中,最终导致许多不该发生的事故发生。

笔者认为,好习惯不会自然生成,必须有意识的加以培养;好习惯的形成,也不是一朝一夕的事情,必须长期坚持。重要的是要充分认识到养成好习惯的重要性,建立必须让人们养成和遵守好习惯的约束机制。唯其如此,才能逐渐铲除"习惯性违章"的土壤,让人为事故一天天少下去。

人们都希望自己过得幸福,"安全"则是幸福的重要基础,安全不保,何来幸福。幸福需要养成良好的安全习惯,更需要注意细节。有人把事故比喻成四处寻觅机会、时刻想钻空子的"大灰狼",在你思想稍一懈怠、篱笆稍有缝隙之时,就会突然冒出来,如驾车行驶时接打手机,进入生产现场不戴安全帽或不正确佩戴等,这些看似不经意、不起眼的小事,都暗藏着极大的危险性。因此,务必让安全成为一种好习惯。

《中国电力报》(2009年06月26日)

情绪，不可忽视的安全因素

王国红

据报载，某工厂的一名操作工一段时间内接连出现操作失误，被勒令停职反省。调查发现，这是由于该员工情绪失常，进而引发了工作失误，威胁到了安全。因此，我们抓日常安全工作不可忽视人的"情绪安全管理"。

综上事故，如果我们的安全管理人员能及早发现这名工人最近烦躁的情绪和家庭问题，能多给他一些安慰关照或多安排点休息时间，多些理解与宽容，或许事故不会发生。现实社会中，有许多企业在安全管理方面也下了不少苦功，但为什么事故仍时有发生呢？结合诸多事故原因，笔者觉得还有两个不可忽视的间接因素，就是环境和心境，而环境又主要通过影响心境起作用。

我们在布置生产现场环境的时候，往往只重视影响安全生产的直接因素，而忽视了间接因素，如现场工作环境的整体色调、通风采光程度、噪音的控制等。明快、亮丽、鲜艳的色调能使工人长时间保持兴奋状态，不易疲劳，而如银灰、黑色等冷色调会给工人带来沉闷的感觉，很容易疲劳。高强度的噪音，也常常会使工人情绪不安，心情烦躁，精神无法集中，事故往往就在这一思想开小差的瞬间发生。

正常、健康的业余生活是保障生产安全的一大间接因素；睡眠时间与质量直接影响到个人的精神状态；家庭关系和谐与否，也会直接影响到个人的情绪。因此，在进行安全管理和安全教育的过程中，在注意直接因素的同时，还要注意间接因素。追根溯源，把工人的安全保护意识扩展到日常生活，事故要从源头上预防，但情绪这一"安全隐患"切莫让安全管理者掉以轻心。

《中国电力报》（2009年06月29日）

安全生产大家谈

安全生产贵在"全"

仝 楠

越危险的地方,理应安全生产系数越高。但有些时候,被认为安全生产危险相对少的地方反而出现事故,甚至事故频繁。这说明安全生产不能有丝毫的马虎,不能有点滴的疏忽,必须在"全"字上下功夫。

笔者认为,水平高不高、能力强不强、责任心到不到位,衡量的标准就在"全"上。如果我们每一位安全生产人员、每一位安全管理人员和企业的其他人员都能在"全"字上下功夫、做工作,就一定能够创造出安全生产的可喜局面。

一是要求安全工作的组织领导要全面出击。既抓规章制度的健全,又抓违章行为的防治;既抓日常的安全生产工作,又抓事故的防范和特殊情况下预案的演练;既能在形势好的时候居安思危、明察秋毫,又能在薄弱环节、重点工作上亲自督导、预先防范。不断强化领导力和洞察力,掌握安全工作的主动权。

二是要求企业的全体人员都要关心支持安全生产,都要把"安全第一、预防为主"当做工作的重点,从不同分工、不同角度履行安全生产的责任,形成安全生产的整体合力。

三是要求直接从事安全生产的人员要具备顾全大局的政治素质、爱岗敬业的思想素质、精通技术的业务素质、处变不惊的心理素质。在政治素质上,要强化大局意识、政治意识、责任意识。在思想素质上,要干一行,爱一行,干好一行。在业务素质上,不但要牢固掌握基础知识,而且要不断学习先进技术;不仅本职专业精益求精,同时相关专业也要融会贯通。在心理素质上,要保持良好的日常工作心态,全心全意、精力充沛;在工作时间要注重心态调整,不带不良情绪上岗。

四是要求所有从事安全生产的各个单位、各个环节、各位人员都要把安全规章制度落到实处，不留空白、不留情面、没有特殊。而且还要求不论是领导在与不在，不论白天还是夜晚，不论晴空万里还是风雪交加，都要做到落实规章制度，履行安全职责一个样。

五是要求安全生产的计划、布置和开始、中间、结束、总结各阶段都要在严密、严格、严细上下功夫。该说的都要说到，该想的都要想到，该做的都要做到，不留死角、不留遗憾。

六是要求党建、思想政治工作、企业文化的全覆盖。实施电网先锋工程，通过党员一带二，党员安全屏障工程，不但自己保证安全，还带动群众落实安全。思想政治工作要进一线、进家庭，加强思想引导，体现人文关怀。企业文化，尤其是安全文化，要在感染力、亲和力、渗透力上做文章，工作以人为本，人以安全为本，安全以落实规章制度为本，规范行为，形成自觉。

《中国电力报》（2009 年 06 月 30 日）